高职高专机电类专业"双高计划"建设课改教材

供配电技术

主　编　郭英芳　　王志华

副主编　晁炳杰　　孙小春

参　编　刘小英　　汶占武　　马丽红

西安电子科技大学出版社

内 容 简 介

本书采用项目化教学的编写思路，结合供配电技术的相关知识，共设计了 11 个项目，主要内容包括供配电系统概述、供配电所的主要电气设备、供配电的负荷计算、电力线路、供配电中短路电流的计算、电气设备的选择、供配电系统的保护、电气设备的防雷和接地、变配电所二次回路和自动装置、智能供配电实训平台安全规范操作及电力监控系统组态设计。

本书不仅可作为高职高专相关专业的教材，也可作为从事电力系统运行管理工作的技术人员的参考书，还可作为智能供配电系统安装与调试赛项各省省赛以及全国行业赛的参考用书。

图书在版编目(CIP)数据

供配电技术/郭英芳，王志华主编. －西安：西安电子科技大学出版社，2023.4
(2024.4 重印)

　ISBN 978 - 7 - 5606 - 6771 - 3

Ⅰ. ①供… Ⅱ. ①郭… ②王… Ⅲ. ①供电系统 ②配电系统 Ⅳ. ①TM72

中国国家版本馆 CIP 数据核字(2023)第 020953 号

策　　划　秦志峰
责任编辑　黄薇谚　刘玉芳
出版发行　西安电子科技大学出版社(西安市太白南路 2 号)
电　　话　(029)88202421　88201467　　邮　编　710071
网　　址　www.xduph.com　　　　电子邮箱　xdupfxb001@163.com
经　　销　新华书店
印刷单位　陕西日报印务有限公司
版　　次　2023 年 4 月第 1 版　2024 年 4 月第 2 次印刷
开　　本　787 毫米×1092 毫米　1/16　印张 17
字　　数　405 千字
定　　价　47.00 元

ISBN 978 - 7 - 5606 - 6771 - 3/TM

XDUP　7073001 - 2

＊＊＊如有印装问题可调换＊＊＊

前　言

本书根据电力行业发展需求，在传统供配电技术的基础上融入了智能供配电技术。本书遵循电力行业人才培养方案，以培养高技能应用型人才为目标，以国家"双高"建设为推手，将书中的内容与全国智能供配电安装及调试赛项内容相结合，旨在以赛促学，以赛促教，激发学生的学习兴趣和积极性。

本书紧扣培养高技能应用型人才的目标，在系统阐述基础理论的前提下，将理论联系实际。同时，本书还邀请了企业技术人员编写了智能供配电技术的理论与实践操作部分，该部分内容将传统供配电技术与智能供配电技术进行了融合，并适当融入课程思政，有利于培养具有供配电系统安装与调试实践能力、创新能力的高素质技术型人才。

项目十、项目十一主要提供了智能供配电大赛的实训指导，旨在以具体的工作任务指导读者熟练掌握智能供配电系统的操作方法及监控界面的设计方法。通过实训，读者可熟悉智能型仪器仪表的使用方法，掌握智能供配电技术安全操作规程。

本书由杨凌职业技术学院郭英芳、王志华担任主编，西安亚成智能科技有限公司晁炳杰和杨凌职业技术学院孙小春担任副主编。全书共11个项目，杨凌职业技术学院汶占武编写了项目一，王志华编写了项目二、四、十，郭英芳编写了项目三、七、八及附录并负责全书的统稿工作，孙小春编写了项目五及附表，咸阳职业技术学院刘小英编写了项目六，兰州石化职业技术大学马丽红编写了项目九，晁炳杰编写了项目十一。

由于编者水平有限，书中难免有疏漏之处，敬请读者批评指正，不胜感激。

编　者

2023 年 2 月

目　　录

项目一　供配电系统概述

任务 1　供配电系统的构成

任务目标

（1）掌握电力系统的构成。

（2）掌握供配电系统的构成。

（3）了解供配电系统的要求。

任务提出

电能是一种清洁的二次能源，电能不仅便于输送和分配、易于转换为其他能源，而且便于控制、管理、调度，因此，被广泛应用于各行各业。电力工业是现代化的基础，绝大多数电能都是由电力系统中的发电厂提供的。目前，我国电网规模、年发电量已居世界第一，也是世界上发电装机容量最大的国家。供配电技术就是有关电力供应和分配的技术，供配电系统处理的对象是公共电力系统中的电能，所需的电能绝大多数也是由公共电力系统供给的，因此要掌握供配电系统，必须先掌握电力系统的相关知识。通过对供配电系统相关知识的学习，提高职业认知，培养职业责任感。

相关知识

1.1.1　电力系统

电力系统是由发电厂、变电所、电力线路和电力用户组成的一个整体，如图 1.1 所示。

电力用户所需电能是由发电厂生产的，但发电厂大多建在能源基地附近，往往距离用户很远。为了减少电力输送的线路损耗，发电厂生产的电能一般要经升压变压器升高电压，送到用户附近后，再经降压变压器降低电压，供给使用，如图 1.2 所示。

1. 发电厂

发电厂又称"发电站"，是将自然界蕴藏的各种天然能源（又称"一次能源"）转换为电能（属"二次能源"，即人工能源）的工厂。根据一次能源的不同，可分为火力发电厂、水力发电厂和核能发电厂。此外，还有风力发电厂、地热发电厂、太阳能发电厂和潮汐发电厂等。

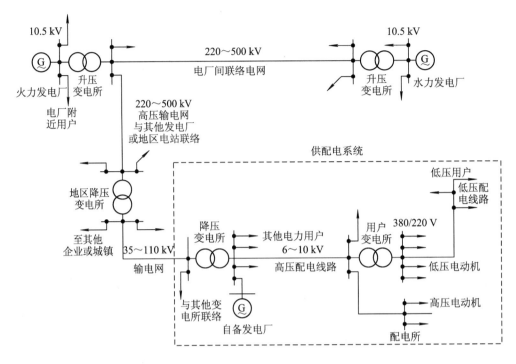

图 1.1 电力系统示意图

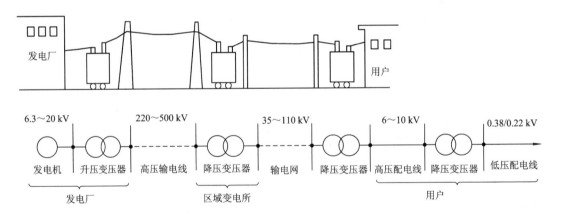

图 1.2 从发电厂到用户的发电、输电、配电过程

火力发电厂利用燃料(煤、天然气、石油等)的化学能来生产电能。火力发电的原理为:燃料在锅炉中充分燃烧,将锅炉中的水转换为高温高压蒸汽,蒸汽推动汽轮机转动,带动发电机旋转发出电能。现代火电厂一般都考虑了"三废"(废渣、废水、废气)的综合利用,不仅能发电,而且能供热(供应蒸汽和热水)。这种既供电又供热的火电厂,称为"热电厂"。热电厂通常建在城市或工业区附近。

水力发电厂利用水的位能(势能)来生产电能,其原理是水流驱动水轮机转动,带动发电机旋转发电。水电厂按提高水位的方法有堤坝式水电厂、引水式水电厂和混合式水电厂三类。

核能发电厂利用原子能的核裂变来产生热能,再将热能转化为电能。其生产过程与火电厂的基本相同。

风力发电厂利用风力的动能(即风能)来生产电能。地热发电厂利用地球内部蕴藏的大量地热能来生产电能。太阳能发电厂利用太阳的光能和热能来生产电能。潮汐发电厂利用海洋的潮汐能来生产电能。风能、地热能、太阳能和潮汐能都属于清洁、廉价、可再生的能源,值得推广利用。

2. 变电所

变电所又称变电站,它是联系发电厂和电能用户的桥梁。变电所的任务是接受电能、变换电压和分配电能,即受电—变压—配电。为了实现电能的远距离输送和将电能分配到用户,需将发电机电压进行多次电压变换,这个任务由变电所完成。变电所按性质和任务不同,可分为升压变电所和降压变电所,除与发电机相连的变电所为升压变电所外,其余均为降压变电所。仅用于接受电能和分配电能的场所称为配电所,而仅用于将交流电转换为直流电或将直流电转换为交流电的变换场所称为换流站。

3. 电力线路

电力线路将发电厂、变电所和电力用户连接起来,并完成输送电能和分配电能的任务。输电线路一般是指 35 kV 及以上的电力线路,35 kV 以下向用户单位或城乡供电的线路称为配电线路。配电线路分为 6 kV～10 kV 高压配电线路和 380/220 V 低压配电线路。

4. 电力用户

所有消耗电能的用电设备或用电单位称为电力用户。电力用户按行业可分为工业用户、农业用户、市政商业用户和居民用户等。

1.1.2　供配电系统的基本知识

供配电系统是电力系统的一部分,一般位于电力系统的供电末端,以工厂为例,其供配电系统是指工厂所需的电力从进厂起到所有用电设备入端止的整个供配电线路及其中的变配电设备。

1. 供配电系统各组成部分的作用

降压变电所(也称总降变电所)是电能供应的枢纽,它可将 35～110 kV 的外部供电电源电压降为 6～10 kV,供给高压配电所、用户变电所和高压用电设备。

高压配电所集中接受 6～10 kV 电压,再将其分配到附近各用户变电所和高压用电设备。一般负荷分散、厂区较大的大型工厂均设置高压配电所。

配电线路分为高压配电线路(6～10 kV)和低压配电线路(380/220 V)。高压配电线路可将总降变电所与高压配电所、用户变电所和高压用电设备连接起来。低压配电线路可将用户变电所的 380/220 V 电压送至各低压用电设备。

用户变电所将 6～10 kV 电压降为 380/220 V 电压,以供低压用电设备使用。

用户设备按用途可分为动力用电设备、工艺用电设备、电热用电设备、试验用电设备和照明用电设备等。

应当指出,对于某个具体的供配电系统,可能上述各部分都有,也可能只有其中的几个部分,这主要取决于供配电系统电力负荷的大小和供电区域的大小。不同的供配电系统,不仅组成不完全相同,而且相同部分的构造也会有较大差异。通常供电区域较大的系统都设有降压变电所，中小型供配电系统仅设有 6～10 kV 变电所或配电所，某些特别重要的供配电系统还设自备发电厂作为备用电源。

2. 供配电的要求

供配电工作要很好地为企业生产和国民经济服务，切实保证企业生产和整个国民经济生活的需要，并做好节能工作，就必须达到以下基本要求：

(1) 安全：在电能的供应、分配和使用中，应避免发生人身安全事故和设备事故。

(2) 可靠：供电中应满足用户对供电可靠性（即不间断供电）的要求。

(3) 优质：应满足电能用户对电能电压、频率、波形等质量的要求。

(4) 经济：在满足安全、可靠和电能质量的前提下，应使供配电系统的投资少，运行费用低，并尽可能地节约电能和减少有色金属的消耗量。

探索与实践

什么叫电力系统？为什么要建立电力系统？

答：电力系统是由发电厂、变电所、电力线路和电力用户组成的一个整体。

为了充分利用动力资源，降低发电成本，发电厂往往远离城市和电力用户，这就需要输送和分配电能，将发电厂发出的电能经过升压、输送、降压和分配，送到各用户处。

任务 2　电力系统的运行方式

任务目标

(1) 了解电力系统的运行方式。

(2) 掌握中性点不接地的电力系统、中性点直接接地的电力系统在正常运行及发生一点接地时的特点。

(3) 理解中性点不接地的电力系统、中性点直接接地的电力系统各运行方式的适用电压等级范围。

(4) 掌握中性点经消弧线圈接地及中性点经电阻接地的适用场合。

任务提出

三相交流电系统的中性点是指星形连接的变压器或发电机的中性点。中性点的运行方式可以分为中性点不接地、中性点经消弧线圈接地、中性点直接接地和中性点经电阻接地四种。掌握中性点的各种运行方式的特点及使用范围对了解电力系统的运行方式至关重要。

通过对电力系统运行方式的学习，提高学生的安全意识与职业素养。

相关知识

1.2.1　中性点不接地的电力系统

图 1.3 是中性点不接地电力系统示意图。三相导线沿线路全长有分布电容，为了方便

分析,用一个集中电容 C 表示,并设三相对地电容相等。

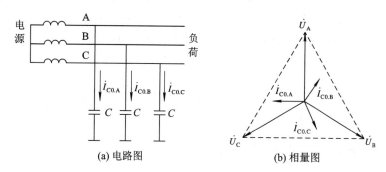

(a) 电路图　　　　　(b) 相量图

图 1.3　正常运行时的中性点不接地电力系统示意图

中性点不接地的电力系统正常运行时,由于三相对地电容对称,三相电容的接地点(即电容的中点)与电源的中性点等电位,所以各相的对地电压等于各相的相电压。由于各相的相电压 $\dot{U}_A$、$\dot{U}_B$、$\dot{U}_C$ 对称,所以各相的对地电容电流 $\dot{I}_{C0}$ 也对称,其电容电流的相量和为零,该电力系统的电路图和相量图如图 1.4 所示。

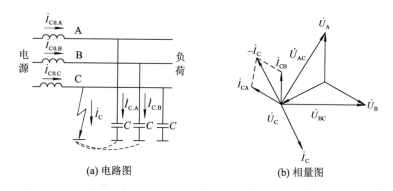

(a) 电路图　　　　　(b) 相量图

图 1.4　单相接地时的中性点不接地电力系统

系统发生单相接地时(如图 1.4 所示),接地相(C 相)对地电压为零。非接地相的对地电压 A 相由 $\dot{U}_A$ 变为 $\dot{U}_{AC}$,B 相由 $\dot{U}_B$ 变为 $\dot{U}_{BC}$,由相电压升高为线电压,升高为原来的 $\sqrt{3}$ 倍,从而接地相的电容电流为零,非接地相的对地电流也增大为原来的 $\sqrt{3}$ 倍。系统的接地电流(电容电流)$\dot{I}_C$ 应为 A、B 两相的对地电容电流之和。取接地电流的正方向为从相线到大地,因此

$$\dot{I}_C = -(\dot{I}_{C.A} + \dot{I}_{C.B}) \tag{1-1}$$

由图 1.5 的相量图可知,由于

$$I_C = \sqrt{3}I_{C.A} = \sqrt{3} \times \sqrt{3}I_{C0} = 3I_{C0} \tag{1-2}$$

因此,中性点不接地的电力系统发生单相接地时具有如下特点:

(1) 故障相对地电压为零,非故障相对地电压由相电压升高为线电压,升高到原来对地电压的 $\sqrt{3}$ 倍,相角互差 60°,但三个相间电压(线电压)仍然对称平衡,因此三相用电设备仍可继续运行。但为了防止非接地相再有一相发生接地,造成两相短路,《国家电网公司电力安全工作规程》规定,中性点不接地的电力系统发生单相接地时,其继续运行时间不超过 2 小时。

（2）故障相对地电容电流为 0，非故障相对地电容电流升高为正常时的 $\sqrt{3}$ 倍，接地电流为非故障相对地电容电流之和，为正常时每相电容电流的 3 倍。

当不能确切地知道每相对地电容时，接地电流可用下式近似计算：

$$I_E = \frac{U_N(L_{Oh} + 35 L_{Cab})}{350} \tag{1-3}$$

式中：U_N 为系统的额定电压（kV）；L_{Oh} 为有电的联系的架空线路总长度（km）；L_{Cab} 为有电的联系的电缆线路总长度（km）。

1.2.2 中性点经消弧线圈接地电力系统

当中性点不接地系统发生单相接地，且接地电流超过规定值时，为了避免产生断续电弧，引起过电压和造成短路，为了减小接地电弧电流使电弧容易熄灭，这时应该采用中性点经消弧线圈接地。消弧线圈实际上就是电抗线圈。图 1.5 是中性点经消弧线圈接地电力系统的电路图和相量图。

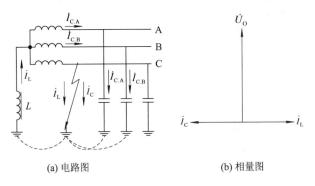

(a) 电路图   (b) 相量图

图 1.5　中性点经消弧线圈接地的电力系统

当中性点经消弧线圈接地系统发生单相接地时，流过接地点的电流是接地电容的电流和流过消弧线圈电感的电流相量之和。由于接地电容电流 $\dot{I}_C$ 相位超前零序电压 $\dot{U}_O$ 相位 90°，$\dot{I}_L$ 相位滞后 $\dot{U}_O$ 相位 90°，因此两电流相抵后使流过接地点的电流减小。

消弧线圈对电容电流的补偿有三种方式：① 全补偿 $I_L = I_C$；② 欠补偿 $I_L \leqslant I_C$；③ 过补偿 $I_L \geqslant I_C$。实际应用中大都采用过补偿，以防止由全补偿引起的电流谐振损坏设备或防止欠补偿时由于部分线路断开造成全补偿，从而引起电流谐振。

中性点经消弧线圈接地系统发生单相接地时，各相的对地电压和对地电容电流的变化情况与中性点不接地系统相同。

1.2.3 中性点直接接地的电力系统

中性点直接接地系统发生单相接地时，通过接地中性点形成单相短路，产生很大的短路电流，继电保护动作切除故障线路，使系统的其他部分恢复正常运行。图 1.6 是发生单相接地时的中性点直接接地电力系统。

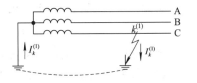

图 1.6　发生单相接地时的中性点直接接地电力系统

由于中性点直接接地，发生单相接地时，中性点对地电压仍为零，非接地相对地电压也不发生变化。

1.2.4 中性点经电阻接地的电力系统

中性点经电阻接地,按接地电流大小分为经高电阻接地和经低电阻接地。

1. 中性点经高电阻接地

高电阻接地方式以限制单相接地电流为目的,电阻值一般为数百至数千欧姆。中性点经高电阻接地系统可以消除大部分谐振过电压,对单相间隙弧光接地过电压有一定的限制作用。但这种方式对系统绝缘水平要求较高,主要用于发电机回路。

2. 中性点经低电阻接地

城市 6~35 kV 配电网络主要由电缆线路构成,其单相接地故障电流较大,可达 100~1000 A。若采用中性点经消弧线圈接地方式,则无法完全消除接地故障点的电弧和抑制谐振过电压,因此可采用中性点经低电阻接地方式。该方式具有切除单相接地故障快,过电压水平低的优点。

中性点经低电阻接地方式适用于以电缆线路为主,不容易发生瞬时性单相接地故障且系统电容电流比较大的城市电网、发电厂用电系统及企业配电系统。

探索与实践

如何选择供配电系统的运行方式?

答:中性点的运行方式主要取决于单相接地时的电气设备绝缘要求及对供电可靠性的要求。

我国 3~63 kV 系统一般采用中性点不接地运行方式。当 3~10 kV 系统接地电流大于 30 A,20~63 kV 系统接地电流大于 10 A 时,应采用中性点经消弧线圈接地的运行方式;110 kV 及以上系统和 1 kV 以下低压系统采用中性点直接接地运行方式。

任务 3 供配电电压的选择

任务目标

(1) 掌握电网(线路)额定电压的国家标准。
(2) 掌握发电机额定电压的国家标准。
(3) 掌握变压器额定电压的国家标准。
(4) 掌握用电设备额定电压的国家标准。
(5) 了解电能的质量指标。

任务提出

电力系统的电压是有等级的,电力系统的额定电压包括电力系统中各种发电、供电、用电设备的额定电压。额定电压是能使电气设备长期运行在经济效果最好状态的电压,它是国家根据国民经济发展的需要、电力工业的水平和发展趋势,经全面技术经济分析后确定的。掌握电力系统额定电压的国家标准对供配电系统至关重要,有利于树立规范意识。

相关知识

1.3.1 电网(线路)的额定电压

电网(线路)的额定电压由国家规定,只能选用国家规定的额定电压,它是确定各类电气设备额定电压的基本依据。我国规定的三相交流电网和电力设备的额定电压如表 1-1 所示。

表 1-1 我国交流电网和电力设备的额定电压

分 类	电网和用电设备额定电压/kV	发电机额定电压/kV	电力变压器额定电压/kV	
			一次绕组	二次绕组
低压	0.38	0.4	0.38/0.22	0.4/0.23
	0.66	0.69	0.66/0.38	0.69/0.4
高压		3.15	3,3.15	
	3	6.3	6,6.3	3.15,3.3
	6	10.5	10,10.5	6.3,6.6
	10	13.8,15.75	13.8,15.75	10.5,11
	—	18,20,22	18.20	—
	35	24,26	22,24,26	38.5
	66	—	35	72.6
	110	—	66	121
	220	—	110	242
	330	—	220	363
	500	—	330	550
	—		500	

1.3.2 用电设备的额定电压

当线路输送电力负荷时,要产生电压降,沿线路的电压分布通常是首端高于末端,如图 1.7 所示。因此,沿线各用电设备的端电压将不同,线路的额定电压实际上就是线路首末两端电压的平均值。为使各用电设备的电压偏移差异不大,用电设备的额定电压应与同级电网(线路)的额定电压相同。

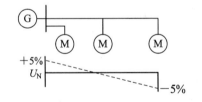

图 1.7 用电设备和发电机额定电压说明

1.3.3 发电机的额定电压

由于用电设备的电压偏移为 ±5%,而线路的允许电压降为 10%,这就要求线路首端电压为额定电压的 105%,末端电压为额定电压的 95%。由于发电机位于线路的首端,因此发电机的额定电压为线路额定电压的 105%,即 $U_{N.G}=1.05U_N$。

1.3.4　变压器的额定电压

变压器分一次绕组(原边绕组)和二次绕组(副边绕组)，所以变压器的额定电压分为变压器一次绕组的额定电压和变压器二次绕组的额定电压。

1. 变压器一次绕组的额定电压

变压器一次绕组接电源，相当于用电设备。与发电机直接相连的升压变压器的一次绕组的额定电压应与发电机额定电压相同。与线路直接相连的降压变压器的一次绕组的额定电压应与线路的额定电压相同。

2. 变压器二次绕组的额定电压

变压器的二次绕组向负荷供电，位于供电线路首端，相当于发电机。二次绕组电压应比线路的额定电压高 5%，而变压器二次绕组额定电压是指空载时的电压。但在额定负荷下，变压器的电压降为 5%。因此，为使正常运行时变压器二次绕组电压较线路的额定电压高 5%，当线路较长(如 35 kV 及以上高压线路)时，变压器二次绕组的额定电压应比相连线路的额定电压高 10%；当线路较短(直接向高低压用电设备供电，如 10 kV 及以下线路)时，二次绕组的额定电压应比相连线路的额定电压高 5%。变压器额定电压说明如图 1.8 所示。

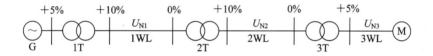

图 1.8　变压器额定电压说明

1.3.5　电能的质量指标

电能的质量指标包括电压、频率和波形三项。

1. 电压

电压质量是以电压偏离额定电压的幅度即电压偏差来衡量的，一般用百分数表示，即

$$\Delta U\% = \frac{U - U_\mathrm{N}}{U_\mathrm{N}} \times 100\% \tag{1-4}$$

式中：$\Delta U\%$ 为电压偏差百分数；U 为实际电压；U_N 为额定电压。

我国规定了供电电压允许偏差(见表 1-2)，要求供电电压的电压偏差不超过允许偏差。

表 1-2　供电电压允许偏差

线路额定电压 U_N	电压允许偏差/%
35 kV 及以上	±5
10 kV 及以下	±7
220 V	+7、−10

2. 频率

频率的质量是以频率偏差来衡量的。我国采用的额定频率为 50 Hz。在正常情况下，

频率的允许偏差根据电网的装机容量而定；事故情况下，频率允许偏差更大。频率的允许偏差见表1-3。

表 1-3 电力系统频率的允许偏差

运 行 情 况		频率允许偏差/%
正常运行	300 万 kW 及以上	±0.2
	300 万 kW 及以下	±0.5
非正常运行		±1.0

3. 波形

波形的质量是以正弦电压波形畸变率来衡量的。在理想情况下，电压波形为正弦波，但电力系统中有大量的非线性负荷，会使电压波形发生畸变，除基波外，还有各项谐波。表1-4是我国规定的公用电网电压总谐波畸变率。

表 1-4 公用电网谐波电压限值(相电压)

电网额定电压/kV	电压总谐波畸变率/%	各项谐波电压含有率/%	
		奇次	偶次
0.38	5.0	4.0	2.0
6			
10	4.0	3.2	1.6
35			
66	3.0	2.4	1.2
110	2.0	1.6	0.8

探索与实践

已知图1.9所示系统中线路的额定电压，试求发电机和变压器的额定电压。

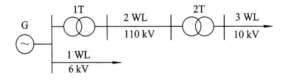

图 1.9 探索与实践供电系统图

解：发电机 G 的额定电压

$$U_{N.G} = 1.05 U_{N.1WL} = 1.05 \times 6 = 6.3 \text{ kV}$$

变压器 1T 的额定电压

$$U_{1N.1T} = U_{N.G} = 6.3 \text{ kV}$$

$$U_{2N.1T} = 1.1 U_{N.2WL} = 1.1 \times 110 = 121 \text{ kV}$$

因此，变压器 1T 的额定电压为 6.3/121 kV。

变压器 2T 的额定电压

$$U_{1N.2T} = U_{N.2WL} = 110 \text{ kV}$$
$$U_{2N.2T} = 1.05U_{N.3WL} = 1.05 \times 10 = 10.5 \text{ kV}$$

因此，变压器 2T 的额定电压为 110/10.5 kV。

任务 4 电 力 负 荷

任务目标

（1）掌握按对供电可靠性要求的负荷分类。

（2）掌握按工作制的负荷分类。

任务提出

用户有各种用电设备，由于用电设备的工作特征和重要性各不相同，所以它们对供电的可靠性和质量要求也不同。因此，应对用电设备或用电负荷进行分类，以满足负荷对供电可靠性的要求，保证供电质量，降低供电成本。学习电力负荷的相关知识有利于培养学生的节约意识，帮助学生树立保证供电可靠性的责任感。

相关知识

1.4.1 按对供电可靠性要求的负荷分类

我国将电力负荷按其对供电可靠性的要求及中断供电在政治及经济上造成的损失或影响的程度划分为以下三级。

1. 一级负荷

一级负荷为中断供电将造成人身伤亡者；中断供电将在政治及经济上造成重大损失者；中断供电将影响有重大政治、经济影响的用电单位的正常工作的负荷。

一级负荷应由两个独立电源供电。所谓独立电源，就是当一个电源发生故障时，另一个电源应不致同时受到损坏。对一级负荷中特别重要的负荷，除上述两个独立电源外，还必须增设应急电源。

2. 二级负荷

二级负荷为中断供电将在政治及经济上造成较大损失者，中断供电系统将影响重要用电单位正常工作的负荷；中断供电将造成大型影剧院、大型商场等较多人员集中的重要公共场所秩序混乱者。二级负荷应采用双回路供电，供电变压器亦应有两台；应做到当电力变压器发生故障或电力线路发生常见故障时，不致中断供电或中断后能迅速恢复。

3. 三级负荷

三级负荷为不属于一级和二级负荷者。对一些非连续性生产的中小型企业，停电仅影响产量或造成少量产品报废的用电设备，以及一般民用建筑的用电负荷等均属三级负荷。三级负荷对供电电源没有特殊要求，一般采用单电源单回路供电。

1.4.2 按工作制的负荷分类

电力负荷按其工作制可分为三类。

1. 连续工作制负荷

连续工作制负荷是指长时间连续工作的用电设备。其特点是负荷比较稳定,连续工作发热使其达到热平衡状态,其温度达到稳定温度,用电设备大都属于这类设备,如泵类、通风机、压缩机、电炉、运输设备、照明设备等。

2. 短时工作制负荷

短时工作制负荷是指工作时间短、停歇时间长的用电设备。其运行特点为工作时用电设备温度达不到稳定温度,停歇时其温度降到环境温度,此负荷在用电设备中所占比例很小,如机床的横梁升降、刀架快速移动电动机、闸门电动机等。

3. 反复短时工作制负荷

反复短时工作制负荷是指时而工作、时而停歇、反复运行的设备。其运行特点为工作时温度达不到稳定温度,停歇时也达不到环境温度,如起重机、电梯、电焊机等。

反复短时工作制负荷可用负荷持续率(或暂载率)ε 来表示:

$$\varepsilon = \frac{t_\text{w}}{t_\text{w} + t_\text{O}} \times 100\% = \frac{t_\text{w}}{T} \times 100\% \tag{1-5}$$

式中:t_w 为工作时间;t_O 为停歇时间;T 为工作周期。

探索与实践

电力负荷按对供电可靠性要求分为哪几类? 对供电各有什么要求?

答:电力负荷按对供电可靠性可分为三类,即一级负荷、二级负荷和三级负荷。对供电的要求:一级负荷的要求最高,应有两个独立电源供电,当一个电源发生故障时,另一电源应不同时受到损坏。在一级负荷中的特别重要负荷,除上述两个独立电源外,还必须增设应急电源。为保证对特别重要负荷的供电,严禁将其他负荷接入应急供电系统。二级负荷的要求比一级负荷低,应采用双回路供电,供电变压器亦应有两台,从而做到当电力变压器发生故障或电力线路发生常见故障时,不致中断供电或中断后能迅速恢复。三级负荷的要求最低,没有特殊要求,一般由单回路电力线路供电。

项 目 小 结

电力系统是发电、输电、变电、配电和用电的统一整体。

电力系统的运行方式包括中性点不接地、中性点直接接地、中性点经阻抗接地和中性点经消弧线圈接地。

电网(电力线路)的额定电压由国家规定;用电设备的额定电压与电网相同;发电机比同级电网额定电压高5%;变压器一次侧相当于用电设备,额定电压与电网相同;二次侧相当于供电电源,额定电压比供电电网高5%或10%。

电能的质量指标包括电压、频率和波形三项。工业企业的电力负荷按其对供电可靠性的要求不同划分为一级负荷、二级负荷和三级负荷。按其工作制可分为连续工作制负荷、短时工作制负荷和反复短时工作制负荷。

项 目 练 习

一、填空题

1. 供配电的基本要求有_____、_____、_____、_____。

2. 供配电系统一般由_____、_____、_____、_____、_____组成。

3. 发电厂按其所利用的能源不同，主要分为_____、_____和_____。

4. 电力系统的中性点运行方式包括_____、_____、_____和_____三种。

5. 电能的质量指标包括_____、_____和_____三项。

6. 电网(线路)的额定电压由_____规定。

7. 用电设备的额定电压与_____相同。

8. 发电机位于线路的首端，因此发电机的额定电压比同级电网高_____。

9. 变压器的额定电压分为变压器一次绕组的额定电压和变压器二次绕组的额定电压。变压器一次绕组的额定电压与_____相同，相当于用电设备；变压器二次绕组的额定电压比同级电网高_____，相当于_____。

10. 电力负荷按工作制分为_____、_____和_____三类。

二、选择题

1. 电力变压器二次侧的额定电压比电网电压高(　　)。

A. 2.5%　　　　　B. 5%　　　　　C. 10%　　　　　D. 5% 或 10%

2. 发电机的额定电压一般比同级电网电压高(　　)。

A. 2.5%　　　　　B. 5%　　　　　C. 10%　　　　　D. 5% 或 10%

3. 中性点不接地系统发生单相接地故障后，故障相电压为_____，非故障相电压为_____，系统线电压_____，故障相接地电容电流为正常时的_____。

A. 0，原来的$\sqrt{3}$倍，变为相电压，2 倍

B. 0，不变，变为相电压，$\sqrt{3}$倍

C. 0，不变，不变，3 倍

D. 0，原来的$\sqrt{3}$倍，不变，3 倍

4. 在电力系统中通常衡量电能质量的两个基本参数是(　　)。

A. 电压和频率　　　　　　　　　B. 电压和电流

C. 有功损耗与无功损耗　　　　　D. 平均负荷与可靠性

三、判断题

1. 供配电系统的基本要求是安全、可靠、优质、经济。　　　　　　　　(　　)

2. 电网(线路)的额定电压是始端与末端电压的算术平均值。　　　　　(　　)

四、复习思考题

1. 供电对生产有何重要意义,对供电有哪些基本要求?

2. 图 1.10 是电力系统中从发电厂到用户送电过程示意图,试在(   )中标出各部分的电压。

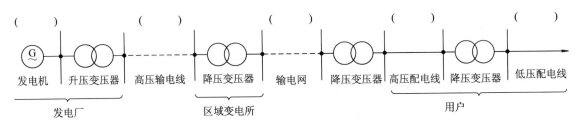

图 1.10   从发电厂到用户送电过程示意图

3. 试通过上网或其他方式,查阅上一年度我国的发电机装机容量、年发电量和年用电量。

4. 中性点不接地的电力系统正常运行及发生单相接地时的特点是什么?试用向量图来进行说明。

5. 三相交流电力系统的电源中性点有哪些运行方式?中性点非直接接地系统与中性点直接接地系统有何区别?

6. 你熟悉的设备中哪些属于长期工作制设备,哪些属于短时工作制设备,哪些属于反复短时工作制设备?

项目二　供配电所的主要电气设备

任务 1　供配电所常用的高压电气设备

任务目标

（1）掌握常用高压电气设备的结构。

（2）了解常用高压电气设备的工作原理。

任务提出

为了实现供配电所的受电、变电和配电的功能，在供配电所中，必须把各种电气设备按一定的接线方案连接起来，组成一个完整的供配电系统。在这个系统中担负输送、变换和分配电能任务的电路称为主电路，也叫一次电路；用来控制、指示、监测和保护主电路（一次电路）及其主电路中设备运行的电路称为二次电路（二次回路）。相应地，供配电所中的电气设备也分成两大类：一次电路中的所有电气设备，称为一次设备或一次元件；二次电路中的所有电气设备，称为二次设备或二次元件。供配电所是供配电系统的枢纽。高压电气设备是高压重要的一次设备，常用的高压电气设备有隔离开关、断路器、负荷开关、熔断器、变压器以及成套开关设备，要掌握高压配电系统的构成，就必须掌握供配电所中常用的高压电器和变压器的功能、结构特点及运行维护等相关知识。因此，应提高对高压电气设备的操作、维护等专业技能的熟练程度。

相关知识

2.1.1　高压断路器

高压断路器（文字符号为 QF）是高压输配电线路中最为重要的电气设备。它具有可靠的灭弧装置，因此不仅能通断正常的负荷电流，而且能接通和承担一定时间的短路电流，并能在保护装置作用下自动跳闸，切除短路故障。高压断路器的形式可按使用场合分为户内和户外两种，也可以按断路器采用的灭弧介质分为压缩空气断路器、油断路器、真空断路器、SF_6 断路器等多种形式。目前，压缩空气断路器已基本不使用，油断路器也属于淘汰产品，而真空断路器和 SF_6 断路器得到了广泛使用。但由于少油断路器成本低，在输配电系统中还占据着比较重要的地位。

高压断路器全型号的表示和含义如下：

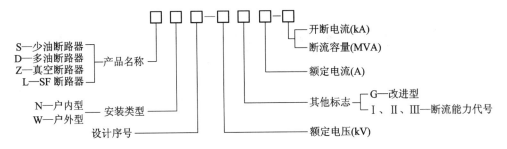

1. 高压油断路器

采用变压器油作为灭弧介质的断路器称作油断路器。油断路器可分为多油断路器和少油断路器。

图 2.1 是 SN10－10 型高压少油断路器的外形图。图 2.2 是该型断路器的内部剖面图。该断路器的特点是：开关触头在绝缘油中闭合和断开；油只作为灭弧介质，油量少；结构简单，体积小，重量轻；外壳带电，必须与大地绝缘，人体不能触及；燃烧和爆炸危险小。

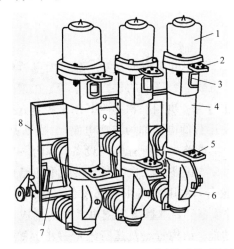

1—铝帽；2—上接线端；3—油标；4—绝缘箱(内装灭弧室及触头)；
5—下接线端；6—基座；7—主轴；8—框架；9—分闸弹簧。

图 2.1　SN10－10 型高压少油断路器外形图

SN10－10 型断路器可配用 CS2 型手动操作机构、CD 型电磁操作机构或 CT 型弹簧操作机构。CD 型和 CT 型操作机构都有跳闸和合闸线圈，通过断路器的传动机构使断路器动作。电磁操作机构需用直流电源操作，也可以手动，远距离跳、合闸。弹簧储能操动机构可交、直流操作电源两用，可以手动，也可以远距离跳、合闸。

少油断路器的主要缺点是：检修周期短，在户外使用受大气条件影响大，配套性差。

2. 高压真空断路器

高压真空断路器是一种利用"真空"灭弧的断路器，是一种新型断路器，我国已成批生产 ZN 系列真空断路器。

真空断路器的结构特点为：灭弧室作为独立的元件，安装调试简单、方便；触头开距短，故灭弧室小巧，操作功率小，动作快；灭弧能力强，燃弧时间短，一般只需半个周期，电磨损

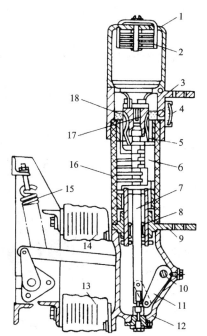

1—铅帽；2—油气分离器；3—上接线端子；4—油标；5—静触头；6—灭弧室；
7—动触头；8—中间滚动触头；9—下接线端子；10—转轴；11—拐臂；12—基座；
13—下支柱瓷瓶；14—上支柱瓷瓶；15—断路器簧；16—绝缘筒；17—逆止阀；18—绝缘油。

图 2.2 SN10—10 型高压少油断路器内部剖面图

少，使用寿命长；防火、防爆，操作噪声小；适用于频繁操作，特别是适用于开断容性负荷电流；开断能力强，目前开断短路电流已达 50 kA，具有多次重合闸功能，适合配电网要求。

图 2.3 是 ZN3—10 型高压真空断路器的外形图。它主要由真空灭弧室、操作机构、绝缘体传动件、底座等组成。真空灭弧室由圆盘状的动静触头、屏蔽罩、波纹管屏蔽罩、绝缘外壳（陶瓷或玻璃制成外壳）等组成，其结构如图 2.4 所示。

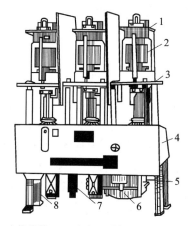

1—上接线端；2—真空灭弧室；3—下接线端；
4—操作机构箱；5—合闸电磁铁；
6—分闸电磁铁；7—分闸弹簧；8—底座。

图 2.3 ZN3—10 型高压真空断路器外形图

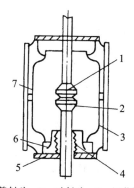

1—静触头；2—动触头；3—屏蔽罩；
4—波纹管；5—与外壳封接的金属法兰盘；
6—波纹管屏蔽罩；7—绝缘外壳。

图 2.4 真空断路器灭弧室结构

ZN3－10 型系列真空断路器可配用 CD 系列电磁操作机构或 CT 系列弹簧操作机构。

3. 高压六氟化硫(SF₆)断路器

六氟化硫(SF_6)断路器是利用 SF_6 气体作为灭弧和绝缘介质的断路器。SF_6 气体是一种无色、无嗅、不燃烧的惰性气体，具有优异的绝缘及灭弧能力。在 150℃ 以下时，其化学性能相当稳定。它的绝缘能力约高出普通空气的 2.5～3 倍，其灭弧能力则高出近 100 倍。高压六氟化硫(SF_6)断路器就是采用一种 SF_6 作为断路器的绝缘介质和灭弧介质的断路器。这种断路器的外形尺寸小，占地面积小，开断能力很强。此外，电弧在 SF_6 中燃烧时，电弧电压特别低，燃弧时间也短，因而 SF_6 断路器触头烧损很轻微，适于频繁操作，检修周期长。由于这些优点，SF_6 断路器发展速度很快，电压等级也在不断提高。图 2.5 是 LN2－10 型 SF_6 断路器的外形图。

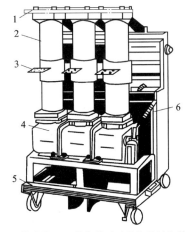

1—上接线端；2—绝缘筒(内为汽缸及触头系统)；
3—下接线端；4—操作机构；5—小车；6—分闸弹簧。

图 2.5　LN2－10 型 SF_6 断路器外形图

断路器的静触头和灭弧室中的压气活塞是相对固定的。当跳闸时，装有动触头和绝缘喷嘴的汽缸由断路器的操作机构通过连杆带动离开静触头，使汽缸和活塞产生相对运动来压缩 SF_6 气体并使之通过喷嘴吹出，用吹弧法来迅速熄灭电弧。

SF_6 断路器的缺点是：电气性能受电场均匀程度及水分等杂质影响特别大，故对 SF_6 断路器的密封结构、元件结构及 SF_6 气体本身质量的要求相当严格。

SF_6 断路器的结构特点为：开关触头在 SF_6 气体中闭合和断开；SF_6 气体具有灭弧和绝缘功能；灭弧能力强，属于高速断路器；结构简单，无燃烧、爆炸危险；SF_6 气体本身无毒，但在电弧的高温作用下，会产生氟化氢等有强烈腐蚀性的剧毒物质，检修时应注意防毒。

SF_6 断路器的操作机构主要采用弹簧、液压操作机构。

2.1.2　高压隔离开关

高压隔离开关具有明显的分断间隙，因此，它主要用来隔离高压电源，保证安全检修，并能通断一定的小电流(如 2 A 以下的空载变压器励磁电流、电压互感器回路电流、5 A 以下的空载线路的充电电流)。高压隔离开关没有专门的灭弧装置，因此不允许切断正常的负荷电流，更不能用来切断短路电流。由于隔离开关具有明显的分断间隙，因此它通常与断路器配合使用。根据隔离开关的使用场所，可以把高压隔离开关分成户内和户外两大类。按有无接地开关可分为不接地、单接地和双接地三类。隔离开关全型号的表示和含义如下：10 kV 高压隔离开关型号较多，常用的户内系列有 GN8、GN19、GN24、GN28 和 GN30 等。图 2.6 为户内使用的 GN8－10/600 型高压隔离开关的外形图，它的三相闸刀安装在同一底座上，闸刀均采用垂直回转运动方式。GN 型高压隔离开关一般采用手动操作机构进行操作。

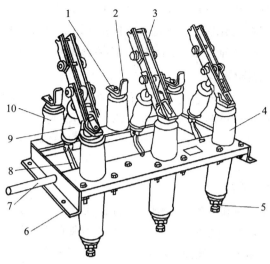

1—上接线端子；2—静触头；3—闸刀；4—套管绝缘子；5—下接线端子；
6—框架；7—转轴；8—拐臂；9—升降绝缘子；10—支柱绝缘子。

图 2.6　GN8—10/600 型高压隔离开关外形图

　　户外高压隔离开关常用的有 GW4、GW5 和 GW1 系列。图 2.7 所示为户外 GW4—35 型高压隔离开关的外形图。为了熄灭小电流电弧，该隔离开关安装有灭弧角条，采用的是三柱式结构。

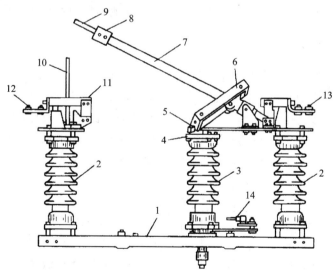

1—角钢架；2—支柱瓷瓶；3—旋转瓷瓶；4—曲柄；5—轴套；6—传动装置；7—管形闸刀；
8—工作动触头；9、10—灭弧角条；11—插座；12、13—接线端子；14—曲柄传动机构。

图 2.7　GW4—35 型户外隔离开关外形图

　　带有接地开关的隔离开关称为接地隔离开关，它可将电气设备进行短接、连锁和隔离，一般是用隔离开关将退出运行的电气设备和成套设备部分接地和短接。而接地开关是用于将回路接地的一种机械式开关装置。在异常条件(如短路)下，接地开关可在规定时间内承载规定的异常电流；在正常回路条件下，不要求其承载电流。接地开关大多与隔离开关构成一个整体，并且在接地开关和隔离开关之间有相互连锁装置。

在操作隔离开关时应注意操作顺序，停电时先拉开线路侧隔离开关，送电时先合上母线侧隔离开关。而且在操作隔离开关前，先注意检查断路器确实在断开位置后，才能操作隔离开关。

1. 合上隔离开关时的操作

（1）无论是用手动传动装置或是用绝缘操作杆操作，均必须迅速而果断，但在合闸终了时用力不可过猛，以免损坏设备，导致装置变形，瓷瓶破裂等。

（2）隔离开关操作完毕后，应检查是否合上。合好后应使隔离开关完全进入固定触头，并检查接触的严密性。

2. 拉开隔离开关时的操作

（1）开始操作时应慢而谨慎，当刀片刚要离开固定触头时应迅速。特别是切断变压器的空载电流、架空线路和电缆的充电电流、架空线路小负荷电流以及环路电流时，拉开隔离开关时更应迅速果断，以便能迅速消弧。

（2）拉开隔离开关后，应检查隔离开关每相确实已在断开位置并应使刀片尽量拉到头。

3. 操作中误合、误拉隔离开关的处理办法

（1）误合隔离开关时。即使合错，甚至在合闸时发生电弧，也不能将隔离开关再拉开。因为带负荷拉开隔离开关，会造成三相弧光短路事故。

（2）误拉隔离开关时。在刀片刚要离开固定触头时便发生电弧，这时应立即合上，可以消灭电弧，避免事故。如果隔离开关已经全部拉开，则绝不允许将误拉的隔离开关再合上。如果是单极隔离开关，操作一相后发现误拉，对其他两相则不允许继续操作。

2.1.3 高压负荷开关

高压负荷开关(文字符号为 QL)能通断正常的负荷电流、过负荷电流以及隔离高压电源。高压负荷开关只有简单的灭弧装置，因此它不能切断或接通短路电流。高压负荷开关使用时通常与高压熔断器配合使用，利用熔断器来切断短路故障。根据高压负荷开关的简单灭弧装置中所采用的灭弧介质的不同，高压负荷开关可分为固体产气式、压气式、油管式、真空式、SF6式等。按安装场所分类，也有户内式和户外式两种。

高压负荷开关全型号的表示和含义如下：

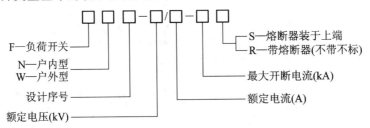

图 2.8 为 FN3－10RT 型高压负荷开关的结构示意图。高压负荷开关上端的绝缘子是一个简单的灭弧室，它不仅起到支持绝缘子的作用，而且其内部是一个汽缸，装有操作机构主轴传动的活塞，绝缘子上部装有绝缘喷嘴和弧静触头。当负荷开关分闸时，闸刀一端的弧动触头与弧静触头之间会产生电弧，同时分闸时主轴的转动会带动活塞，从而压缩汽缸内的空气，从喷嘴向外吹弧，使电弧迅速熄灭。FN3－10RT 高压负荷开关的外形与户内

式隔离开关相似，也具有明显的断开间隙，故它同时具有隔离开关的作用。

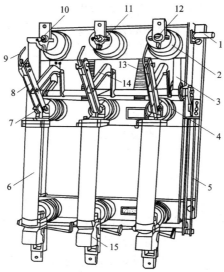

1—主轴；2—上绝缘子兼汽缸；3—连杆；4—下绝缘子；5—框架；
6—RN1型高压熔断器；7—下触座；8—闸刀；9—弧动触头；10—绝缘喷嘴；
11—弧静触头；12—上触座；13—分闸弹簧；14—绝缘拉杆；15—热脱扣器。

图 2.8　FN3—10RT 型高压负荷开关结构示意图

图 2.9 为西门子公司 12 kV 的真空负荷开关的剖面图。它是利用真空灭弧原理来工作的，因而能可靠地完成开断工作。其特点是可频繁操作，可配用手动操作机构或电动操作机构，灭弧性能好，使用寿命长。但它必须和 HH －熔断器相配合，才能开断短路电流，而且开断时，不形成隔离间隙，所以不能作隔离开关用。它一般用于 220 kV 及以下电网中。

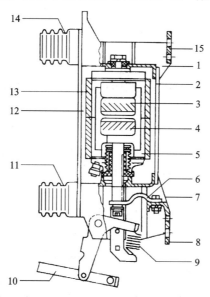

1—上支架；2—前支撑杆；3—静触头；4—动触头；5—波纹管；6—软连接；7—下支架；
8—下接线端子；9—接触压力弹簧和分闸弹簧；10—操作杆；11—下支持绝缘子；
12—后支撑杆；13—陶瓷外壳；14—上支持端子；15—上接线端子。

图 2.9　西门子公司 12 kV 的真空负荷开关的剖面图

六氟化硫(SF₆)负荷开关(如 FW11－10 型)和油浸式负荷开关(如 FW2、FW4 型)的基本结构都为三相共箱式，其中六氟化硫负荷开关利用 SF₆ 气体作为灭弧和绝缘介质，而油浸式负荷开关是利用绝缘油作为灭弧和绝缘介质，它们的灭弧能力强，容量大，但都必须与熔断器串联使用才能断开短路电流，而且断开后无可见间隙，不能作隔离开关用。它们适用于 35 kV 及以下的户外电网。

2.1.4 高压熔断器

熔断器是一种结构简单、应用广泛的保护电器，一般由熔管、熔体、灭弧填充物、指示器、静触座等构成。

熔断器分限流式和不限流式两种。限流式熔断器的灭弧能力强，可以在短路电流上升到最大值之前灭弧。

在供配电系统中，对容量小而且不太重要的负载，会广泛使用高压熔断器作为输、配电线路及电力变压器(包括电压互感器)的短路及过载保护，因为它既经济又能满足一定的可靠性。对于高压熔断器，户内广泛采用 RN1、RN2 型高压管式熔断器，户外则广泛采用 RW4、RW10 型等跌落式熔断器。

高压熔断器全型号的表示和含义如下：

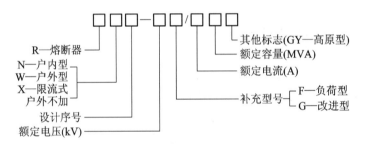

1. RN1 和 RN2 型户内式熔断器

RN1 型和 RN2 型熔断器的结构基本相同，都是瓷质熔管内填充石英砂填料的密封管式熔断器。图 2.10 为 RN1－10 型熔断器的外形图。图 2.11 为熔管的内部结构剖面图。RN1－10 型熔断器的主要组成部分是：熔管、触座、动作指示器、绝缘子和底座。熔管一般为瓷质管，熔丝由单根或多根镀银的细铜丝并联绕成螺旋状，熔丝上焊有小锡球。

当短路电流或过负荷电流通过熔体使工作熔体熔断后，指示熔体熔断的红色熔断指示器弹出，表示熔体已熔断。这种熔断器熔体熔断所产生的电弧是在填充石英砂的密闭瓷管内燃烧的，因此这种熔断器的灭弧能力很强，能在短路电流未达到其冲击值之前将电弧熄灭，为"限流式"熔断器。RN1 型主要作为高压线路和变压器的短路保护和过负荷保护，结构尺寸较大。RN2 型只用做电压互感器一次侧的短路保护，其熔体电流一般为 0.5 A，结构尺寸较小。

RN2 型与 RN1 型熔断器的区别主要是：RN2 由三种不同截面的康铜丝绕在陶瓷芯上，并且无熔断指示器，由电压互感器二次侧仪表的读数来判断其熔体的熔断情况；由于电压互感器的二次侧近乎于开路状态，RN2 型的额定电流一般为 0.5 A，而 RN1 型的额定电流为 2～300 A。

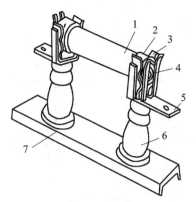

1—瓷熔管；2—金属管帽；3—弹性触座；4—熔断指示器；
5—接线端子；6—瓷绝缘支柱；7—底座。

图 2.10　RN1—10 型熔断器外形图

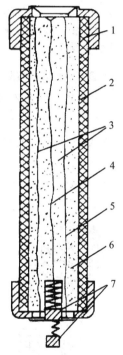

1—金属管帽；2—瓷熔管；3—工作熔体；4—指示熔体；
5—锡球；6—石英砂填料；7—熔断指示器(熔断后弹出状态)。

图 2.11　熔管内部结构剖面图

2. RW 系列户外式熔断器

RW 系列跌开式熔断器又称跌落式熔断器，被广泛用于环境正常的户外场所，作高压线路和设备的短路保护用。

（1）一般户外跌开式熔断器（文字符号为 FD）。图 2.12 为 RW4—10 型高压跌开式熔断器的外形结构图。它串接在线路中，可利用绝缘钩棒（俗称令克棒）直接操作熔管的分、合，此功能相当于隔离开关。

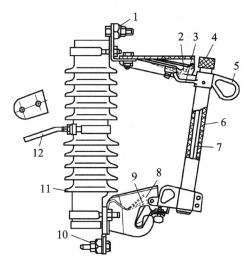

1—接线端子；2—上静触头；3—上动触头；4—管帽(带薄膜)；5—操作环；
6—熔管(外层为酚醛纸管或环氧玻璃布管，内衬纤维质消弧管)；7—铜熔丝；
8—下动触头；9—下静触头；10—下接线端子；11—绝缘子；12—固定安装板。

图 2.12　RW4—10 型高压跌开式熔断器外形结构图

RW4—10 型熔断器没有带负荷灭弧装置，因此不容许带负荷操作；它的灭弧能力不强，速度不快，不能在短路电流达到冲击电流值前熄灭电弧，属于"非限流式熔断器"，常用于额定电压 10 kV，额定容量 315 kVA 及以下电力变压器的过流保护，尤其以居民区、街道等场合居多。

(2) 负荷型跌开式熔断器(文字符号为 FDL)。图 2.13 所示为 RW10—10 负荷型跌开

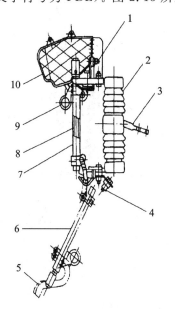

1—上接线端子；2—绝缘瓷瓶；3—固定安装板；4—下接线端子；5—灭弧触头；
6—熔丝管(打开位置)；7—熔丝管(闭合位置)；8—熔丝；9—操作环；10—灭弧罩。

图 2.13　RW10—10 负荷型跌开式熔断器外形结构图

式熔断器的外形结构图。

RW10—10 型跌开式熔断器是在一般跌开式熔断器的上静触头上加装了简单的灭弧室，因而能带负荷操作。但该类型熔断器的灭弧能力不是很强，灭弧速度也不快，不能在短路电流达到冲击电流值前熄灭电弧，因此也属于"非限流式熔断器"。

（3）限流式户外高压熔断器（文字符号为 FU）。图 2.14 所示为 RW10—35 型户外限流式熔断器的外形结构图。

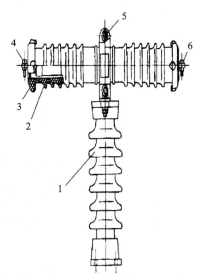

1—棒形支柱绝缘子；2—资质熔管(内装特制熔体及石英砂)；
3—钢管帽；4、6—接线端子；5—固定抱箍。

图 2.14　RW10—35 型户外限流式高压熔断器外形结构图

该熔断器的瓷质熔管内充有石英砂，其熔体结构和 RN 型的户内高压熔断器相似，因此它的短路和过负荷保护功能与户内高压熔断器相同。这种熔断器的熔管是固定在棒形支柱绝缘子上的，因此，熔体熔断后不能自动跌开，且无明显可见的断开间隙，不能作"隔离开关"用。

（4）RW—B 系列的高压爆炸式跌开式熔断器。其结构和 RW 系列基本相似，有 B 型和 BZ 型两种。B 型为自爆跌开式，BZ 型为爆炸重合跌开式，其区别是 BZ 型熔断器每相有两根熔管。若为瞬时性故障，可投入重合熔管来保证系统继续工作；如果是永久性故障，则重合熔管会再动作一次，将故障切除，以保护系统。

（5）HH—熔断器是一种高压高分断能力的熔断器，它能在短路电流产生的瞬间就将其开断，有效地保护电气设备和电气线路免受巨大的短路电流造成的危害。

2.1.5　电流互感器和电压互感器

电流互感器和电压互感器统称为互感器，它们其实就是一种特殊的变压器，在变配电系统中具有极其重要的作用。

（1）变换功能——把高电压和大电流变换为低电压和小电流，便于连接测量仪表和继电器。

（2）隔离作用——使仪表、继电器等二次设备与主电路绝缘。

（3）扩大仪表、继电器等二次设备应用的电流范围，使仪表、继电器等二次设备的规格统一，利于批量生产。

1. 电流互感器

1）电流互感器的结构和原理

电流互感器的类型很多，如按一次绕组的匝数分类，可分为单匝式和多匝式；按用途分类，可分成测量用和保护用；按绝缘介质分类，可分为油浸式和干式等。常用的电流互感器的外形结构图如图 2.15 和图 2.16 所示。

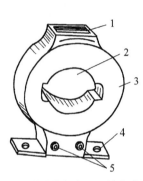

1—铭牌；2——次母线穿孔；3—铁芯(外绕二次绕组，环氧树脂浇注)；4—安装板；5—二次接线端子。

图 2.15　LMZJ1—0.5 型电流互感器外形结构图

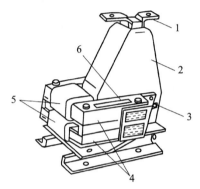

1——次接线端子；2——次绕组(环氧树脂浇注)；3—二次接线端子；4—铁芯(两个)；5—二次绕组(两个)；6—警告牌(上写"二次侧不得开路"等字样)。

图 2.16　LQJ—10 型电流互感器外形结构图

电流互感器的基本结构、原理接线如图 2.17 所示。

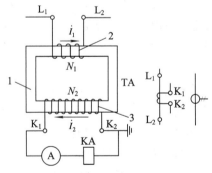

1—铁芯；2——次绕组；3—二次绕组。

图 2.17　电流互感器原理接线图

电流互感器的一次电流 I_1 与其二次电流 I_2 之间有下列关系：

$$I_1 \approx \left(\frac{N_2}{N_1}\right)I_2 \approx K_i I_2 \tag{2-1}$$

式中，K_i 为电流互感器的变流比。

变流比通常又表示为额定一次电流和额定二次电流之比，即 $K_i = I_{N1}/I_{N2}$，例如 100 A/5 A。

不同类型的电流互感器的结构特点不同，但归纳起来有下列共同点：

（1）电流互感器的一次绕组匝数很少，二次绕组匝数很多。如芯柱式的电流互感器一次绕组为一穿过铁芯的直导体；母线式和套管式电流互感器本身没有一次绕组，使用时穿入母线和套管，利用母线或套管中的导体作为一次绕组。

（2）一次绕组导体粗，二次绕组导体细，二次绕组的额定电流一般为 5 A(有的为1 A)。

（3）工作时，一次绕组串联在一次电路中，二次绕组串联在仪表、继电器的电流线圈回路中。二次回路阻抗很小，它接近于短路状态。

2）电流互感器的接线方案

电流互感器在三相电路中常见有四种接线方案，如图 2.18 所示。

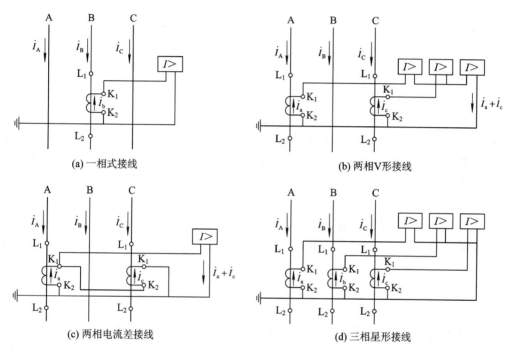

(a) 一相式接线　　　　(b) 两相V形接线

(c) 两相电流差接线　　　　(d) 三相星形接线

图 2.18　电流互感器四种常用接线方案

（1）一相式接线。如图 2.18(a)所示，这种接线在二次侧电流线圈中通过的电流，反映了一次电路对应相的电流。这种接线通常用于负荷平衡的三相电路，供测量电流和接过负荷保护装置用。

（2）两相电流和接线(两相 V 形接线)。如图 2.18(b)所示，这种接线也叫两相不完全星形接线，电流互感器通常接于 A、C 相上，流过二次侧电流线圈的电流，反映一次电路对应相的电流，而流过公共电流线圈的电流为 $\dot{I}_a + \dot{I}_c = -\dot{I}_b$，它反映了一次电路 B 相的电流。这种接线广泛应用于 6～10 kV 高压线路中，测量三相电能、电流，作过负荷保护用。

（3）两相电流差接线。如图 2.18(c)所示，这种接线也常把电流互感器接于 A、C 相，在三相短路对称时流过二次侧电流线圈的电流为 $\dot{I} = \dot{I}_a - \dot{I}_c$，其值为相电流的 $\sqrt{3}$ 倍。这种接线在不同短路故障下，反映到二次侧电流线圈的电流各自不同，因此对不同的短路故障具有不同的灵敏度。这种接线主要用于 6～10 kV 高压电路中的过电流保护。

（4）三相星形接线。如图 2.18(d)所示，这种接线流过二次侧电流线圈的电流分别对应主电路的三相电流，它广泛用于负荷不平衡的三相四线制系统和三相三线制系统中，用做电能、电流的测量及过电流保护。

电流互感器全型号的表示和含义如下：

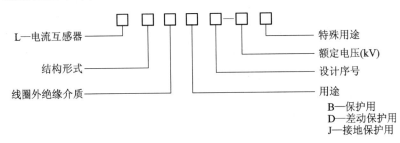

结构形式的字母含义为：R—套管式；Z—支柱式；Q—线圈式；F—贯穿式（复匝）；D—贯穿式（单匝）；M—母线式：B—支持式；A—穿墙式。

线圈外绝缘介质的字母含义：Z—浇注绝缘；C—瓷绝缘；J—树脂浇注；K—塑料外壳；W—户外式；M—母线式；G—改进式；Q—加强式。

3）电流互感器使用注意事项及处理方法

（1）电流互感器在工作时二次侧不能开路。如果开路，二次侧会出现危险的高电压，危及设备及人身安全。而且铁芯会由于二次开路磁通剧增而过热，并产生剩磁，使得互感器准确度降低。因此，安装电流互感器时，二次侧接线要牢固，且二次回路中不允许接入开关和熔断器。

实际工作中，往往发现电流互感器二次侧开路后，并没有什么异常现象。这主要是因为一次电路中没有负载电流或负载很轻，铁芯没有磁饱和的缘故。

在带电检修和更换二次仪表、继电器时，必须先将电流互感器二次侧短路，才能拆卸二次元件。运行中，如果发现电流互感器二次开路，应及时将一次电路电流减小或降至零，将所带的继电保护装置停用，并采用绝缘工具进行处理。

（2）电流互感器的二次侧必须有一端接地，以防止其一、二次绕组间绝缘击穿时，一次侧的高压窜入二次侧，危及人身安全和测量仪表、继电器等设备的安全。电流互感器在运行中，二次绕组应与铁芯同时接地运行。

（3）电流互感器在连接时必须注意端子极性，防止接错线。例如，在两相电流和接线中，如果电流互感器的 K_1、K_2 端子接错，则公共线中的电流就不是相电流，而是相电流的 $\sqrt{3}$ 倍，可能使电流表损坏。

4）电流互感器的操作和维护

电流互感器的运行和停用，通常是在被测量电路的断路器断开后进行的，以防止电流互感器的二次线圈开路。但在被测电路中断路器不允许断开时，只能在带电情况下进行。在停电时，停用电流互感器应将纵向连接端子板取下，将标有"进"侧的端子横向短接。在启用电流互感器时，应将横向短接端子板取下，并用取下的端子板将电流互感器纵向端子接通。

在运行中，停用电流互感器时，应将标有"进"侧的端子先用备用端子板横向短接，然后取下纵向端子板。在启用电流互感器时，应使用备用端子板将纵向端子接通，然后取下横向端子板。

在电流互感器启、停用时，应注意在取下端子板时是否出现火花。如果发现火花，应立即把端子板装上并拧紧，然后查明原因。工作中，操作员应站在绝缘垫上，身体不得碰到接地物体。

电流互感器在运行中，值班人员应定期检查下列项目：互感器是否有异声及焦味；互感器接头是否有过热现象；互感器油位是否正常，有无漏油、渗油现象；互感器瓷质部分是否清洁，有无裂痕、放电现象；互感器的绝缘状况。

电流互感器的二次侧开路是最主要的事故。在运行中造成开路的原因有：端子排上导线端子的螺丝因受震动而脱扣；保护屏上的压板未与铜片接触而压在胶木上，造成保护回路开路；可读三相电流值的电流表的切换开关经切换而接触不良；机械外力使互感器二次线断线等。

在运行中，如果电流互感器二次开路，则会引起电流保护的不正确动作，铁芯发出异声，在二次绕组的端子处会出现放电火花。此时，应先将一次电流减小或降至零，然后将电流互感器所带保护退出运行。采取安全措施后，将故障互感器的端子短路，如果电流互感器有焦味或冒烟，应立即停用互感器。

2. 电压互感器

1）电压互感器的功能、类型和结构特点

电压互感器的种类较多，按相数分类，有单相电压互感器和三相电压互感器；按绝缘方式和冷却方式分类，有油浸式电压互感器和干式电压互感器；按用途分类，有测量用电压互感器和保护用电压互感器；按结构原理分类，有电磁感应式电压互感器和电容分压式电压互感器等。典型的电压互感器的外形结构如图 2.19 所示。

电压互感器的基本结构、原理接线如图 2.20 所示，它的结构特点如下：

（1）一次绕组匝数很多，二次绕组匝数很少，相当于一个降压变压器。

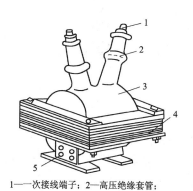

1——次接线端子；2—高压绝缘套管；
3—二次绕组；4—铁芯；5—二次接线端子。

图 2.19　JDZJ—10 型电压互感器外形结构

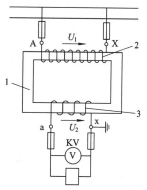

1—铁芯；2——次绕组；3—二次绕组。

图 2.20　电压互感器原理接线图

（2）工作时一次绕组并联在一次电路中，二次绕组并连接仪表、继电器的电压线圈回路，二次绕组负载阻抗很大，接近于开路状态。

（3）一次绕组导线细，二次绕组导线较粗，二次侧额定电压一般为 100 V，用于接地保护的电压互感器的二次侧额定电压为 $100/\sqrt{3}$ V，开口三角形侧为 100/3 V。

2）电压互感器的接线方案

电压互感器的接线方案有四种常见的格式，如图 2.21 所示。

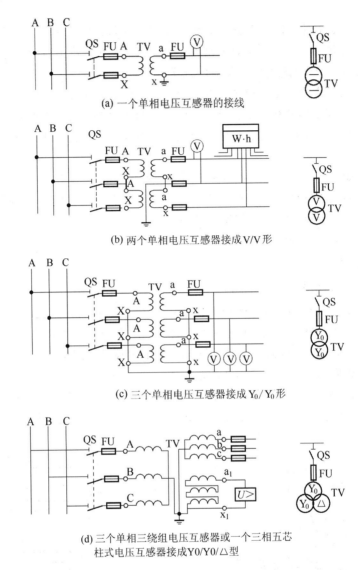

(a) 一个单相电压互感器的接线

(b) 两个单相电压互感器接成V/V形

(c) 三个单相电压互感器接成 Y_0/Y_0 形

(d) 三个单相三绕组电压互感器或一个三相五芯
柱式电压互感器接成Y0/Y0/△型

图 2.21 电压互感器四种常用接线方案

（1）一个单相电压互感器的接线。如图 2.21(a)所示，这种接线方式常用于供仪表和继电器测量一个线电压，如用作备用线路的电压监视。

（2）两个单相电压互感器接成 V/V 形。如图 2.21(b)所示，这种接线方式常用于供仪表和继电器测量三个线电压，广泛应用于变配电所 10 kV 高压配电装置中。

（3）三个单相电压互感器或一个三相双绕组电压互感器接成 Y_0/Y_0 形。如图 2.21(c)所示，这种接线方式常用于三相三线制和三相四线制线路，供仪表和继电器测量三个线电压和相电压。在小接地电流系统中，这种接线方式中的测量相电压的电压表应接线电压选择。

（4）三个单相三绕组电压互感器或一个三相五芯柱式三绕组电压互感器接成 $Y_0/Y_0/\triangle$

形(开口三角形)。如图 2.21(d)所示，这种接线方式常用于三相三线制线路。其接成 Y_0 形的二次绕组供电给要求线电压的仪表、继电器以及要求相电压的绝缘监察用电压表；接成开口三角形的辅助二次绕组，接作为绝缘监察用的电压继电器。电压互感器全型号的表示和含义如下：

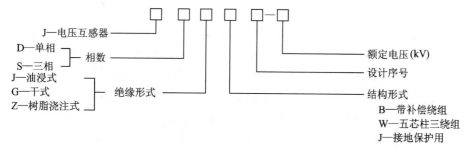

3）电压互感器的使用注意事项及处理方法

（1）电压互感器在工作时二次侧不能短路。因互感器是并联在线路上的，如发生短路将产生很大的短路电流，有可能烧毁电压互感器，甚至危及一次系统的安全运行。所以电压互感器的一、二次侧都必须实施短路保护，装设熔断器。

当发现电压互感器的一次侧熔丝熔断后，首先应将电压互感器的隔离开关拉开，并取下二次侧熔丝，检查是否熔断。在排除电压互感器本身的故障后，可重新更换合格的熔丝后将电压互感器投入运行。若二次侧熔断器一相熔断，应立即更换。若再次熔断，则不应再次更换，待查明原因后处理。

（2）电压互感器二次侧有一端必须接地，以防止电压互感器一、二次绕组绝缘击穿时，一次侧的高压窜入二次侧，危及人身和设备安全。

（3）电压互感器接线时必须注意极性，防止因接错线而引起事故。单相电压互感器分别标 A、X 和 a、x。三相电压互感器分别标 A、B、C、N 和 a、b、c、n。

（4）电压互感器的运行和维护。电压互感器在额定容量下允许长期运行，但不允许超过最大容量运行。电压互感器在运行中不能短路。在运行中，值班员必须注意检查二次回路是否有短路现象，并及时消除。当电压互感器发生二次回路短路时，一般情况下高压熔断器不会熔断，但如果此时电压互感器内部有异声，则将二次熔断器取下后，异声停止。

3. 互感器的极性及其测试

1）减极性与加极性

与变压器一样，互感器在运行中，其一次绕组与二次绕组的感应电动势 E_1、E_2 的瞬时极性是不断变化的，但它们之间有一定的对应关系。一、二次侧绕组的首端要么同为正极性（末端为负极性），要么一正一负。当绕组的首、末端规定后，绕组间的这种极性对应关系就取决于绕组的绕向。我们把在电磁感应过程中，一、二次绕组感应出相同极性的两端称为同名端，感应出相反极性的两端称为异名端。

在一次绕组的同名端通入一个正在增大的电流，则该端将感应出正极性，二次绕组的同名端亦感应出正极性。如果二次回路是闭合的，则将有感应电流从该端流出。根据电流的这一对应关系，可以判别绕组的同名端。此外，还可以采取如图 2.22 所示的接线方法，把一、二次绕组的两个末端短接，在一侧加交流电压 U_1，另一侧感应出电压 U_2，测量两个

绕组首端间的电压 U_3。若 $U_3 = U_1 - U_2$，则两个首端（或末端）为同名端；若 $U_3 = U_1 + U_2$，则两个道端（或末端）为异名端。互感器若按照同名端来标记一、二次绕组对应的首尾端，则这样的标记称为"减极性"标记法（L_1 与 K_1 为同名端），反之则称为"加极性"标记法（L_1 与 K_1 为异名端）。在电工技术中通常采用"减极性"标记法。

2）互感器同名端的测定

（1）直流法。直流法接线如图 2.22 所示。在电流互感器的一次线圈（或二次线圈）上，通过按钮开关 SB 接入 $1.5 \sim 3$ V 的干电池 E，L_1 接电池的正极，L_2 接电池的负极。在二次绕组两端接以低量程直流电压表或电流表。仪表的正极接 K_1，负极接 K_2，按下 SB 接通电路时，若直流电流表或直流电压表指针正偏则为减极性（L_1 与 K_1 为同名端），反偏则为加极性（L_1 与 K_1 为异名端）；SB 打开切断电路时，若指针反偏则为减极性，正偏则为加极性。直流法测定极性简便易行，结果准确，是现场常用的一种方法。

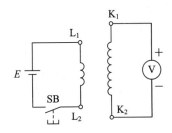

图 2.22 直流法测定绕组极性接线图

（2）交流法。交流法接线如图 2.23 所示。将电流互感器一、二次侧绕组的尾端 L_2、K_2 连在一起。在匝数较多的二次绕组上通以 $1 \sim 5$ V 的交流电压 u_1，再用 10 V 以下的小量程交流电压表分别测量 u_2 及 u_3 的数值。若 $U_3 = U_1 - U_2$，则为减极性；若 $U_3 = U_1 + U_2$，则为加极性。

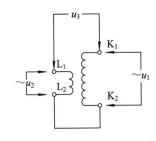

图 2.23 交流法测定绕组同名端

在测定中要注意通入的电压 u_1 应尽量低，只要电压表的读数能看清楚即可，以免电流太大损坏线圈。为读数清楚，电压表的量程应尽量小些。当电流互感器的电流比在 5 倍及以下时，用交流法测定极性既简单又准确；当电流互感器的电流比较大（10 倍以上）时，因 U_2 的数值较小，U_1 与 U_3 的数值很接近，电压表的读数不易区别大小，故不宜采用此测定方法。

（3）仪表法。一般的互感器校验仪都带有极性指示器，因此在测定电流互感器误差之前，便可以预先检查极性。若极性指示器没有指示，则说明被测电流互感器极性正确（减极性）。

2.1.6　高压成套配电装置

成套配电装置是按电气主接线的要求，把开关设备、保护测量电器、母线和必要的辅助设备组合在一起构成的用来接受、分配和控制电能的总体装置。

1. 成套配电装置分类与特点

配电装置可分为装配式配电装置和成套配电装置。电气设备在现场组装的配电装置称为装配式配电装置，在制造厂预先把电器组装成柜再运到现场安装的称为成套配电装置。

成套配电装置是制造厂成套供应的设备。同一个回路的开关电器、测量仪表、保护电器和辅助设备都装配在一个或两个全封闭或半封闭的金属柜中。制造厂可生产各种不同一次线路方案的开关柜供用户选用。

一般供配电系统中常用到的成套配电装置有高压成套配电装置(也称高压开关柜)和低压成套配电装置。低压成套配电装置只有屋内式一种，高压开关柜则有屋内式和屋外式两种。另外还有一些成套配电装置，如高、低压无功功率补偿成套装置，高压综合启动柜，低压动力配电箱及照明配电箱等也经常使用。

2. 高压成套配电装置(高压开关柜)

高压成套配电装置就是按不同用途的接线方案，将所需的高压设备和相关一、二次设备按一定的线路方案组装而成的一种高压成套配电装置，在发电厂和变配电所中作为控制和保护发电机、变压器和高压线路之用，也可作为大型高压交流电动机的启动和保护之用，对供配电系统进行控制、监测和保护。其中安装有开关设备、保护电器、监测仪表和母线、绝缘子等。

固定式高压开关柜柜内所有电器部件都固定在不能移动的台架上，构造简单，也较为经济，一般在中、小型供配电系统中较多采用。

高压开关柜有固定式和手车式(移开式)两大类型。在一般中、小型供配电系统中普遍采用较为经济的固定式高压开关柜。我国现在大量生产和广泛应用的固定式高压开关柜主要为 GG—1A(F)型。这种防误操作型开关柜装设了防止电器误操作和保障人身安全的闭锁装置，即所谓"五防"：

(1) 防止误分、误合断路器。

(2) 防止带负荷误拉、误合隔离开关。

(3) 防止带电误挂地线。

(4) 防止带接地线误合隔离开关。

(5) 防止人员误入带电间隔。

固定式高压开关柜外形示意图如图 2.24 所示。

手车式(或移开式)高压开关柜是指一部分电器部件固定在可移动的手车上，另一部分电器部件装置在固定的台架上。当高压断路器出现故障需要检修时，可随时将其手车拉出，然后推入同类备用小车，即可恢复供电。因此采用手车式开关柜检修方便安全，恢复供电快，可靠性高，但价格较贵。

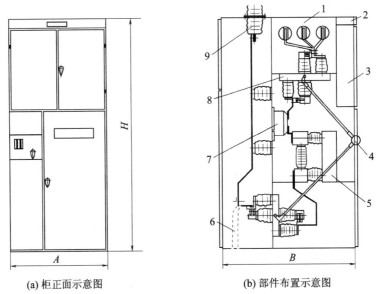

(a) 柜正面示意图　　　　　　　　　　(b) 部件布置示意图

1—母线室；2—小母线通道；3—仪表室；4—操作及连锁机构；5—整体式真空断路器；
6—电缆出线；7—电流互感器；8—隔离开关；9—架空出线。

图 2.24　GG-1FQ 箱式固定柜外形示意图

图 2.25 所示为 GC-10(F)型手车式高压开关柜的外形结构图。

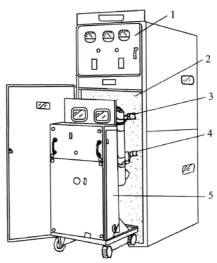

1—仪表屏；2—手车室；3—上触头；4—下触头(兼起隔离开关作用)；
5—SN10-10型断路器手车。

图 2.25　GC-10(F)型高压开关柜外形结构图

高压开关柜在 6～10 kV 电压等级的供配电所户内配电装置中应用很广泛，35 kV 高压开关柜目前国内仅生产户内式的。

新系列高压开关柜的全型号表示和含义如下：

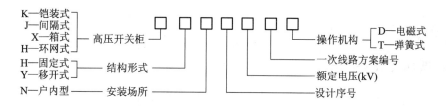

探索与实践

1. 高压少油断路器和高压真空断路器各自的灭弧介质是什么？比较其灭弧性能，各适用于什么场合？

答：高压少油断路器的灭弧介质是油。高压真空断路器的灭弧介质是真空。

高压少油断路器具有重量轻、体积小、节约油和钢材、价格低等优点，但不能频繁操作，用于 6～35 kV 的室内配电装置。

高压真空断路器具有不爆炸、噪声低、体积小、重量轻、寿命长、结构简单、无污染、可靠性高等优点，在 35 kV 配电系统及以下电压等级中处于主导地位，但价格昂贵。

2. 高压隔离开关的作用是什么？为什么不能带负荷操作？

答：高压隔离开关的作用是隔离高压电源，以保证其他设备和线路的安全检修及人身安全。但隔离开关没有灭弧装置，因此不能带负荷拉、合闸，不能带负荷操作。

3. 高压负荷开关有哪些功能？能否实施短路保护？在什么情况下会自动跳闸？

答：高压负荷开关的功能是隔离高压电源，以保证其他设备和线路的安全检修及人身安全。

高压负荷开关不能断开短路电流，所以不能实施短路保护。它常与熔断器一起使用，借助熔断器来切除故障电流，可广泛应用于城市电网和农村电网改造。高压负荷开关上端的绝缘子是一个简单的灭弧室，它不仅起到支持绝缘子的作用，而且其内部是一个汽缸，装有操作机构主轴传动的活塞，绝缘子上部装有绝缘喷嘴和弧静触头。当负荷开始分闸时，闸刀一端的弧动触头与弧静触头之间产生电弧，同时在分闸时主轴转动而带动活塞，压缩汽缸内的空气，从喷嘴往外吹弧，使电弧迅速熄灭。

任务 2　供配电所常用的低压电气设备

任务目标

（1）掌握常用低压电气设备的结构。

（2）了解常用低压电气设备的工作原理。

任务提出

供配电所常用的低压电气设备在供配电系统中广泛用于低压线路上，起着开关、保护、调节和控制作用。低压电器按功能分类，常分为开关电器、控制电器、调节电器、测量电器和成套电器。通过学习常用低压电气设备的结构及原理，培养严谨的工作态度。

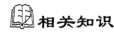 **相关知识**

2.2.1 低压刀开关

低压刀开关(文字符号为 QK)是最普通的一种低压电器,适用于交流 50 Hz、额定交流电压 380 V/直流电压 440 V、额定电流 1500 A 及以下的配电系统中,作不频繁手动接通和分断电路或用来隔离电源以保证安全检修之用。为了能在短路或过电流时自动切断电路,刀开关必须与熔断器串联配合使用。刀开关的种类很多,按其灭弧结构分,有不带灭弧罩和带灭弧罩两种;按极数分,有单极、双极和三极三种;按操作方式分,有直接手柄操作和连杆操作两种;按用途分,有单投和双投两种。低压刀开关的额定电流等级最大为1500 A。

低压刀开关全型号的表示和含义如下:

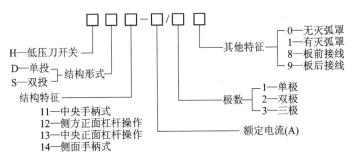

图 2.26 所示为 HD13 型低压刀开关外形结构图。

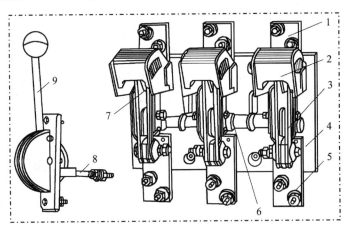

1—上接线端子;2—灭弧栅(灭弧罩);3—闸刀;4—底座;
5—下接线端子;6—主轴;7—静触头;8—连杆;9—操作手柄。

图 2.26 HD13 型低压刀开关外形结构图

2.2.2 刀熔开关

低压刀熔开关(文字符号为 QKF 或 FU-QK)又称熔断器式刀开关,是一种由低压刀开关和低压熔断器组合的开关电器。它具有刀开关和熔断器的双重功能。最常见的刀熔开关是 HR3 型刀开关，它将 HD 型刀开关的闸刀换以 RT0 型熔断器的具有刀形触头的熔管。采用这种组合型的开关电器，简化了配电装置结构，经济实用，广泛用于低压配电屏上。最常见的 HR3 型刀熔开关的结构如图 2.27 所示。

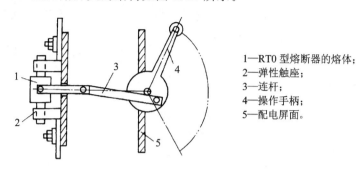

图 2.27　HR3 型刀熔开关结构示意图

1—RT0 型熔断器的熔体；
2—弹性触座；
3—连杆；
4—操作手柄；
5—配电屏面。

目前越来越多采用的是 HR5 熔断器式刀开关。它与 HR3 型的主要区别是用 NT 型低压高分断熔断器取代了 RT0 型熔断器作短路保护用，在各项电气技术指标上更加完好，同时也具有结构紧凑、使用维护方便、操作安全可靠等优点，而且它还能进行单相熔断的监测，从而能有效防止因断路器熔断所造成的缺相运行故障。

低压刀熔开关全型号的表示和含义如下：

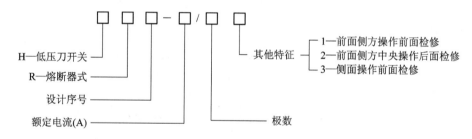

2.2.3　低压负荷开关

低压负荷开关（文字符号为 QL）是由带灭弧装置的刀开关与熔断器串联而成的，外形呈封闭式铁壳或开启式胶盖，又称"开关熔断器组"。

低压负荷开关具有带灭弧罩的刀开关和熔断器的双重功能，既可带负荷操作，也能进行短路保护，但一般不能频繁操作，短路熔断后需重新更换熔体才能恢复正常供电。

低压负荷开关根据结构不同，有封闭式负荷开关（HH 系列）和开启式负荷开关（HK 系列）。其中，封闭式负荷开关是将刀开关和熔断器的串联组合安装在金属盒内，因此又称"铁壳开关"，一般用于粉尘多、不需要频繁操作的场合，作为电源开关和小型电动机直接启动的开关，兼作短路保护用。而开启式负荷开关采用瓷质胶盖，可用于照明和电热电路中作不频繁通断电路和短路保护用。

2.2.4　低压断路器

低压断路器（文字符号为 QF）又称低压自动开关、自动空气开关或空气开关等，它既能带负荷接通和切断电路，又能在短路、过负荷和低电压（失压）时自动跳闸，保护电力线路和电气设备免受破坏。它被广泛用于发电厂和变电所,以及配电线路的交、直流低压电气装置中,适用于正常情况下不频繁操作的电路。

低压断路器的工作原理示意图如图 2.28 所示。主触头用于通断主电路,它由带弹簧的跳钩控制通断动作,而跳钩由锁扣锁住或释放。当线路出现短路故障时,其过电流脱扣器动作,将锁扣顶开,从而释放跳钩使主触头断开。同理,如果线路出现过负荷或失电压的情况,通过热脱扣器或失电压脱扣器的动作,也会使主触头断开。如果按下按钮 6 或 7,使失电压脱扣器或者分励脱扣器动作,则可以实现开关的远距离跳闸。

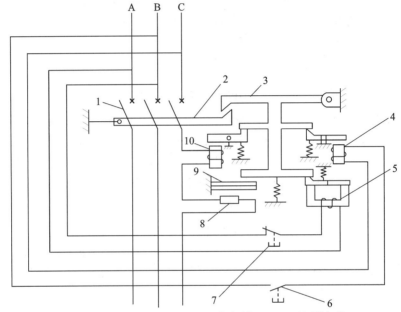

1—主触头;2—跳钩;3—锁扣;4—分励脱扣器;5—失压脱扣器;
6、7—脱扣按钮;8—电阻;9—热脱扣器;10—过电流脱扣器。

图 2.28 低压断路器工作原理示意图

低压断路器种类很多。按用途分,有配电用、电动机用、照明用和漏电保护用断路器;按灭弧介质分,有空气断路器和真空断路器;按极数分,有单极、双极、三极和四极断路器。经拼装小型断路器可由几个单极的组合成多极的。

配电用断路器按结构分,有塑料外壳式(装置式)和框架式(万能式)两种;按保护性能分,有非选择型、选择型和智能型三种。非选择型断路器一般为瞬时动作,只作短路保护用;也有长延时动作,只作过负荷保护用。选择型断路器有两段保护和三段保护两种动作特性组合。两段保护有瞬时和长延时的两段组合或长延时和短延时的两段组合两种,三段保护有瞬时、短延时和长延时三段组合。智能型断路器的脱扣器动作由微机控制,保护功能更多,选择性更好。

自动开关带有多种脱扣器,能够起到过电流、过载、失压、欠压保护等作用,按断路器中安装的脱扣器种类可分为以下五种:

(1)分励脱扣器。它用于远距离跳闸(远距离合闸操作可采用电磁铁或电动储能合闸)。

(2)欠电压或失电压脱扣器。它用于欠电压或失电压(零压)保护,当电源电压低于定值时自动断开断路器。

（3）热脱扣器。它用于线路或设备长时间过负荷保护，当线路电流出现较长时间过载时，金属片受热变形，使断路器跳闸。

（4）过电流脱扣器。它用于短路、过负荷保护，当电流大于动作电流时自动断开断路器，分瞬时短路脱扣器和过电流脱扣器（又分长延时和短延时两种）。

（5）复式脱扣器。它既有过电流脱扣器又有热脱扣器的功能。

低压断路器全型号的表示和含义如下：

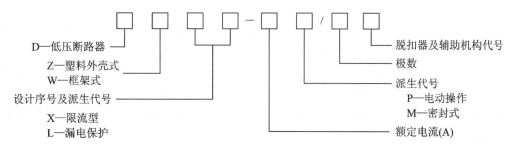

D—低压断路器
Z—塑料外壳式
W—框架式
设计序号及派生代号
X—限流型
L—漏电保护
脱扣器及辅助机构代号
极数
派生代号
P—电动操作
M—密封式
额定电流(A)

（1）DZ（塑料外壳式）系列低压断路器。DZ 系列低压断路器为封闭式结构，常称为塑料外壳式自动开关。目前使用较多的 DZ 系列低压断路器有 DZ10 和 DZ15，推广应用的有 DZ20、DZX10 及 C45N、DZ40 等。塑料外壳式低压断路器的保护方案少（主要保护方案有热脱扣器和过电流脱扣器保护两种），操作方法少（分为手动操作和电动操作），其电流容量和断流容量较小，但分断速度较快（断路时间一般不大于 0.02 s），结构紧凑，体积小，重量轻，操作简便，封闭式外壳的安全性好，因此，被广泛用作容量较小的配电支线的负荷端开关、不频繁启动的电动机开关、照明控制开关和漏电保护开关等。

图 2.29 所示为 DZ20 系列塑料外壳式低压断路器的外形结构图。

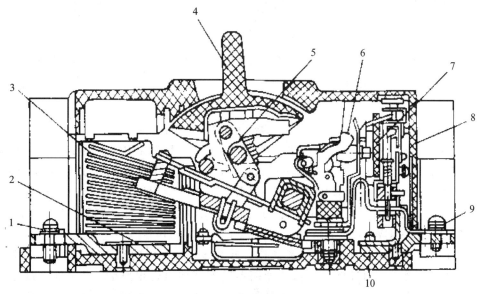

1—引入线接线端；2—主触头；3—灭弧室；4—操作手柄；5—跳钩；6—锁扣；
7—过电流脱扣器；8—塑料壳盖；9—引出线接线端；10—塑料底座。

图 2.29　DZ20 型塑料外壳式低压断路器外形结构图

DZ20 型塑料外壳式低压断路器属我国生产的第二代产品，目前的应用较为广泛。它具有较高的分断能力，外壳的机械强度和电气绝缘性能也较好，而且所带的脱扣器、操作机构等附件较多。

塑料外壳式低压断路器的操作手柄有三个位置，如图 2.31 所示。在壳面中央有分合位置指示。

① 合闸位置如图 2.30(a)所示，手柄扳向上方，跳钩被锁扣扣住，断路器处于合闸状态。

② 自由脱扣位置如图 2.30(b)所示，手柄位于中间位置，是当断路器因故障自动跳闸，跳钩被锁扣脱扣，主触头断开的位置。

③ 分闸和再扣位置如图 2.30(c)所示，手柄扳向下方，这时，主触头依然断开，但跳钩被锁扣扣住，为下次合闸做好准备。断路器自动跳闸后，必须把手柄扳到此位置，才能将断路器重新进行合闸，否则是合不上的。不仅塑料外壳式低压断路器的手柄操作如此，框架式断路器同样如此。

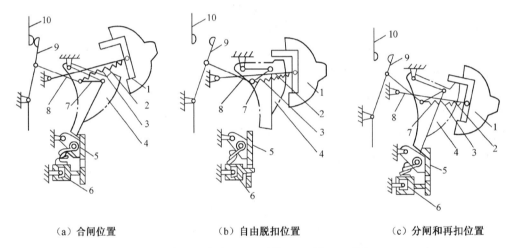

（a）合闸位置　　　　　　　（b）自由脱扣位置　　　　　　（c）分闸和再扣位置

1—操作手柄；2—操作杆；3—弹簧；4—跳钩；5—锁扣；
6—索引杆；7—上连杆；8—下连杆；9—动触头；10—静触头。

图 2.30　低压断路器操作手柄位置示意图

（2）DW 系列（框架式）低压断路器。图 2.31 所示为 DW 系列低压断路器的外形结构图。DW 系列（框架式）低压断路器为敞开式结构，其保护方案和操作方式都较多，因此又称为万能式自动开关。其灭弧能力较强，断流容量较大，但断路时间较长（在一个周期（0.02 s）以上）。目前使用较多的 DW 系列低压断路器有 DW10 和 DW15，推广应用的低压断路器有 DW15X、DW16、DW17（ME 开关）、DW914（AH）等。

框架式低压断路器的保护方案和操作方式较多，既有手柄操作，又有杠杆操作、电磁操作和电动操作等。而且框架式低压断路器的安装地点也很灵活，既可装在配电装置中，又可安在墙上或支架上。另外，相对于塑料外壳式低压断路器，框架式低压断路器的电流容量和断流能力较大，不过，其分断速度较慢（断路时间一般大于 0.02 s）。框架式低压断路器主要用于配电变压器低压侧的总开关、低压母线的分段开关和低压出线的主开关。

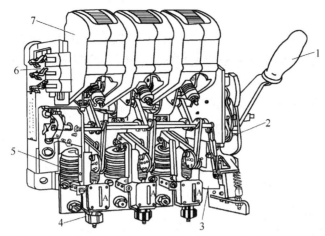

1—操作手柄；2—自由脱扣机构；3—失压脱扣器；4—脱扣器电流调节螺母；
5—过电流脱扣器；6—辅助触头(连锁触头)；7—灭弧罩。

图 2.31　DW 型万能式低压断路器外形结构图

　　图 2.31 所示的 DW 型断路器的主要结构由触头系统、操作机构和脱扣器系统组成。其触头系统安装在绝缘底板上，由静触头、动触头和弹簧、连杆、支架等组成。灭弧室里采用钢纸板材料和数十片铁片作灭弧栅来加强电弧的熄灭。操作机构由操作手柄和电磁铁操作机构及强力弹簧组成。脱扣系统有过负荷长延时脱扣器、短路瞬时脱扣器、欠电压脱扣器和分励脱扣器等。带有电子脱扣器的万能式断路器还可以把过负荷长延时、短路瞬时、短路短延时、欠电压瞬时和延时脱扣器的保护功能汇集在一个部件中，并利用分励脱扣器来使断路器断开。

　　① 手动操作断路器时触头不能闭合。主要原因有：欠压脱扣器无电压和线圈损坏；机构不能复位再扣；储能弹簧变形，闭合力减小；反作用弹簧拉力过大。

　　② 启动电动机时断路器立即分断。原因是过电流脱扣器的整定电流太小，可调整脱扣器的瞬时整定弹簧。若为空气阻尼式脱扣器，则可能是闭门失灵或橡皮膜破裂。

　　③ 断路器闭合后一段时间又自行分断。主要是过电流长延时整定值不对或热元件等精确度发生变化。

　　④ 断路器温度过高。主要原因有：触头压力过分降低；触头表面过分磨损或接触不良；导电零件的连接螺丝松动。

　　⑤ 分励脱扣器不能使断路器分断电路。主要原因有：线圈损坏；电源电压低；电路螺丝松动；再扣接触面过大。

　　⑥ 欠压脱扣器不能使断路器分断电路。主要原因有：反力弹簧作用力变小；储能释放弹簧作用力变小；机构被卡住。

　　⑦ 欠压脱扣器有噪声。主要原因有：反力弹簧作用力太大；铁芯工作面上有油污；短路环断裂。

2.2.5　低压熔断器

　　低压熔断器主要实现低压配电系统的短路保护和过负荷保护。它的主要缺点是熔体熔断后必须更换，否则会引起短路停电，保护特性和可靠性较差，在一般情况下必须与其他电器配合使用。

低压熔断器的类型很多，按结构形式分为 RM 系列无填料密闭管式熔断器、RT 系列有填料密闭管式熔断器、RC 系列瓷插式熔断器、RL 系列螺旋式熔断器、NT 系列高分断能力熔断器等。

国产低压熔断器全型号的表示和含义如下：

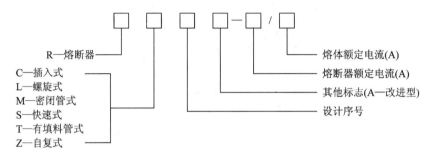

R—熔断器
C—插入式
L—螺旋式
M—密闭管式
S—快速式
T—有填料管式
Z—自复式

熔体额定电流(A)
熔断器额定电流(A)
其他标志(A—改进型)
设计序号

RC1 型瓷插式熔断器的结构简单，价格便宜，更换熔体方便，广泛用于 500 V 以下的电路中，作不重要负荷的电力线路、照明设备和小容量的电动机的短路保护用，如居民区、农用负荷等要求不高的供配电线路末端的负荷。图 2.32 所示为 RC1A 型瓷插式熔断器的结构。

RL1 型螺旋式熔断器的体积小，重量轻，安装面积小，价格低，更换熔体方便，运行安全可靠，而且因熔管内充有石英砂，灭弧能力较强，属"限流式熔断器"，广泛用于 500 V 以下的低压动力干线和支线上，用于保护线路、照明设备和小容量电动机。图 2.33 所示为 RL 系列螺旋式熔断器的结构。

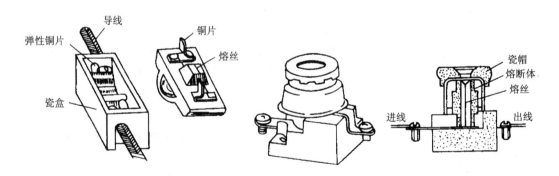

图 2.32　RC1A 型瓷插式熔断器　　　　图 2.33　RL 系列螺旋式熔断器

RM 型熔断器的熔体用锌片冲制成变截面形状。图 2.34 所示为 RM10 系列低压熔断器的结构。它由纤维熔管、变截面锌片和触刀、管帽、管夹等组成。当短路电流通过时，熔片窄部由于截面小、电阻大而首先熔断，并将产生的电弧分成几段而易于熄灭；在过负荷电流通过时，由于电流加热时间较长，而窄部的散热条件好，这时往往在宽窄之间的斜部熔断。由此，可根据熔片熔断的部位来判断过电流的性质。RM 系列的熔断器不能在短路到达冲击值前灭弧，因此是"非限流式"熔断器，广泛用于发电厂和供配电所中，作为电动机的保护和断路器合闸控制回路的保护。

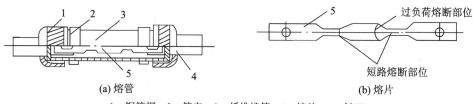

(a) 熔管　　　　　　　　　　　　　　　　　　(b) 熔片

1—铜管帽；2—管夹；3—纤维熔管；4—熔片；5—触刀。

图 2.34　RM10 系列低压熔断器

RT0 型有填料封闭管式熔断器如图 2.35 所示，主要由瓷熔管、栅状铜熔体和底座三部分组成。熔管内装石英砂。熔体由多条冲有网孔和变截面的紫铜片并联组成，中部焊有"锡桥"，指示器熔体为康铜丝，与工作熔体并联。熔管上盖板装有明显的红色熔断指示器。这种熔断器具有较强的灭弧能力，因而属于"限流式"熔断器。熔体熔断后，其熔断指示器（红色）弹出，以方便工作人员识别故障线路和处理问题。熔断后的熔体不能再用，须重新更换，更换时应采用绝缘操作手柄进行操作。

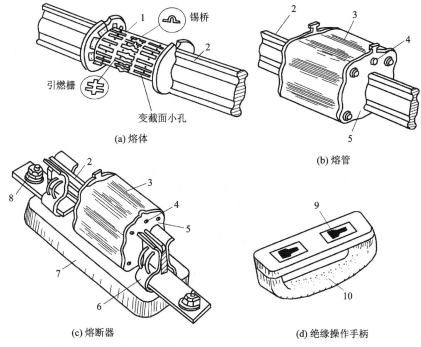

(a) 熔体　　　　　　　　　　　　　　　　　(b) 熔管

(c) 熔断器　　　　　　　　　　　　　　(d) 绝缘操作手柄

1—栅状铜熔体；2—触刀；3—瓷熔管；4—熔断指示器；5—盖板；6—弹性触座；
7—瓷质底座；8—接线端子；9—扣眼；10—绝缘操作手柄。

图 2.35　RT0 型低压熔断器

RT0 型熔断器具有很强的分断能力和良好的安秒特性，在低压电网保护中与其他保护电器配合，能组成具有一定选择性的保护，广泛用于短路电流较大的低压网络和配电装置中，作输电线路和电气设备的短路保护，特别适用于重要的供电线路（如电力变压器的低压侧主回路及靠近变压器场所出线端的供电线路）。

NT 系列熔断器是引进技术生产的一种高分断能力熔断器，现广泛应用于低压开关柜中，适用于 660 V 及以下电力网络及配电装置作过载和保护用。该系列熔断器由熔管、熔体和底座组成,外形结构与 RT0 型相似。熔管为高强度陶瓷管,内装优质石英砂,熔体采用优质材料制成。它的主要特点是体积小,重量轻,功耗小,分断能力高,限流特性好。gF、aM 系列圆柱形管状有填料熔断器也属引进技术生产的熔断器,它具有体积小、密封好、分断能力高、指示灵敏、动作可靠、安装方便等优点,适用于低压配电系统。其中,gF 系列用于线路的短路和过负荷保护,aM 系列用于电动机的短路保护。

2.2.6 低压成套配电装置

低压成套配电装置一般称为低压配电屏,包括低压配电柜和配电箱,是按一定的线路方案将有关一、二次设备组装而成的低压成套设备,在低压系统中可作为控制、保护和计量装置。

低压成套配电装置按其结构形式分为固定式和抽屉式两种。

目前使用较广的固定式低压配电柜有 PGL、GGL、GGD 等形式,其中 GGD 是国内较新的产品,全部采用新型电器部件,具有分断能力强、热稳定度好、接线方案灵活、组合方便、结构新颖及外壳防护等级高等优点。固定式低压开关柜适用于动力和照明配电。

抽屉式低压开关柜的安装方式为抽出式,每个抽屉为一个功能单元,按一、二次线路方案要求将有关功能单元的抽屉叠装安装在封闭的金属柜体内,这种开关柜适用于三相交流系统中,可作为电动机控制中心的配电和控制装置。图 2.36 所示为 GCK 型抽屉式低压配电柜结构示意图。

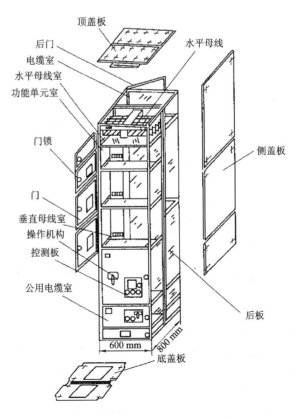

图 2.36 GCK 型抽屉式低压配电柜结构示意图

1. 动力配电箱

从车间低压配电屏柜引出的供电线路,一般须经低压动力配电箱后才接至用电负荷。动力配电箱是车间供电系统对用电设备的最后一级控制和保护设备。

新系列低压配电屏全型号的表示和含义如下:

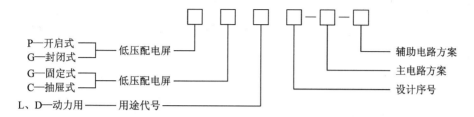

```
P—开启式 ┐
G—封闭式 ┘ 低压配电屏

G—固定式 ┐
C—抽屉式 ┘ 低压配电屏

L、D—动力用 —— 用途代号
```
辅助电路方案
主电路方案
设计序号

动力配电箱具有配电和控制两种功能,主要用于动力配电与控制,但也可用于照明配电与控制。常用的动力配电箱有 XL 型、XLL2 型、XF－10 型、XLCK 型、BGL－1 型、GBM－1 型等,其中 BGL－1、GBM－1 型多用于高层住宅建筑的照明和动力配电。

2. 照明配电箱

照明配电箱主要用于照明配电,但也能对一些小容量的动力设备配电。照明配电箱品种很多,按安装方式可分为靠墙式、悬挂式和嵌入式三种。

XM 系列照明配电箱适用于工业或民用建筑的照明配电,也可作为小容量动力线路的漏电、过负荷和短路保护之用。

任务 3　电力变压器台数和容量的确定

 任务目标

(1)掌握变压器的分类和结构。
(2)掌握三相电力变压器的连接组别。
(3)掌握变压器台数的确定原则。
(4)掌握变压器容量的确定。

任务提出

变压器是供配电系统中非常重要的一次设备,是供配电系统中实现电能输送、电压变换,满足不同电压等级负荷要求的核心器件。本任务以培养学生分析问题的能力为目的,要求学生能根据变压器的连接方式,判断变压器的连接组别。

 **相关知识**

2.3.1　变压器的分类和结构

变压器目前使用最多的是三相油浸式电力变压器和环氧树脂浇注干式变压器。供配电系统中的电力变压器属于直接向用电设备供电的配电变压器,容量等级现均采用 R10 系列，电力变压器的绕组导体材质有铜绕组和铝绕组，低损耗的铜绕组变压器现在得到了广泛使用。

1. 变压器的分类

电力变压器按调压方式可分为无载调压和有载调压两大类，供配电系统中大多采用无载调压方式的变压器。

变压器按绕组绝缘方式及冷却方式可分为油浸式、干式和充气式等。供配电系统中大多采用油浸自冷式变压器。

变压器按用途可分为普通式、全封闭式和防雷式，供配电系统中大多采用普通式变压器。

2. 变压器的结构

图 2.37 所示为一般三相油浸式电力变压器的结构图。

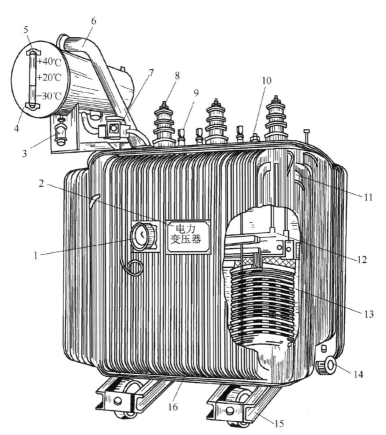

1—信号温度计；2—铭牌；3—吸湿器；4—油枕；5—油标；6—安全气道；
7—气体继电器；8—高压套管；9—低压套管；10—分接开关；11—油箱；
12—铁芯；13—绕组；14—放油阀；15—小车；16—接地端子。

图 2.37　油浸式三相电力变压器

（1）油箱。油箱由箱体、箱盖、散热装置和放油阀组成，其主要作用是把变压器连成一个整体及进行散热。内部是绕组、铁芯和变压器油。变压器油既有循环冷却和散热作用，又有绝缘作用。绕组与箱体(箱壁、箱底)有一定的距离，通过油箱内的油进行绝缘。油箱一般采用散热管油箱。散热管的管内两端与箱体内相通，油受热后，经散热管一端口流入管体，冷却后经下端口又流回箱内，形成循环，用于 1600 kVA 及以下的变压器。还有带有散热器的油箱，用于 2000 kVA 以上的变压器。

（2）铁芯和绕组。变压器是用导磁性能很好的硅钢片叠压组成的闭合磁路，变压器的一次绕组和二次绕组是铜或铝线绕成圆筒形的多层线圈，多层线圈放在铁芯柱上，其导体外面采用绝缘处理。

（3）油枕。当变压器油的体积随着油的温度膨胀或缩小时，油枕起着储油及补油的作用，从而保证油箱内充满油。由于装了油枕，缩小变压器了与空气的接触面，减小了油的劣化速度。油枕的侧面还装有一个油位计(油标管)，从油位计中可以监视油位的变化。

（4）吸湿器。吸湿器由一根铁管和玻璃容器组成，内装干燥剂(如硅胶)。当油枕内的空气随变压器油的体积膨胀或缩小时，排出或吸入的空气都经过吸湿器，吸湿器内的干燥剂吸收空气中的水分，对空气起过滤作用，从而保持油的清洁。

（5）高、低压套管。套管为瓷质绝缘管，内有导体，用于变压器一、二次绕组接入和引出端的固定与绝缘。

（6）气体继电器。容量在 800 kVA 及以上的油浸式变压器才需安装气体继电器，用于在变压器内部发生故障时进行瓦斯保护。

（7）防爆管。防爆管的作用是防止油箱发生爆炸事故。当油箱内部发生严重的短路故障时，变压器油箱内的油急剧分解成大量的瓦斯气体，使油箱内部的压力剧增，这时，防爆管出口处的玻璃会自行破裂，释放压力，并使油流喷出。

（8）分接开关。分接开关用于改变变压器的绕组匝数以调节变压器的输出电压。

2.3.2　三相电力变压器的连接组别

三相电力变压器的连接组别是指变压器一、二次侧绕组所采用的连接方式的类型及相应的一、二次侧对应线电压的相位关系。常用的连接组别有 Yyn0、Dyn11、Yzn11、Yd11、Ynd11 等。下面分析变压器的某些常见连接组别的特点和应用。

1. 配电变压器的连接组别

6～10 kV 配电变压器(二次侧电压为 380/220 V)有 Yyn0、Dyn11 两种常用的连接组别。

Yyn0 连接组别的示意图如图 2.38 所示。其一次线电压和对应二次线电压的相位关系如同时钟在零点(12 点)时分针与时针的位置一样(图中一、二次绕组上标有"."的端子为对应"同名端")。

Yyn0 连接组别的一次绕组采用星形连接，二次绕组为带中性线的星形连接，其线路中可能有的 $3n(n=1,2,3,\cdots)$ 次谐波会注入公共的电网中；而且，其中性线的电流规定不可能超过相线电流的 25%。因此，负荷严重不平衡或 $3n$ 次谐波比较突出的场合不宜采用这种连接，但该连接组别的变压器一次绕组的绝缘强度要求较低(与 Dyn11 比较)，因而造价比 Dyn11 型的稍低。在 TN 和 TT 系统中由单相不平衡电流引起的中性线电流不超过

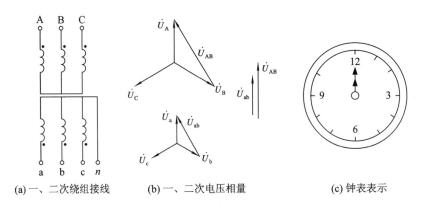

(a) 一、二次绕组接线　　　　(b) 一、二次电压相量　　　　(c) 钟表表示

图 2.38　变压器 Yyn0 连接组别

二次绕组额定电流的 25%，且任一相的电流在满载都不超过额定电流时可选用 Yyn0 连接组别的变压器。

　　Dyn11 连接组别的示意图如图 2.39 所示。其一次线电压和对应二次线电压的相位关系如同分针与时针的位置一样。

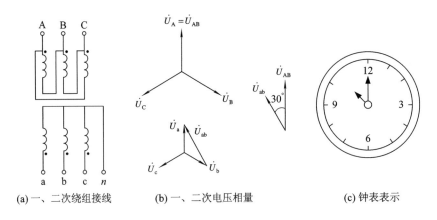

(a) 一、二次绕组接线　　　　(b) 一、二次电压相量　　　　(c) 钟表表示

图 2.39　变压器 Dyn11 连接组别

　　Dyn11 的一次绕组为三角形接线，$3n$ 次谐波电流在其三角形的一次绕组中形成环流，不致注入公共电网，有抑制高次谐波的作用；其二次绕组为带中性线的星形连接，按规定，中性线电流容许达到相电流的 75%，因此其承受单相不平衡电流的能力远远大于 Yyn0 连接组别的变压器。对于现代供电系统中单相负荷急剧增加的情况，尤其在 TN 和 TT 系统中，Dyn11 连接的变压器得到大力推广和应用。

2. 防雷变压器的连接组别

　　防雷变压器通常采用 Yzn11 连接组别，如图 2.40 所示。其一次绕组采用星形连接，二次绕组分成两个匝数相同的绕组，并采用曲折形(Z)连接，在同一铁芯柱上的两个半绕组的电流正好相反，使磁动势相互抵消。因此，如果雷电压沿二次侧线路侵入，二次侧也不会出现过电压。由此可见，Yzn11 连接的变压器有利于防雷，但这种变压器二次绕组的用材量比 Yyn0 型的增加 15% 以上。

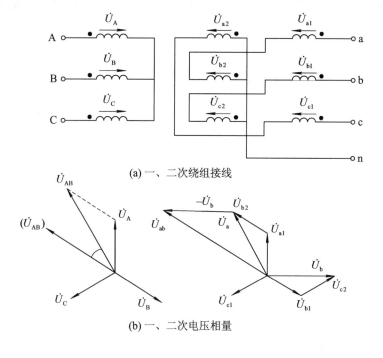

(a) 一、二次绕组接线

(b) 一、二次电压相量

图 2.40 防雷变压器 Yzn11 连接组别

2.3.3 变压器的过负荷能力及台数的确定

供配电所中变压器的过负荷能力选择变压器时，必须对负载的大小、性质做深入的了解，然后按照设备功率的确定方法选择适当的容量。为了降低电能损耗，变压器应该首选低损耗节能型。当配电母线电压偏差不能满足要求时，总降压变电所可选用有载调压变压器。用电变电站一般采用普通变压器。变压器容量的确定除考虑正常负荷外，还应考虑到变压器的过负荷能力和经济运行条件。

1. 电力变压器的过负荷能力

变压器在正常运行时，负荷不应超过其额定容量。但是，变压器并非总在最大负荷下运行，在多数时间内，变压器的实际负荷远小于额定容量，因此，变压器在不降低规定使用寿命的条件下具有一定的短期过负荷能力。变压器的过负荷能力分正常过负荷能力和事故过负荷能力两种。

(1) 正常过负荷能力。变压器在正常运行时带额定负荷可连续运行 20 年。由于昼夜负荷变化和季节性负荷差异而允许的变压器过负荷，称为正常过负荷。这种过负荷系数的总数，对室外变压器不超过 30%，对室内变压器不超过 20%。

变压器的正常过负荷时间是指在不影响其寿命、不损坏变压器的各部分绝缘的情况下允许过负荷的持续时间。允许变压器正常过负荷倍数及允许过负荷的持续时间参见表 2-1。

表 2-1　自然冷却或吹风冷却油浸式电力变压器的过负荷允许时间

过负荷允许时间/h：min　过负荷前上层油温升/℃　过负荷倍数	18	24	30	36	42	48
1.05	5：50	5：25	4：50	4：00	3：00	1：30
1.10	3：50	3：25	2：50	2：10	1：25	0：10
1.15	2：50	2：25	1：50	1：20	0：35	
1.20	2：05	1：40	1：15	0：45		
1.25	1：35	1：15	0：50	0：25		
1.30	1：10	0：50	0：30			
1.35	0：55	0：35	0：15			
1.40	0：40	0：25				
1.45	0：25	0：10				
1.50	0：15					

（2）事故过负荷能力。当电力系统或供配电所发生事故时，为了保证对重要设备连续供电，允许变压器短时间的过负荷，这种过负荷即事故过负荷。

变压器事故过负荷倍数及允许时间可参照表 2-2 执行。若过负荷的倍数和时间超过允许值，则应按规定减小变压器的负荷。

表 2-2　变压器允许的事故过负荷倍数及时间

过负荷倍数	1.30	1.45	1.6	1.75	2.0	2.4	3.0
允许持续时间/min	120	80	30	15	7.5	3.5	1.5

2. 主变压器台数的选择原则

供配电所中的主变压器台数应根据下列原则选择：

（1）应满足用电负荷对供电可靠性的要求。对拥有大量一、二级负荷的变电所应采用两台变压器，对只有二级负荷而无一级负荷的变电所，也可只采用一台变压器，并在低压侧架设与其他变电所的联络线。

（2）对季节性负荷或昼夜负荷变动较大的供配电所，可考虑采用两台主变压器。

（3）一般的三级负荷只采用一台主变压器。

（4）考虑负荷的发展，应留有安装第二台主变压器的空间。

3. 主变压器容量的选择

（1）只安装一台主变压器时，主变压器的额定容量 $S_{N.T}$ 应满足全部用电设备的计算负荷 S_{30} 留有余量，并考虑变压器的经济运行，即：

$$S_{N.T} = (1.15 \sim 1.4)S_{30} \tag{2-2}$$

（2）装有两台变压器时，每台主变压器的额定容量 $S_{N.T}$ 应同时满足以下两个条件：

① 任一台变压器单独运行时，宜满足总计算负荷的需要，即

$$S_{N.T} = (0.6 \sim 0.7)S_{30} \qquad (2-3)$$

② 任一台变压器单独运行时，应满足全部一、二级负荷的需要，即

$$S_{N·T} \geqslant S_{30(\text{I}+\text{II})} \qquad (2-4)$$

式中，$S_{30(\text{I}+\text{II})}$ 为计算负荷中的全部一、二级负荷。

（3）单台主变压器的容量上限。供配电所单台主变压器容量一般不宜大于1250 kVA。这一方面是受以往低压开关电器断流能力和短路稳定度要求的限制；另一方面也是考虑到可以使变压器更接近于用电负荷中心，以减少低压配电的电能损耗、电压损耗和有色金属消耗量。现在我国已能生产一些断流能力更大和短路稳定度更好的新型低压开关电器，如DW15、ME 等型低压断路器及其他电器。因此，如果用电负荷容量较大、负荷集中且运行合理，也可以选用单台容量为 1600～2500 kVA 的配电变压器，这样可以减少变压器的台数及高压开关电器和电缆等。这时变压器低压侧的断路器必须配套选用。

对装设在二层以上的电力变压器，应考虑其垂直与水平运输对通道及楼板荷载的影响。如果采用干式变压器，其容量不宜大于 630 kVA。

对居住小区变电所内的油浸式变压器单台容量，不宜大于 630 kVA。这是因为油浸式变压器容量大于 630 kVA 时，按规定应装设瓦斯保护，而这些变压器电源侧的断路器往往不在变压器附近，因此瓦斯保护很难实施，而且如果变压器容量增大，供电半径也相应增大，往往会造成供配电线路末端的电压偏低，给居民生活带来不便，如荧光灯启辉困难、电冰箱不能启动等。

（4）适当考虑负荷的发展。应适当考虑今后 5～10 年电力负荷的增长，留有一定的余地。干式变压器的过负荷能力较小，更宜留有较大的裕量。

变电所主变压器台数和容量的最后确定，应结合主接线方案，经技术、经济比较择优而定。

2.3.4　变压器的并列运行

变压器的并列运行是指两台及以上的变压器，将其一、二次绕组的接线端分别并联连接投入运行。在电力系统中广泛采用两台或两台以上变压器的并列运行方式。因为变压器的并列运行可以保证电力系统中供电的连续性及可靠性，也可以保证足够的负荷容量，可以通过投切多台变压器来调整供电容量，实现变压器的经济运行。

为保证并列运行的变压器一次侧与二次侧电势、电压相位和变压器内阻相同，并列运行的变压器应该在空载时并联回路中没有环流，在带负载时，各变压器的电流按其容量比分配，无严重的负荷不均现象发生，使并列变压器的容量能得到充分的利用。因此，并列运行的变压器必须满足以下条件：

（1）所有并列变压器的电压比必须相同，即额定一次电压和额定二次电压必须对应相等，容许差值不得超过±5%；否则，将在并列变压器的二次绕组内产生环流，即二次电压较高的绕组将向二次电压较低的绕组供给电流，引起电能损耗，导致绕组过热甚至烧毁。

（2）并列变压器的连接组别必须相同，也就是一次电压和二次电压的相序和相位分别对应相等；否则，不同连接组别的变压器之间存在相位差，进行并列运行时会产生环流，可能导致变压器绕组烧坏。

（3）并列变压器的短路电压（阻抗电压）须相等或接近相等。并列运行的变压器的短路电压（阻抗电压）容许差值不能超过±10%。因为并列运行的变压器的实际负载分配和它们的阻抗电压

值成反比，如果阻抗电压相差过大，可能导致阻抗电压小的变压器发生过负荷现象。

（4）并列变压器的容量应尽可能相同或相近，其最大容量和最小容量之比不宜超过3：1。如果容量相差悬殊，不仅可能造成运行不方便，而且当并列变压器的性能不同时，可能导致变压器间的环流增加，还很容易造成小容量的变压器发生过负荷情况。

另外，并列运行变压器时还应注意：

（1）新投入运行和大修后的变压器并列前，应进行核相，并列变压器空载运行正常后，方可正式并列负荷运行。

（2）并列运行的变压器必须考虑经济性，不应频繁操作。

（3）变压器并、解列运行操作时，不允许使用隔离开关和跌落式熔断器，应使用断路器，不允许通过变压器并列送电。

（4）变压器在并列运行前，应根据实际情况，预计变压器的负荷分配情况，并列运行后检查其负荷电流分配是否合理，防止因负荷分配不合理造成的变压器过载或过分欠载。解列前，应根据实际情况，预计解列后各变压器都不会过载，并且在解列后应立即检查各变压器的负荷电流都不应超过其额定电流。

探索与实践

某 10/0.4 kV 用户变电所，总计算负荷为 1200 kVA，其中一、二级负荷为 680 kVA，试初步确定主变压器台数和单台容量。

解：由于变电所有一、二级负荷，所以变电所应选用两台变压器。

根据式（2-3）和式（2-4）得

$$S_{N.T} = (0.6 \sim 0.7)S_{30} = 720 \text{ kVA} \sim 840 \text{ kVA}$$

且

$$S_{N.T} \geqslant S_{30(I+II)} = 680 \text{ kVA}$$

因此单台变压器容量选为 800 kVA。

任务 4　变配电所主接线

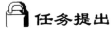任务目标

（1）了解变配电所接线的基本要求。

（2）了解变配电所常见的主接线方案。

（3）掌握用户变电所常见的主接线方案。

任务提出

变配电所的电气主接线是指按照一定的工作顺序和规程要求连接变配电一次设备的一种电路形式。主电路图又称为一次电路图、主接线图或一次接线图。由于电力系统为三相对称系统，所以电气主接线图通常以单线图来表示，使其简单清晰。它直观地表示了变电所的结构特点、运行性能、使用电气设备的多少及其前后安排等，对变配电所安全运行、电气设备选择、配电装置布置和电能质量等都起着决定性作用。通过对本任务的学习，可培养学生严谨的工作态度，提高学生在电力系统运行维护过程中的安全意识。

📖 相关知识

2.4.1　电气主接线的基本要求

变配电所主接线方案的确定必须综合考虑安全性、可靠性、灵活性、经济性等多方面的要求。

（1）保证供电的安全性。电气主接线应符合国家标准和有关技术规范的要求，能充分保证人身和设备的安全。

（2）保证供电的可靠性。电气主接线应根据负荷的等级，满足负荷在各种运行方式下对负荷供电连续性的要求。例如，对一、二级负荷，其主接线方案应考虑两台主变压器，双电源供电。

（3）具有一定的灵活性和方便性。电气主接线应能适应各种运行方式，并能灵活地进行运行方式的转换，以保证正常运行时能安全可靠供电，在系统故障或设备检修时，保证非故障和非检修回路继续供电。

（4）具有经济性。确定电气主接线必须综合考虑技术和经济两者之间的关系，保证在满足供电可靠性、运行灵活方便的前提下，尽量减少设备投资费用和运行费用。

（5）具有发展和扩建的可能性。确定电气主接线时应留有发展余地，要考虑最终接线的实现以及在场地和施工等方面的可行性。

此外，对主接线的选择，还应考虑受电容量和受电地点短路容量的大小、用电负荷的重要程度、对电能计量（如高压侧还是低压侧计量、动力及照明分别计费等）及运行操作技术的需要等因素。若需要高压侧计量电能的，则应配置高压侧电压互感器和电流互感器（或计量柜）；受电容量大或用电负荷重要的，或对运行操作要求快速的用户，则应配置自动开关及相应的电气操作系统装置；受电容量虽小，但受电地点短路容量大的，则应考虑保护设备开、断短路电流的能力，如采用真空断路器等；一般容量小且不重要的用电负荷，可以配置跌落式熔断器进行控制和保护。主接线图常用的图形符号如表 2-3 所示。

表 2-3　常用的电气设备图形符号和文字符号

电气设备名称	文字符号	图形符号	电气设备名称	文字符号	图形符号
刀开关	QK		母线	W	
			导线、线路	W	
断路器（自动开关）	QF		三相导线		
隔离开关	QS		端子	X	○
负荷开关	QL		电缆及其终端头		
熔断器	FU		交流发电机	G	Ⓖ
熔断器式开关	S		交流电动机	M	Ⓜ

续表

电气设备名称	文字符号	图形符号	电气设备名称	文字符号	图形符号
阀式避雷器	F		单相变压器	T	
三相变压器	T		电压互感器	TV	
三相变压器	T		三绕组变压器	T	
电流互感器（具有一个二次绕组）	TA		三绕组电压互感器	TV	
电流互感器（具有两个铁芯和两个二次绕组）	TA		电抗器	L	
			电容器	C	

2.4.2 变配电所常用主接线

1. 单母线接线

母线也称汇流排，即汇集和分配电能的硬导线。设置母线可以方便地把电源进线和多路引出线通过开关电器连接在一起，以保证供电的可靠性和灵活性。

单母线的接线方式如图 2.41 所示，每路进线和出线中都配置有一组开关电器。断路器用于切断和关合正常的负荷电流，并能切断短路电流。隔离开关有两种作用：靠近母线侧的称母线隔离开关，用于隔离母线电源和检修断路器；靠近线路侧的称线路侧隔离开关，用于防止在检修断路器时从用户侧反向送电，防止雷电过电压沿线路侵入，保证维修人员安全。

单母线接线简单，使用设备少，配电装置投资少，但可靠性、灵活性较差。当母线或母线隔离开关故障或检修时，必须断开所有回路，会造成全部用户停电。

这种接线适用于单电源进线的一般中、小型容量的用户，电压为 6～10 kV 级。

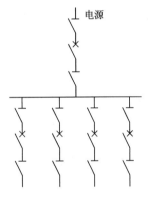

图 2.41 单母线接线

2. 单母线分段接线

单母线分段的接线方式如图 2.42 所示。这种接线方式的引入线有两条回路，母线分成二段，即Ⅰ段和Ⅱ段。每一回路连到一段母线上，并把引出线均分到每段母线上。两段母线用隔离开关、断路器等开关电器连接形成单母线分段接线。

单母线分段便于分段检修母线，这样不仅能减小母线故障的影响范围，还提高了供电的可靠性和灵活性。

母线可分段运行，也可不分段运行。这种接线适用于双电源进线的比较重要的负荷，电压为 6～10 kV 级。

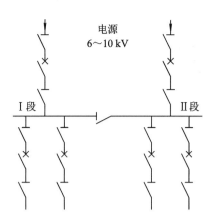

图 2.42 单母线分段接线

3. 单母线带旁路接线

单母线带旁路接线方式如图 2.43 所示，增加了一条母线和一组联络用开关电器，增加了多个线路侧隔离开关。这种接线适用于配电线路较多、负载性质较重要的主变电所或高压配电所。该运行方式灵活，在检修设备时可以利用旁路母线供电，减少停电。

4. 双母线接线

双母线接线方式如图 2.44 所示，其中两段母线互为备用。该接线适用于负载较重要的用户，运行可靠性和灵活性都较好。它适用的电压为 6~10 kV 级。

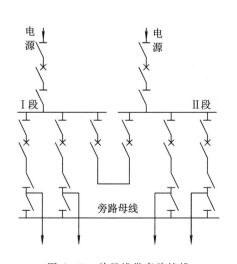

图 2.43 单母线带旁路接线

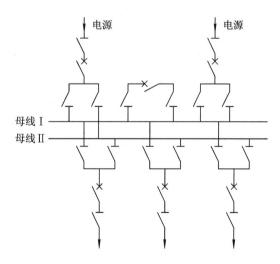

图 2.44 双母线接线

5. 桥式接线

桥式接线有内桥接线和外桥接线两种，如图 2.45 和图 2.46 所示。内桥式接线适用于 35 kV 及 35 kV 以上的电源线路较长和变压器不需要经常操作的系统中，可供一、二级负荷作用。外桥式接线适用于 35 kV 及 35 kV 以上的电源线路较短且变压器需要经常操作的系统中，可供一、二级负荷使用。

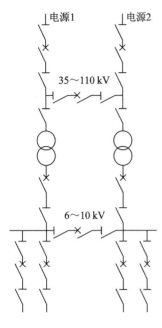

图 2.45　内桥接线

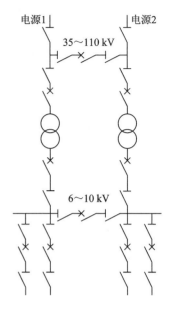

图 2.46　外桥接线

2.4.3　用电变电站主接线方案

用户变电所的电气主接线是将 6～10 kV 的电压降为 380/220 V 的电压，直接供给用电设备的终端变电所。从用户变电所的电源进线情况来看，有下列两种情况：

（1）供配电系统有总降压变电所或高压配电所时，用户变电所的电源进线上的开关电器、保护装置和测量仪表等一般都安装在高压配电线路的首端，而用户变电所通常只设变压器室和低压配电室，高压侧大多不装开关或只装简单的隔离开关、熔断器（室外为跌落式熔断器）、避雷器等，如图 2.47 所示。

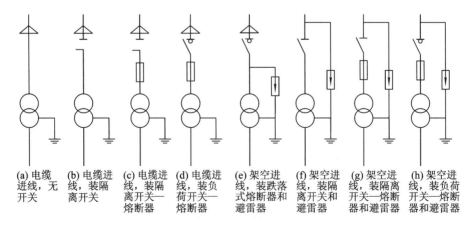

(a) 电缆进线，无开关　(b) 电缆进线，装隔离开关　(c) 电缆进线，装隔离开关—熔断器　(d) 电缆进线，装负荷开关—熔断器　(e) 架空进线，装跌落式熔断器和避雷器　(f) 架空进线，装隔离开关和避雷器　(g) 架空进线，装隔离开关—熔断器和避雷器　(h) 架空进线，装负荷开关—熔断器和避雷器

图 2.47　用户变电所高压侧主接线

从图 2.47 可以看出,凡是架空进线,都需安装避雷器以防止雷电过电压侵入变电所破坏电气设备。如果变压器侧为架空线加一段引入电缆进线,则变压器高压侧仍需安装避雷器。

（2）供配电系统无总降压变电所或总配电所时,用户变电所高压侧的开关电器、保护装置和测量仪表等都必须配备齐全,一般要设置高压配电室。在变压器容量较小,对供电可靠性要求不高时,也可不设高压配电室,其高压熔断器、隔离开关、负荷开关或跌落式熔断器装设在变压器室的墙上或室外杆上,在低压侧计量电能。当高压开关柜不多于 6 台时,高压开关柜也可设在低压配电室,在高压侧计量电能。

对于常见的用户变电所主接线方式,解决方案如下:

（1）高压侧采用隔离开关—熔断器或跌落式熔断器控制。这种接线结构简单、经济,供电可靠性不高,一般只用于 500 kVA 及以下容量的变电所,对不重要的三级负荷供电,如图 2.48 所示。

（2）高压侧采用负荷开关—熔断器控制。这种接线结构简单、经济,供电可靠性仍不高,但操作比上述方案要简便灵活,也只适用于不重要的三级负荷,如图 2.49 所示。

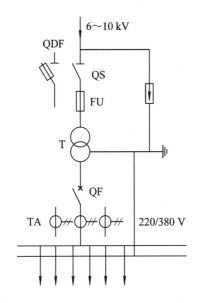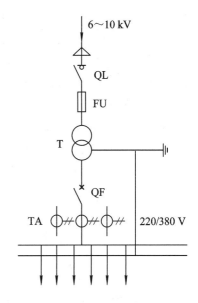

图 2.48　高压侧装隔离开关—熔断器或跌落式　　图 2.49　高压侧装负荷开关—熔断器控制的
　　　　　熔断器控制的变电所主电路图　　　　　　　　　变电所主电路图

（3）高压侧采用隔离开关—断路器控制的变电所。这种接线由于采用了断路器,因此变电所的停电、送电操作灵活方便。但供电可靠性仍不高,一般只用于三级负荷。如果变压器低压侧有与其他电源的联络线,则可用于二级负荷,如图 2.50 所示。

（4）两路进线、两台主变压器、高压侧无母线、低压侧单母线分段的变电所。这种主接线的供电可靠性较高,可用于一、二级负荷,如图 2.51 所示。

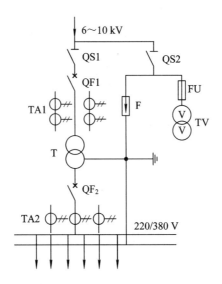

图 2.50 高压侧装隔离开关—断路器控制的变电所主电路图

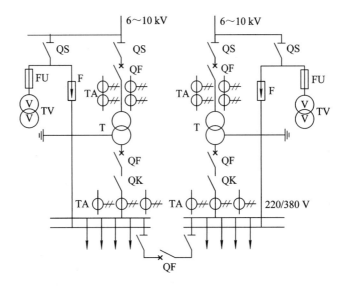

图 2.51 两路进线、两台主变压器、高压侧无母线、低压侧单母线分段的变电所主电路图

（5）一路进线、高压侧单母线、两台主变压器、低压侧单母线分段的变配电所，如图 2.52 所示。这种接线可靠性较高，可供二、三级负荷，如果有低压或高压联络线则可供一、二级负荷。

（6）两路进线、高压侧单母线分段、两台主变压器、低压侧单母线分段的变电所，如图 2.53 所示。这种接线的供电可靠性高，可供一、二级负荷。

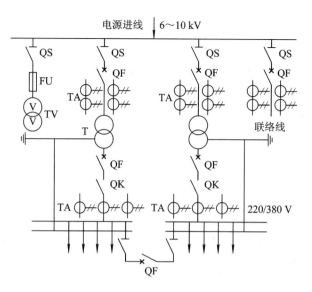

图 2.52　一路进线、两台主变压器、高压侧单母线、低压侧单母线分段的变配电所主电路图

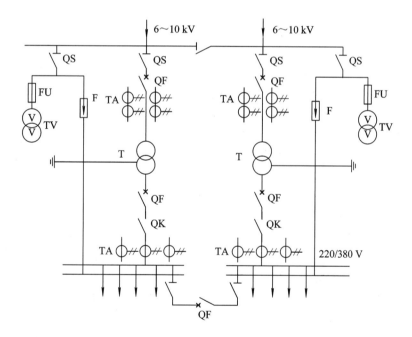

图 2.53　两路进线、两台主变压器、高压侧和低压侧均为单母线分段的变电所主电路图

探索与实践

在采用高压隔离开关—断路器的电路中，送电时应如何操作，停电时又应如何操作？

答：送电时先合隔离开关后合断路器，停电时先断断路器后断隔离开关。

项 目 小 结

变配电所按其作用可分为变电所和配电所。变配电所中常用的高压开关设备有高压隔离开关、高压负荷开关和高压断路器。变配电所中常用的低压开关设备有低压刀开关、低压刀熔开关和低压断路器等。

电流互感器和电压互感器为特殊的变压器，用于变换电压和电流，并隔离一、二次回路，电流互感器和电压互感器都要注意同名端的问题。判别同名端的常用方法有直流法、交流法及仪表法三种。

电力变压器是供配电系统中实现电能输送和电压变换，满足不同电压等级负荷要求的核心器件。选择变压器应根据负荷大小及负荷等级选择变压器的台数和容量。

变配电所的电气主接线，是指按照一定的工作顺序和规程要求连接变、配电一次设备的一种电路形式。变配电所主接线方案的确定必须综合考虑安全性、可靠性、灵活性、经济性等多方面的要求。

项 目 练 习

一、填空题

1. 变电所担负着从电力系统受电，经过＿＿＿＿＿＿＿＿，然后配电的任务。

2. 配电所担负着从电力系统受电，然后＿＿＿＿＿＿＿＿＿＿＿的任务。

3. 一次电路是指在主电路、主接线或主回路变配电所中承担＿＿＿＿＿和＿＿＿＿＿电能任务的电路。

4. 高压熔断器电路电流超过规定值并经过一定时间，使其熔体＿＿＿＿＿而分断电流、断开电路的保护电器。

5. 高压隔离开关(QS)的作用是隔离高压电源、保证设备和线路的安全检修没有装置，不能接通和切断负荷电流。

6. 高压负荷开关(QL)是具有简单的＿＿＿＿＿高压开关，它的功能是能通断一定的负荷电流和过负荷电流。使用时必须与高压熔断器串联借助熔断器切除短路电流，具有明显的＿＿＿＿＿，也具有隔离电源、保证安全检修的功能。

7. 高压断路器(QF)具有完善的灭弧能力，它的功能是：通断正常负荷电流；接通和承受一定的短路电流；在保护装置作用下＿＿＿＿＿，切除短路故障。

8. 低压一次设备是指用来接通或断开＿＿＿＿＿V 以下的交流和直流电路的电气设备。

9. 低压断路器既能带负荷通断，又能在短路、过负荷和失压等时＿＿＿＿＿＿。

10. 电流互感器接线方案包括：一相式接线、＿＿＿＿＿、两相电流差接线和三相 Y 形接线。

11. 电压器接线方案包括：一个单相电压互感器＿＿＿＿＿＿＿；三个单相电压互感器接成 Y0/Y0 形；三个单相三绕组电压互感器或一个三相五芯柱三绕组电压互感器接成 Y0/Y0/△(开口三角)形。

12. 内桥式接线方式适用于_____的情况，外桥式接线适用于_____的情况。

二、选择题

1. 总降压变电所的选位原则是（　　）。
   A. 靠近电源端
   B. 靠近负荷端
   C. 位于厂区中心
   D. 尽量靠近负荷中心，同时亦要考虑电源进线方向

2. 电压互感器的二次侧额定电压为_____，使用时要注意二次侧不能_____。（　　）
   A. 50 V，短路　　　　　　　　B. 100 V，开
   C. 100 V，短路　　　　　　　 D. 50 V，开路

3. 电流互感器的二次侧额定电流为_____，使用时要注意二次侧不能_____。（　　）
   A. 50 A，短路　　　　　　　　B. 5 A，开路
   C. 5 A，短路　　　　　　　　 D. 50 A，开路

4. 供电系统中常用的母线制为（　　）。
   A. 单母线制，双母线制
   B. 双母线制，双母线加旁路母线制
   C. 单母线制，单母线分段制
   D. 双母线分段制，双母线加旁路母线制

5. 常见的高压开关设备有_____、_____和_____，其中_____必须和高压熔断器配合来切除短路故障。（　　）
   A. 高压隔离开关，高压负荷开关，高压断路器，高压负荷开关
   B. 高压断路器，高压负荷开关，自动空气开关，高压断路器
   C. 自动空气开关，刀闸开关，高压负荷开关，高压负荷开关
   D. 自动空气开关，高压负荷开关，高压隔离开关，高压隔离开关

6. 常见的电流互感器的接线方式有（　　）。
   A. 星形（两相V形、三相），两相一继电器式，一相一继电器式
   B. 三相Y形接线，两相三继电器V形，一相一继电器式
   C. 一相一继电器式，两相两继电器式，三相三继电器式
   D. 一相一继电器式，两相一继电器差接式，三相两继电器式

7. 常见的电压互感器的接线方式有（　　）。
   A. 一个单相电压互感器，两个单相电压互感器接成V/V形，三个单相电压互感器接成Y0/Y0形；三个单相三绕组电压互感器或一个三相五芯柱三绕组电压互感器接成Y0/Y0/△（开口三角）形
   B. 一个单相电压互感器，两个单相电压互感器接成V/V形，三个单相电压互感器接成Y0/Y0形
   C. 一个单相电压互感器，两个单相电压互感器接成V/V形，三个单相三绕组电压互感器接成Y0/Y0形
   D. 一个单相电压互感器，两个单相电压互感器接成V/V形，三相五芯柱三绕组电

压互感器接成 Y0/Y0/△(开口三角)形

8. 继电保护装置的三相两继电式接线方式具有( )。

    A. 三个电流互感器配两个过电流继电器

    B. 三个电压互感器配两个过电压继电器

    C. 三个电流互感器配两个过电压继电器

    D. 三个电压互感器配两个过电流继电器

9. 下列不属于供电电力系统测量仪表测量目的的是( )。

    A. 计费测量,即主要是计量用电单位的用电量

    B. 对供电系统的运行状态、技术指标分析所进行的测量

    C. 对供电系统的时间进行监视

    D. 对交、直流回路的绝缘电阻、三相电压是否平衡等进行监视

三、判断题

1. 高压隔离开关能通断一定负荷电流,过负荷时可自动跳闸。   ( )

2. 高压负荷开关可隔离高电压电源,保证电气设备和线路安检。   ( )

3. 影响多台变压器并联运行的主要因素是环流。   ( )

4. 影响多台变压器并联运行的主要因素是电压。   ( )

5. 影响多台变压器并联运行的主要因素是电流。   ( )

6. 影响多台变压器并联运行的主要因素是阻抗。   ( )

7. 影响多台变压器并联运行的主要因素是容量。   ( )

8. 影响多台变压器并联运行的主要因素是频率。   ( )

四、综合题

1. 试画出高压线路继电保护装置中两相一继电器接线方式图,并说明正常工作时流入继电器的电流有多大以及应用场合。

2. 试画出高压线路继电保护装置中两相两继电器接线方式图,并说明其保护情况以及应用场合。

3. 电力变压器的并列运行条件有哪些?

4. 电流互感器和电压互感器使用时的注意事项是什么?

5. 互感器同名端的测试方法有哪几种?如何进行测量?

6. 试画出高压断路器、高压隔离器、高压负荷开关的图形和文字符号。

7. 请写出常用的低压设备,并画出它们的图形符号。

8. 低压断路器有哪些功能?按结构形式分有哪两大类?分别列举其中的几个。

9. 什么是变压器的连接组别?变压器连接组别产生的原因是什么?试画出 Yd11 接线变压器的绕组连接图,并用相量图进行分析。

项目三　供配电的负荷计算

任务 1　负荷计算的方法

任务目标

（1）了解常见的负荷曲线。

（2）了解用电设备的设备容量。

（3）掌握负荷计算方法。

任务提出

学会计算或估算企业电力负荷的大小是很重要的，负荷计算是正确选择供配电系统中导线、电缆、开关电器、变压器等的基础，也是保障供配电系统安全可靠运行必不可少的环节。在学习负荷计算之前，先要了解负荷曲线、确定用电设备的容量以及负荷计算的方法。了解负荷计算的重要性及其影响，有利于加强分析问题、解决问题的能力。

相关知识

3.1.1　负荷曲线

负荷曲线是表征电力负荷随时间变动情况的一种图形，反映了用户用电的特点和规律。负荷曲线绘制在直角坐标上，纵坐标表示负荷的大小，横坐标表示对应的时间。

负荷曲线按负荷功率的功率性质不同，分为有功负荷曲线和无功负荷曲线；按时间单位的不同，分为日负荷曲线和年负荷曲线；按负荷对象不同，分为全厂的、车间的或某类设备的负荷曲线。

1. 日有功负荷曲线

日有功负荷曲线代表在一昼夜（0～24 h）期间有功负荷的变化情况，如图 3.1 所示。

日有功负荷曲线可用测量的方法绘制。绘制的方法为：通过接在供电线路上的有功功率表，每隔一定的时间（一般为半小时）将仪表读数的平均值记录下来；再依次将这些点描绘在坐标上。这些点连成折线形状的是折线形，见图 3.1（a）；连成阶梯状的是阶梯形，如图 3.1（b）。为方便计算，负荷曲线多绘成阶梯形。其时间间隔取得愈短，曲线愈能反映负荷的实际变化情况。日负荷曲线与横坐标所包围的面积代表全日所消耗的电能。

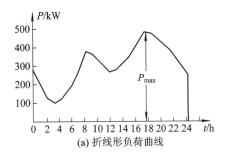 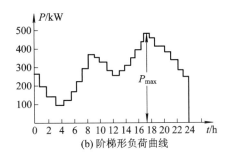

(a) 折线形负荷曲线   (b) 阶梯形负荷曲线

图 3.1　日有功负荷曲线

2. 年负荷曲线

年负荷曲线反映负荷全年(8760 h)的变动情况,如图 3.2 所示。

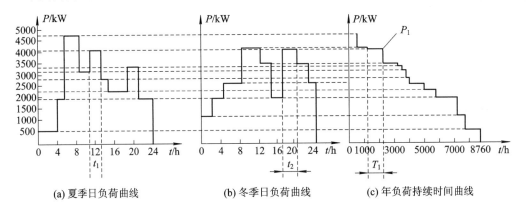

(a) 夏季日负荷曲线   (b) 冬季日负荷曲线   (c) 年负荷持续时间曲线

图 3.2　年负荷持续时间曲线的绘制

年负荷曲线又分为年运行负荷曲线和年持续负荷曲线。年运行负荷曲线可根据全年日负荷曲线间接制成。年持续负荷曲线的绘制要借助一年中有代表性的冬季日负荷曲线和夏季日负荷曲线。通常用年持续负荷曲线来表示年负荷曲线,其绘制方法如图 3.2 所示。其中夏季和冬季在全年中占的天数视地理位置和气温情况而定。一般在北方,近似认为冬季 200 天,夏季 165 天;在南方,近似认为冬季 165 天,夏季 200 天。图 3.2 是南方某厂的年负荷曲线,图中 P_1 在年负荷曲线上所占的时间计算为 $T_1 = 200t_1 + 165t_2$。

3. 负荷曲线的有关物理量

分析负荷曲线可以了解负荷变动的规律,对供配电设计人员来说,可从中获得一些对设计有用的资料;对运企业行来说,可合理地、有计划地安排车间、班次或大容量设备的用电时间,降低负荷高峰,填补负荷低谷,这种“削峰填谷”的办法可使负荷曲线比较平坦,从而达到节电的效果。

从负荷曲线上可求得以下参数:

1) 年最大负荷和年最大负荷利用小时

(1) 年最大负荷 P_{max}。年最大负荷是指全年中负荷最大的工作班内(为防偶然性,这样的工作班至少要在负荷最大的月份出现 2~3 次)30 分钟平均功率的最大值,因此年最大负荷有时也称为 30 分钟最大负荷 P_{30}。

（2）年最大负荷利用小时 T_{max}。年最大负荷利用小时是指负荷以年最大负荷 P_{max} 持续运行一段时间后，消耗的电能恰好等于该电力负荷全年实际消耗的电能，这段时间就是年最大负荷利用小时，如图 3.3 所示，阴影部分即为全年实际消耗的电能。如果以 W_a 表示全年实际消耗的电能，则有

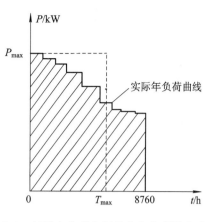

$$T_{max} = \frac{W_a}{P_{max}} \qquad (3-1)$$

图 3.3　年最大负荷和年最大负荷利用小时

T_{max} 是反映用电负荷是否均匀的一个重要参数。该值越大，则负荷越平稳。如果年最大负荷利用小时数为 8760 h，说明负荷常年不变（实际不太可能）。T_{max} 与企业的生产班制也有较大关系。例如，一班制企业，T_{max} 约为 1800～3000 h；两班制企业，T_{max} 约为 3500～4800 h；三班制企业，T_{max} 约为 5000～7000 h。

2）平均负荷和负荷系数

（1）平均负荷 P_{av}。平均负荷是指电力负荷在一定时间内消耗的功率的平均值。如在 t 时间内消耗的电能为 W_t，则 t 时间的平均负荷为

$$P_{av} = \frac{W_t}{t} \qquad (3-2)$$

年平均负荷是指电力负荷在一年内消耗的功率的平均值。如用 W_a 表示全年实际消耗的电能，则年平均负荷为

$$P_{av} = \frac{W_a}{8760} \qquad (3-3)$$

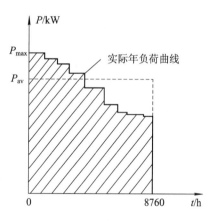

图 3.4 用以说明年平均负荷，阴影部分表示全年实际消耗的电能 W_a，年平均负荷 P_{av} 的横线与两坐标轴所包围的矩形面积恰好与之相等。

（2）负荷系数 K_L。负荷系数是指平均负荷与最大负荷的比值，即

$$K_L = \frac{P_{av}}{P_{max}} \qquad (3-4)$$

图 3.4　年平均负荷

负荷系数又称负荷率或负荷填充系数，用来表征负荷曲线不平坦的程度。负荷系数越接近 1，负荷越平坦。所以对企业来说，应尽量提高负荷系数，从而充分发挥供电设备的供电能力，提高供电效率。有时也用 α 表示有功负荷系数，用 β 表示无功负荷系数。一般工厂 $\alpha = 0.7 \sim 0.75$，$\beta = 0.76 \sim 0.82$。

对于单个用电设备或用电设备组，负荷系数 K_L 是指设备的输出功率 P 和设备额度容量 P_N 之比值，即

$$K_L = \frac{P}{P_N} \qquad (3-5)$$

其表征该设备或设备组的容量是否被充分利用。

3.1.2 用电设备的设备容量

1. 设备容量的定义

用电设备的铭牌上都有一个"额定功率",但是由于各用电设备的额定工作条件不同,例如,有的是长期工作制,有的是短时工作制。因此这些铭牌上规定的额定功率不能直接相加来作为用电单位的电力负荷,而必须首先换算成同一工作制下的额定功率,然后才能相加。经过换算至统一规定工作制下的"额定功率"称为设备容量,用 P_e 表示。

2. 设备容量的确定

(1) 长期连续工作制和短时工作制的设备容量 P_e 就是设备的铭牌额定功率 P_N,即

$$P_e = P_N \tag{3-6}$$

(2) 反复短时工作制设备的设备容量是将某负荷持续率下的铭牌额定功率 P_N 换算到统一负荷持续率下的功率。

负荷持续率(暂载率)ε 可用一个工作周期内工作时间占整个周期的百分比来表示:

$$\varepsilon = \frac{t}{t + t_0} \times 100\% \tag{3-7}$$

式中:t 为工作时间;t_0 为停歇时间。

起重电动机的标准暂载率有 15%、25%、40%、60% 四种。电焊设备的标准暂载率有 50%、65%、75%、100% 四种。

① 起重机(吊车电动机)。要求统一换算到 $\varepsilon = 25\%$ 时的额定功率,即

$$P_e = P_N \sqrt{\frac{\varepsilon_N}{\varepsilon_{25}}} = 2P_N \sqrt{\varepsilon_N} \tag{3-8}$$

式中:P_N 为(换算前)设备铭牌额定功率;P_e 为换算后设备容量;ε_N 为设备铭牌暂载率;ε_{25} 为值为 25% 的暂载率(计算中用 0.25)。

② 电焊机设备。要求统一换算到 $\varepsilon = 100\%$ 时的额定功率,即

$$P_e = P_N \sqrt{\varepsilon_N} = S_N \cos\varphi_N \sqrt{\varepsilon_N} \tag{3-9}$$

式中:S_N 为设备铭牌额定容量;$\cos\varphi_N$ 为设备铭牌功率因数。

③ 电炉变压器组。设备容量是指在额定功率下的有功功率,即

$$P_e = S_N \cos\varphi_N \tag{3-10}$$

式中:S_N 为电炉变压器的额定容量;$\cos\varphi_N$ 为电炉变压器的功率因数。

3.1.3 负荷计算的方法

若要使供配电系统在正常条件下可靠地运行,必须正确选择电力变压器、开关设备及导线、电缆等电力组件,这就需要对电力负荷进行计算。

当导体中通过一个等效负荷时,导体的最高温升正好与通过实际变动负荷时其产生的最高温升相等,该等效负荷就称为计算负荷,用 P_c 表示。

由于导体通过电流达到稳定温升的时间大约为 $(3\sim4)\tau$,τ 为发热时间常数。对中小截面(35 mm² 以下)的导体,其 τ 约为 10 分钟左右,故载流导体约经 30 分钟后可达到稳定温升值。由此可见,计算负荷 P_c 实际上与 30 分钟最大负荷 P_{max}(亦即年最大负荷)基本是相

当的。因此，有如下关系：

$$\begin{cases} P_C = P_{max} = P_{30} \\ Q_C = Q_{max} = Q_{30} \\ S_C = S_{max} = S_{30} \\ I_C = I_{max} = I_{30} \end{cases} \tag{3-11}$$

但是，由于较大截面的导体发热时间常数往往大于 10 min。如果 30 min 后还不能达到稳定温升，则这样的计算负荷按发热条件来选择导体将耗用较多的材料。

计算负荷是供电设计计算的基本依据。计算负荷的确定是否合理，将直接影响到电器设备和导线电缆的选择是否经济合理。计算负荷不能定得太大，否则选择的电器设备和导线电缆将会过大而造成投资和有色金属浪费；计算负荷也不能过小，否则选择的电器设备和导线电缆将会长期处于过负荷状态，增加电能损耗，产生过热，导致绝缘过早老化甚至烧毁。

因此，工程上依据不同的计算目的，针对不同类型的用户和不同类型的负荷，在实践中总结出了各种负荷的计算方法，例如估算法、需要系数法、二项式法和单相负荷计算等。下面介绍这些计算方法。

1. 计算负荷的估算法

（1）单位产品耗电量法。若已知某企业的年生产量 m 和每一产品的单位耗电量 α，则企业全年电能 W_a 为

$$W_a = \alpha \cdot m \tag{3-12}$$

有功计算负荷为

$$P_C = \frac{W_a}{T_{max}} \tag{3-13}$$

式中，T_{max} 为年最大负荷利用小时数。

（2）生产面积负荷密度法。若已知用户生产面积 $S(m^2)$ 和负荷密度指标 $\rho(kW/m^2)$，则车间平均负荷为

$$P_{av} = \rho \cdot S \tag{3-14}$$

车间计算负荷为

$$P_C = \frac{P_{av}}{\alpha} \tag{3-15}$$

此方法也适用于估算整个企业的用电负荷，只要把式中的车间密度指标和车间面积改为全厂的即可。

2. 需要系数法

在所计算的范围内（如一条干线、一段母线或一台变压器），将用电设备按其设备性质的不同分成若干组，对每一组选用合适的需要系数，算出每组用电设备的计算负荷，然后由各组计算负荷求总的计算负荷，这种方法称为需要系数法。所以需要系数法一般用来求多台三相用电设备的计算负荷。

用电设备的额定容量是指输出容量，它与输入容量之间有一个平均效率 η_e；用电设备不一定满负荷运行，因此引入负荷系数 K_L；用电设备本身以及配电线路有功率损耗，所以引入一个线路平均效率 η_{WL}；用电设备组的所有设备不一定同时运行，故引入一个同时系

数 K_Σ。用电设备组的有功负荷计算应为

$$P_C = \frac{K_\Sigma K_L}{\eta_e \eta_{WL}} P_e \qquad (3-16)$$

式中：P_e 为设备容量；令 $K_\Sigma K_L / (\eta_e \eta_{WL}) = K_d$，$K_d$ 就称为需要系数。实际上，需要系数还与操作人员的技能及生产等多种因素有关。附录中的附表 1 中列出了各种用电设备的需要系数值，供计算参考。

（1）单组用电设备组的计算负荷，计算见式（3-17）。

$$\begin{cases} P_C = k_d P_e \\ Q_C = P_C \tan\varphi \\ S_C = \dfrac{P_C}{\cos\varphi} \\ I_C = \dfrac{S_C}{\sqrt{3}U_N} \end{cases} \qquad (3-17)$$

（2）多组用电设备组的计算负荷，计算见式（3-18）。应考虑各用电设备组的最大负荷不一定同时出现，须计入各用电设备组的同时系数 K_Σ，该系数取值见表 3-1。

$$\begin{cases} P_C = K_\Sigma \displaystyle\sum_{i=1}^n P_{Ci} \\ Q_C = K_\Sigma \displaystyle\sum_{i=1}^n Q_{Ci} \\ S_C = \sqrt{P_C^2 + Q_C^2} \\ I_C = \dfrac{S_C}{\sqrt{3}U_N} \end{cases} \qquad (3-18)$$

式中：n 为用电设备组的组数；K_Σ 为同时系数；P_{Ci}、Q_{Ci} 为各用电设备组的计算负荷。

表 3-1　同时系数 K_Σ

应 用 范 围	K_Σ
确定用电变电站低压线路最大负荷：	
金属切削机床组	0.7～0.8
电焊机组	0.7～0.9
动力站	0.8～1.0
确定配电所母线的最大负荷：	
负荷小于 5000 kW	0.9～1.0
计算负荷为 5000～10 000 kW	0.85
计算负荷大于 10 000 kW	0.8

用需要系数法计算负荷，其特点是简单方便，计算结果比较符合实际，而且长期以来已积累了各种设备的需要系数，因此是世界各国普遍采用的基本方法。但是把需要系数看作是与一组设备中设备的多少以及设备容量是否相差悬殊等都无关的固定值，这就考虑不全面。实际上只有当设备台数较多、总容量足够大、没有特大型用电设备时，表中的需要系数的值才较符合实际。所以，需要系数法普遍应用于求变配电所的计算负荷，而在确定

用电设备台数较少，而且容量差别悬殊的分支干线的计算负荷时，通常采用另一种方法——二项式法。

3. 二项式法

用二项式法进行负荷计算时，既要考虑用电设备组的设备总容量，又要考虑几台最大用电设备引起的大于平均负荷的附加负荷。下面根据不同情况分别介绍其计算公式。

（1）单组用电设备组的计算负荷。

$$P_C = bP_{e\Sigma} + cP_x \qquad\qquad (3-19)$$

式中：b、c 为二项式系数；$P_{e\Sigma}$ 是该用电设备组的设备总容量；P_x 为 x 台最大设备的总容量（b、c、x 的值可查附表1）。

（2）多组用电设备组的计算负荷。此时同样要考虑各组用电设备的最大负荷不同时出现的因素，因此在确定总计算负荷时，只能在各组用电设备组中取一组最大的附加负荷，再加上各组用电设备的平均负荷，即

$$\begin{cases} P_C = \sum (bP_{e\Sigma})_i + (cP_x)_{\max} \\ Q_C = \sum (bP_{e\Sigma}\tan\varphi)_i + (cP_x)_{\max}\tan\varphi_{\max} \end{cases} \qquad (3-20)$$

式中：$(bP_{e\Sigma})_i$ 为各用电设备组的平均功率，其中 $P_{e\Sigma}$ 是各用电设备组的设备总容量；cP_x 为每组用电设备中 x 台容量较大的设备投入运行时增加的附加负荷；$(cP_x)_{\max}$ 为附加负荷最大的一组设备的附加负荷；$\tan\varphi_{\max}$ 为最大附加负荷设备组的平均功率因数角的正切值（可查附表1）。

4. 单相负荷的计算

单相设备接于三相线路中，应尽可能地均衡分配，使三相负荷尽可能平衡。如果均衡分配后，三相线路中剩余的单相设备总容量不超过三相设备总容量的15%，可将单相设备总容量视为三相负荷平衡进行负荷计算。如果超过15%，则应先将这部分单相设备容量换算为等效三相设备容量，再进行负荷计算。

（1）单相设备接于相电压时，等效三相设备容量 P_e 按最大负荷相所接的单相设备容量 $P_{em\varphi}$ 的3倍计算，即

$$P_e = 3P_{em\varphi} \qquad\qquad (3-21)$$

等效三相负荷可按需要系数法计算。

（2）单相设备接于线电压时。容量为 $P_{e\varphi}$ 的单相设备接于线电压时，其等效三相设备容量 P_e 为

$$P_e = \sqrt{3}P_{e\varphi} \qquad\qquad (3-22)$$

等效三相负荷可按需要系数法计算。

探索与实践

1. 某小批量生产车间 380 V 线路上接有金属切削机床共 20 台（其中，10.5 kW 的 4 台，7.5 kW 的 8 台，5 kW 的 8 台），车间有 2 台 380 V 电焊机（每台容量 20 kVA，$\varepsilon_N = 65\%$，$\cos\varphi_N = 0.5$），车间有 1 台吊车（11 kW，$\varepsilon_N = 25\%$），试计算此用电设备容量，并用需要系数法计算车间的计算负荷。

解：(1) 用电设备容量的计算。

① 金属切削机床的设备容量。金属切削机床属于长期连续工作制设备，所以 20 台金属切削机床的总容量为

$$P_{e1} = \sum P_{ei} = 4 \times 10.5 + 8 \times 7.5 + 8 \times 5 = 142 \text{ kW}$$

② 电焊机的设备容量。电焊机属于反复短时工作制设备，它的设备容量应统一换算到 $\varepsilon = 100\%$，所以 2 台电焊机的设备容量为

$$P_{e2} = 2S_N \sqrt{\varepsilon_N} \cos\varphi_N = 2 \times 20 \times \sqrt{0.65} \times 0.5 = 16.1 \text{ kW}$$

③ 吊车的设备容量。吊车属于反复短时工作制设备，它的设备容量应统一换算到 $\varepsilon = 25\%$，所以 1 台吊车的容量为

$$P_{e3} = P_N \sqrt{\frac{\varepsilon_N}{\varepsilon_{25}}} = P_N = 11 \text{ kW}$$

④ 用电设备容量为

$$P_e = 142 + 16.1 + 11 = 169.1 \text{ kW}$$

(2) 用电设备计算负荷的计算。

① 金属切削机床组的计算负荷。查附表 1，取需要系数和功率因数为 $K_d = 0.2$，$\cos\varphi = 0.5$，$\tan\varphi = 1.73$，根据式(3-17)有：

$$P_{C(1)} = 0.2 \times 142 = 28.4 \text{ kW}$$
$$Q_{C(1)} = 28.4 \times 1.73 = 49.1 \text{ kvar}$$
$$S_{C(1)} = \sqrt{28.4^2 + 49.1^2} = 56.8 \text{ kVA}$$
$$I_{C(1)} = \frac{56.8}{\sqrt{3} \times 0.38} = 86.3 \text{ A}$$

② 电焊机组的计算负荷。查附表 1，取需要系数和功率因数为 $K_d = 0.35$，$\cos\varphi = 0.35$，$\tan\varphi = 2.68$，根据式(3-17)有：

$$P_{C(2)} = 0.35 \times 16.1 = 5.6 \text{ kW}$$
$$Q_{C(2)} = 5.6 \times 2.68 = 15.0 \text{ kvar}$$
$$S_{C(2)} = \sqrt{5.6^2 + 15.0^2} = 16.0 \text{ kVA}$$
$$I_{C(2)} = \frac{16}{\sqrt{3} \times 0.38} = 24.3 \text{ A}$$

③ 吊车组的计算负荷。查附表 1，取需要系数和功率因数为 $K_d = 0.15$，$\cos\varphi = 0.5$，$\tan\varphi = 1.73$，根据式(3-17)有：

$$P_{C(3)} = 0.15 \times 11 = 1.7 \text{ kW}$$
$$Q_{C(3)} = 1.7 \times 1.73 = 2.9 \text{ kvar}$$
$$S_{C(3)} = \sqrt{1.7^2 + 2.9^2} = 3.4 \text{ kVA}$$
$$I_{C(3)} = \frac{3.4}{\sqrt{3} \times 0.38} = 5.2 \text{ A}$$

④ 用电的总计算负荷。根据表 3-1，取同时系数 $K_\Sigma = 0.8$，所以全车间的计算负荷为

$$P_C = K_\Sigma \sum P_{ei} = 0.8 \times (28.4 + 5.6 + 1.7) = 28.6 \text{ kW}$$

$$Q_C = K_{\Sigma} \sum Q_{ci} = 0.8 \times (49.1 + 15 + 2.9) = 53.6 \text{ kvar}$$

$$S_C = \sqrt{28.6^2 + 53.6^2} = 60.8 \text{ kVA}$$

$$I_C = \frac{60.8}{\sqrt{3} \times 0.38} = 92.4 \text{ A}$$

2. 一机修车间的 380 V 线路上，接有 20 台金属切削机床电动机共 50 kW，其中较大容量电动机有 7.5 kW 2 台，4 kW 2 台，2.2 kW 8 台；另接 2 台通风机共 2.4 kW；电炉 1 台 2 kW。试用需要系数法求计算负荷（设同时系数为 0.9）。

解：① 冷加工电动机。查附表 1，取 $K_{d1} = 0.2$，$\cos\varphi = 0.5$，$\tan\varphi = 1.73$，则

$$P_{30.1} = K_{d1} P_{e1} = 0.2 \times 50 \text{ kW} = 10 \text{ kW}$$

$$Q_{30.1} = P_{30.1} \tan\varphi_1 = 10 \text{ kW} \times 1.73 = 17.3 \text{ kvar}$$

② 通风机。查附表 1，取 $K_{d2} = 0.8$，$\cos\varphi = 0.8$，$\tan\varphi_1 = 0.75$，则

$$P_{30.2} = K_{d2} P_{e2} = 0.8 \times 2.4 \text{ kW} = 1.92 \text{ kW}$$

$$Q_{30.2} = P_{30.2} \tan\varphi_2 = 1.92 \text{ kW} \times 0.75 = 1.44 \text{ kvar}$$

③ 电阻炉。查附表 1，取 $K_{d3} = 0.7$，$\cos\varphi = 1.0$，$\tan\varphi_1 = 0$，则

$$P_{30.3} = K_{d3} P_{e3} = 0.7 \times 2 \text{ kW} = 1.4 \text{ kW}$$

$$Q_{30.3} = 0$$

④ 总的计算负荷：

$$P_{30} = K_{\Sigma} \sum P_{30i} = 0.9 \times (10 + 1.92 + 1.4) = 12 \text{ kW}$$

$$Q_{30} = K_{\Sigma} \sum Q_{30i} = 0.9 \times (17.3 + 1.44 + 0) = 16.9 \text{ kvar}$$

$$S_{30} = \sqrt{12^2 + 16.9^2} = 20.73 \text{ kVA}$$

$$I_{30} = \frac{20.73}{\sqrt{3} \times 0.38} = 31.5 \text{ A}$$

3. 用二项式法计算"探索与实践 1"车间金属切削机床组的计算负荷。

解：查附表 1，取二项式系数 $b = 0.14$，$c = 0.4$，$x = 5$，$\cos\varphi = 0.5$，$\tan\varphi = 1.73$，则

$$P_x = P_5 = 10.5 \times 4 + 7.5 \times 1 = 49.5 \text{ kW}$$

根据式(3-19)和式(3-20)有：

$$P_{30} = bP_e + cP_x = 0.14 \times 142 + 0.4 \times 49.5 = 39.7 \text{ kW}$$

$$Q_{30} = 39.7 \times 1.73 = 68.7 \text{ kvar}$$

$$S_{30} = \sqrt{39.7^2 + 68.7^2} = 79.4 \text{ kVA}$$

$$I_{30} = \frac{79.4}{\sqrt{3} \times 0.38} = 120.6 \text{ A}$$

4. 试用二项式法计算"探索与实践 2"的计算负荷。

解：先分别求出各组的平均功率 bP_e 和附加负荷 cP_x。

(1) 金属切削机车电动机组。查附表 1，取 $b = 0.14$，$c = 0.4$，$x = 5$，$\cos\varphi = 0.5$，$\tan\varphi = 1.73$，则

$$(bP_e)_1 = 0.14 \times 50 \text{ kW} = 7 \text{ kW}$$

$$(cP_x)_1 = 0.4 \times (7.5 \text{ kW} \times 2 + 4 \text{ kW} \times 2 + 2.2 \text{ kW} \times 1) = 10.08 \text{ kW}$$

(2) 通风机组。查附表 1，取 $b=0.65$，$c=0.25$，$x=2$，$\cos\varphi=0.8$，$\tan\varphi=0.75$，则

$$(bP_e)_2 = 0.65 \times 2.4 \text{ kW} = 1.56 \text{ kW}$$

$$(cP_x)_2 = 0.25 \times 2.4 = 0.6 \text{ kW}$$

(3) 电阻炉。查附表 1，取 $b=0.7$，$c=0$，$x=1$，$\cos\varphi=1$，$\tan\varphi=0$，则

$$(bP_e)_3 = 0.7 \times 2 \text{ kW} = 1.4 \text{ kW}$$

$$(cP_x)_3 = 0$$

显然，三组用电设备中，第一组的附加负荷 $(cP_x)_1$ 最大，因此总的计算负荷为

$$P_{30} = \sum (bP_{e\Sigma})_i + (cP_x)_1 = 7 + 1.56 + 1.4 + 10.08 = 20.04 \text{ kW}$$

$$Q_{30} = \sum (bP_e \tan\varphi)_i + (cP_x)_1 \tan\varphi$$

$$= (7 \times 1.73 + 1.56 \times 0.75 + 0) + 10.08 \times 1.73$$

$$= 30.72 \text{ kvar}$$

$$S_{30} = \sqrt{20.04^2 + 30.72^2} = 36.68 \text{ kVA}$$

$$I_{30} = \frac{36.68}{\sqrt{3} \times 0.38} = 55.73 \text{ A}$$

任务 2   供配电系统能量损耗的计算

🎯 任务目标

(1) 掌握供配电系统的功率损耗。

(2) 掌握供配电系统的电能损耗。

🔒 任务提出

电流流过供配电线路和变压器时，势必要引起功率和电能的损耗。在进行负荷计算时，应计入这部分损耗。本任务旨在引导学生提高对配电降低电能损耗的管理水平，争取供配电更优效益。

📖 相关知识

3.2.1   供配电系统的功率损耗

1. 线路的功率损耗

因线路具有电阻和电抗，所以其功率损耗包括有功和无功两部分。

(1) 有功功率损耗。有功功率损耗是电流流过线路电阻所引起的，其计算公式为

$$\Delta P_{WL} = 3I_C^2 R_{WL} \times 10^{-3} \tag{3-23}$$

式中：I_C 为线路的计算电流；R_{WL} 为线路每相的电阻，$R_{WL} = R_0 L$，R_0 为线路单位长度的电阻值，L 为线路的计算长度。

(2) 无功功率损耗。无功功率损耗是电流流过线路电抗所引起的，其计算公式为

$$\Delta Q_{WL} = 3I_C^2 X_{WL} \times 10^{-3} \tag{3-24}$$

式中：I_C 为线路的计算电流；X_{WL} 为线路每相的电抗，$X_{WL} = X_0 L$，X_0 为线路单位长度的电抗值，L 为线路的计算长度。一般对架空线路，X_0 为 0.4 Ω/km 左右；对电缆线路，其值为 0.08 Ω/km 左右。

2. 变压器的功率损耗

1）估算法

在一般的负荷计算中，电力变压器的功率损耗可采用估算法，用简化公式来近似计算。有功功率损耗：

$$\Delta P_T = 0.015 S_{30} \tag{3-25}$$

无功功率损耗：

$$\Delta Q_T = 0.06 S_{30} \tag{3-26}$$

式中，S_{30} 为变压器二次侧的视在计算负荷。

2）精确法

（1）有功功率损耗。变压器的有功功率损耗由铁损 ΔP_{Fe} 和铜损 ΔP_{Cu} 两部分组成。

铁损是变压器的主磁通在铁芯中产生的有功损耗。当变压器空载时，因空载电流 I_0 很小，在一次绕组中产生的有功功率损耗也很小，可忽略不计，故空载损耗 ΔP_0 可认为就是铁损，所以铁损又称为空载损耗。

变压器的主磁通只与外加电压有关，当外加电压和频率恒定时，铁损与负荷无关，是定值。

铜损是变压器负荷电流在一次、二次绕组的电阻中产生的有功损耗，其值与负荷电流（或功率）的平方成正比。变压器短路时，一次侧短路电压 U_K 很小，在铁芯中产生的有功功率损耗可略去不计，故变压器的短路损耗 ΔP_K 可认为就是额度电流下的铜损 $\Delta P_{Cu.N}$。

因此，变压器的有功功率损耗为

$$\Delta P_T = \Delta P_{Fe} + \Delta P_{Cu} = \Delta P_{Fe} + \Delta P_{Cu.N} \left(\frac{S_C}{S_N}\right)^2 \approx \Delta P_0 + \Delta P_K \left(\frac{S_C}{S_N}\right)^2 \tag{3-27}$$

或

$$\Delta P_T \approx \Delta P_0 + \Delta P_K \beta^2 \tag{3-28}$$

式中：S_N 为变压器的额度容量；S_C 为变压器的计算负荷；β 为变压器的负荷率（$\beta = S_C / S_N$）。

（2）无功功率损耗。变压器的无功功率损耗也由空载无功功率损耗 ΔQ_0 和负载无功功率损耗 ΔQ_L 两部分组成。

空载无功功率损耗 ΔQ_0 是变压器空载时，由产生主磁通的励磁电流所造成的。其与绕组电压有关，与负荷无关。其值与励磁电流（或近似与空载电流）成正比，即

$$\Delta Q_0 \approx \frac{I_0 \%}{100} S_N \tag{3-29}$$

式中，$I_0 \%$ 为变压器空载电流占额定电流的百分值。

负载无功功率损耗 ΔQ_L 是变压器负荷电流在一次、二次绕组电抗上所产生的无功功率损耗，其值也与电流的平方成正比。因变压器绕组的电抗远大于电阻，故可认为其在额定电流时的无功功率损耗与短路电压（即阻抗电压）成正比，即

$$\Delta Q_{\mathrm{L.N}} \approx \frac{U_{\mathrm{K}}\%}{100} S_{\mathrm{N}} \tag{3-30}$$

式中，$U_{\mathrm{K}}\%$ 为变压器的短路电压百分值。

因此，变压器的无功功率损耗为

$$\Delta Q_{\mathrm{T}} = \Delta Q_0 + \Delta Q_{\mathrm{L}} = \Delta Q_0 + \Delta Q_{\mathrm{L.N}} \left(\frac{S_{\mathrm{C}}}{S_{\mathrm{N}}}\right)^2 \approx S_{\mathrm{N}} \left[\frac{I_0\%}{100} + \frac{U_{\mathrm{K}}\%}{100}\left(\frac{S_{\mathrm{C}}}{S_{\mathrm{N}}}\right)^2\right] \tag{3-31}$$

或

$$\Delta Q_{\mathrm{T}} \approx S_{\mathrm{N}} \left(\frac{I_0\%}{100} + \frac{U_{\mathrm{K}}\%}{100}\beta^2\right) \tag{3-32}$$

式中，ΔP_0、ΔP_{K}、$I_0\%$ 和 $U_{\mathrm{K}}\%$ 均可在变压器产品目录和附表 2 中查得。

3.2.2 供配电系统的电能损耗

由于变压器和线路是供配电系统中常年运行的设备，所以其产生的电能损耗相当可观，应当引起重视。

在供配电系统中，通常利用年最大负荷损耗小时 τ 来近似计算线路和变压器的有功电能损耗，所以下面介绍 τ 的物理含义。

线路或变压器中以最大计算电流 I_{C} 流过 τ 小时后所产生的电能损耗，恰与全年流过实际变化的电流所产生的电能损耗相等。可见，τ 是一个假想时间，它与年最大负荷利用小时 $T_{\max}$ 有一定的关系，当 $\cos\varphi=1$，且线路电压不变时有

$$\tau = \frac{T_{\max}^2}{8760} \tag{3-33}$$

（1）线路的电能损耗：

$$\Delta W_{\mathrm{WL}} = 3\tau I_{\mathrm{C}}^2 R_{\mathrm{WL}} \tag{3-34}$$

式中，I_{C} 为通过线路的计算电流，R_{WL} 为线路每相的电阻。

（2）变压器的电能损耗：包括两部分。

① 由于铁损引起的电能损耗，如下：

$$\Delta W_{\mathrm{Fe}} = \Delta P_{\mathrm{Fe}} \times 8760 \approx \Delta P_0 \times 8760 \tag{3-35}$$

② 由于铜损引起的电能损耗，如下：

$$\Delta W_{\mathrm{Cu}} = \Delta P_{\mathrm{Cu}}\beta^2\tau \approx \Delta P_{\mathrm{K}}\beta^2\tau \tag{3-36}$$

因此，变压器全年的电能损耗为

$$\Delta W_{\mathrm{T}} = \Delta W_{\mathrm{Fe}} + \Delta W_{\mathrm{Cu}} \approx \Delta P_0 \times 8760 + \Delta P_{\mathrm{K}}\beta^2\tau \tag{3-37}$$

⚞ 探索与实践

电力变压器的有功功率损耗和无功功率损耗分别如何计算？其中哪些损耗是与负荷无关的，而哪些损耗与负荷有关？按简化公式如何计算？

解：   有功功率损耗＝铁损＋铜损＝$\Delta P_{\mathrm{Fe}} + \Delta P_{\mathrm{Cu}}$

有功功率损耗为

$$P_{\mathrm{t}} = \Delta P_{\mathrm{Fe}} + \Delta P_{\mathrm{Cu}} = \Delta P_{\mathrm{Fe}} + \Delta P_{\mathrm{Cu.N}}\left(\frac{S_{\mathrm{C}}}{S_{\mathrm{N}}}\right)^2 \approx \Delta P_0 + \Delta P_{\mathrm{K}}\left(\frac{S_{\mathrm{C}}}{S_{\mathrm{N}}}\right)^2$$

$$无功功率损耗 = \Delta Q_0 + \Delta Q$$

其中：ΔQ_0 是变压器空载时，由产生主磁通电流造成的；ΔQ 是变压器负荷电流在一次、二次绕组电抗上所产生的无功损耗。

无功功率损耗为

$$\Delta Q_T = \Delta Q_0 + \Delta Q = \Delta Q_0 + \Delta Q_N \left(\frac{S_C}{S_N}\right)^2 \approx S_N \left[\frac{I_0\%}{100} + \frac{U_K\%(S_C/S_N)^2}{100}\right]$$

ΔP_{Fe} 和 ΔQ_0 与负荷无关，ΔP_{Cu} 和 ΔQ 与负荷有关。

简化公式如下：

$$\Delta P_T \approx \Delta P_0 + \Delta P_K \beta^2$$

$$\Delta Q_T \approx S_N \left(\frac{I_0\%}{100} + \frac{U_K\%\beta^2}{100}\right)$$

任务 3　尖峰电流的计算

任务目标

（1）了解尖峰电流的概念。

（2）掌握单台用电设备供电的支线尖峰电流。

（3）掌握计算多台用电设备供电的干线尖峰电流。

任务提出

尖峰电流 I_{pk} 是指单台或多台用电设备持续 $1 \sim 2$ s 的短时最大负荷电流。它是由于电动机启动、电压波动等原因引起的，与计算电流不同，计算电流是指半小时最大电流，尖峰电流比计算电流大得多。

计算尖峰电流的目的是选择熔断器、整定低压断路器和继电保护装置、计算电压波动及检验电动机自启动条件等。

本任务讲解了尖峰电流的计算方法，以提升学生合理选择供配电设备的能力。

相关知识

3.3.1　单台用电设备供电的支线尖峰电流

支线尖峰电流就是用电设备的启动电流，即

$$I_{pk} = I_{st} = K_{st} I_N \tag{3-38}$$

式中：I_{st} 为用电设备的启动电流；I_N 为用电设备的额定电流；K_{st} 为用电设备的启动电流倍数（可查样本或铭牌，对笼形电动机一般为 $5 \sim 7$，对绕线型电动机一般为 $2 \sim 3$，对直流电动机一般为 1.7，对电焊变压器一般为 3 或稍大）。

3.3.2　多台用电设备供电的干线尖峰电流

干线尖峰电流指启动电流与额定电流之差为最大的一台设备正在启动、其余设备正常运行时的电流。其计算公式为

$$I_{pk} = K_{\Sigma} \sum_{i=1}^{n-1} I_{N_i} + I_{stmax} \tag{3-39}$$

或

$$I_{pk} = I_C + (I_{st} - I_N)_{max} \tag{3-40}$$

式中：I_{stmax} 为用电设备组启动电流与额定电流之差为最大的那台设备的启动电流；$(I_{st} - I_N)_{max}$ 为用电设备组启动电流与额定电流之差最大的那台设备的二者电流之差；$\sum_{i=1}^{n-1} I_{N_i}$ 为除启动电流与额定电流之差为最大的那台设备外，其他 $n-1$ 台设备的额定电流之和；K_{Σ} 为上述 $n-1$ 台设备的同时系数，其值按台数多少选取，一般为 $0.7 \sim 1$；I_C 为全部设备投入运行时线路的计算电流。

探索与实践

有一 380 V 三相线路，供电给表 3-2 所示 4 的台电动机，试计算该线路的尖峰电流。

表 3-2 负 荷 资 料

参 数	电 动 机			
	M_1	M_2	M_3	M_4
额定电流 I_N/A	5.8	5	35.8	27.6
启动电流 I_{st}/A	40.6	35	197	193.2

解：由表 3-2 可知，电动机 M_4 的 $I_{st} - I_N = 193.2 - 27.6 = 165.6$ A 为最大。取 $K_{\Sigma} = 0.9$，该线路的尖峰电流为

$$I_{pk} = 0.9 \times (5.8 + 5 + 35.8) + 193.2 \approx 235 \text{ A}$$

任务 4 功率因数和无功功率补偿

任务目标

（1）了解功率因数的计算方法。
（2）了解功率因数对供配电系统的影响及提高功率因数的方法。
（3）掌握并联电容器补偿容量和台数的确定。
（4）了解并联电容器的装设方法及装设地点。
（5）掌握补偿后全厂负荷和功率因数的计算。

任务提出

电力系统中绝大多数用电设备，如感应电动机、电力变压器、电焊机以及交流接触器等，都要从电网吸收大量无功电流来产生交变磁场。功率因数 $\cos\varphi$ 是反映有功功率在一定的条件下，取用无功功率的多少；如果取用的无功功率越多，则功率因数越低，除白炽灯、电阻电热器等设备负荷的功率因数接近于 1 外，其他如电动机、变压器、电抗器等功率因

数均小于 1。功率因数是衡量供配电系统是否经济运行的一个重要指标。

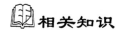 **相关知识**

3.4.1 功率因数的分类及计算

电力系统的实际功率因数是随着负荷和电源电压的变动而变动的，因此该值的计算也就有多种方法。

1. 瞬时功率因数

瞬时功率因数可由功率因数表(相位表)直接测量，也可以用在同一时间测得的有功功率表、电流表和电压表的读数计算得到，可按下式计算：

$$\cos\varphi = \frac{P}{\sqrt{3}UI} \tag{3-41}$$

式中：P 为功率表测出的三相功率读数(kW)；I 为电流表测出的线电流读数(A)；U 为电压表测出的线电压读数(kV)。

瞬时功率因数用于观察功率因数的变化情况，即了解和分析工厂或设备在生产过程中无功功率的变化情况，以便采取相应补偿措施。

2. 平均功率因数

平均功率因数是指在某一时间内功率因数的平均值。可采用以下两种方法计算：

(1) 由消耗的电能计算。计算公式如下：

$$\cos\varphi_{av} = \frac{W_p}{\sqrt{W_p^2 + W_q^2}} \tag{3-42}$$

式中：W_p 为某一时间内消耗的有功电能(可由有功电度表读出)；W_q 为某一时间内消耗的无功电能(可由无功电度表读出)。

若用户在电费计量点装设电感性和电容性的无功电度表来分别计量感性无功电能(W_{qL})和容性无功电能(W_{qC})，可按以下公式计算：

$$\cos\varphi_{av} = \frac{W_p}{\sqrt{W_p^2 + (W_{qC} + W_{qL})^2}} \tag{3-43}$$

(2) 由计算负荷计算。计算公式为

$$\cos\varphi_{av} = \frac{P_{av}}{S_{av}} = \frac{\alpha P_C}{\sqrt{(\alpha P_C + \beta Q_C)^2}} \tag{3-44}$$

式中：α 为有功负荷系数(一般为 0.7～0.75)；β 为无功负荷系数(一般为 0.76～0.82)。供电部门根据月平均功率因数调整用户的电费电价，即实行高奖低罚的奖惩制度。

3. 最大负荷时的功率因数

最大负荷时的功率因数指在年最大负荷(计算负荷)时的功率因数，计算公式为

$$\cos\varphi = \frac{P_C}{S_C} \tag{3-45}$$

我国有关规范规定：高压供电的企业，最大负荷时的功率因数不得低于 0.9，其他工

厂不得低于 0.85。

4. 自然功率因数

自然功率因数指用电设备或企业在没有安装人工补偿装置时的功率因数,有瞬时值和平均值两种。

5. 总的功率因数

总的功率因数指用电设备或企业设置了人工补偿后的功率因数,也有瞬时值和平均值两种。

通常,瞬时功率因数只用来了解、分析用电企业无功功率的变化情况,以便采取适当的补偿措施;月平均功率因数可作为电业部门调整收费标准的依据;最大负荷时的功率因数则作为确定无功补偿容量的计算依据。

3.4.2 无功功率补偿

电力系统中的用电设备多为感性负载,在运行过程中,除了消耗有功功率外,还需要大量的无功功率在电源至负荷之间交换,导致功率因数降低,所以一般电力系统的自然功率因数都比较低,它给供配电系统造成了不利影响。

根据我国制定的按功率因数调整收费的办法要求,高压供电的工业用户和高压供电装有带负荷调压装置的电力用户,功率因数应达到 0.9 以上,其他用户功率因数应在 0.85 以上,当功率因数低于 0.7 时,电业局不予供电。因此,企业在改善设备运行性能,合理调整运行方式提高自然功率因数的情况下,都需要安装无功功率补偿装置,提高企业供配电系统的功率因数。

提高功率因数的方法有很多,可分为两大类,即提高自然功率因数的方法和人工补偿无功功率提高功率因数的方法。在供配电系统中,人工补偿无功功率提高功率因数的方法通常是安装移相电容器。

从图 3.5 可以看出功率因数提高与无功功率和视在功率变化的关系。假设功率因数由 $\cos\varphi_1$ 提高到 $\cos\varphi_2$,这时在有功功率 P_{30} 不变的条件下,无功功率将由 $Q_{30.1}$ 减少到 $Q_{30.2}$,视在功率将由 $S_{30.1}$ 减小到 $S_{30.2}$,从而负荷电流也得以减小,这将使系统的无功电能损耗和电压损耗相应降低,既

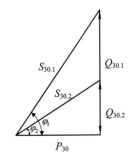

图 3.5 无功补偿原理图

节约了电能,又提高了电压质量,而且可选较小容量的供电设备和导线电缆,因此提高功率因数对电力系统大有好处。

3.4.3 并联电容器的装设

1. 并联电容器的接线

并联补偿的电力电容器大多采用三角形(△形)接线,因为低压(0.5 kV 以下)并联电容器大多是做成三相的,故其内部已接成三角形。

假设有电容为 C 的三个单相电容器,如果其额定电压与三相网络的额定电压相同,应将电容器接成三角形;如果电容器的额定电压低于三相网络额定电压,应将电容器接成星

形（Y 形）。不同的接线方法其总容量如下：

△形接线时，

$$Q_C = \sqrt{3}U_N I_C \times 10^{-3} = \sqrt{3}U_N \times \sqrt{3}\frac{U_N}{X_C} \times 10^{-3} = 3U_N^2\omega C \times 10^{-3} \qquad (3-46)$$

Y 形接线时，

$$Q_C = \sqrt{3}U_N I_C \times 10^{-3} = \sqrt{3}U_N \times \frac{U_N/\sqrt{3}}{X_C} \times 10^{-3} = U_N^2\omega C \times 10^{-3} \qquad (3-47)$$

由上式可以看出，同样的电容器，按三角形接线时其补偿容量将是星形接线的 3 倍。这是并联电容器采用三角形接线的一个优点。另外，电容器采用三角形接线时，任一电容器断线，三相线路仍得到无功补偿；而采用星形接线时，若一相电容器断线，断线相将失去无功补偿。

但是，当电容器采用三角形接线时，若任一电容器击穿短路，将造成三相线路的两相短路，短路电流很大，有可能引起电容器爆炸，这对高压电容器特别危险。如果电容器采用星形接线，情况就不同了。如图 3.6 所示为电容器采用星形接线，在正常工作和 A 相电容器被击穿而短路时的电流分布情况。

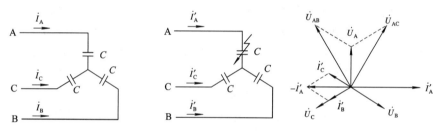

(a) 正常工作时的电流分布　　　　(b) A 相电容器被击穿而短路时的电流分布和相量图

图 3.6　三相线路中电容器星形接线时的电流分布

从图 3.7 中可以看出，正常工作时有

$$I_A = I_B = I_C = \frac{U_\varphi}{X_C} \qquad (3-48)$$

式中，$X_C = \frac{1}{\omega C}$，U_φ 为相电压。

当 A 相电容器被击穿而短路时有

$$I'_A = \sqrt{3}I'_B = \sqrt{3}\frac{U_{AB}}{X_C} = 3\frac{U_\varphi}{X_C} = 3I_A \qquad (3-49)$$

也就是说，当电容器采用星形接线时，若其中的一相电容器发生击穿短路，其短路电流仅为正常工作电流的 3 倍，运行相对比较安全。所以 GB 50053—94《10 kV 及以下变电所设计规范》规定：高压电容器组宜接成中性点不接地星形，容量较小时（450 kvar 及以下）宜接成三角形；低压电容器应接成三角形。

2. 并联电容器的装设地点

并联电力电容器在供配电系统中的装设位置有三种，即高压集中补偿、低压集中补偿和单独就地补偿（个别补偿），如图 3.7 所示。

补偿方式的合理性主要从补偿范围的大小、补偿容量的利用率高低以及电容器的运行

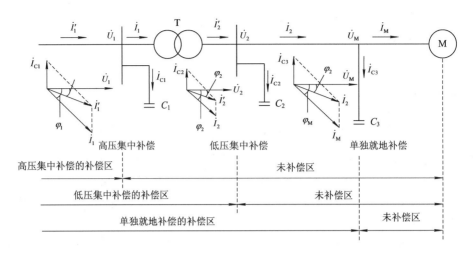

图 3.7 并联电容器在供配电系统中的装设位置和补偿效果

条件和维护管理的方便等来衡量。

(1) 高压集中补偿。高压集中补偿是指将高压电容器组集中装设在用户变电所的 6～10 kV 母线上。该补偿方式只能降低总降压变电所的 6～10 kV 母线前供配电系统中的无功功率，而无法补偿企业内部供配电系统中的无功功率，因此补偿范围最小。高压集中补偿的经济效果较低压集中补偿和单独就地补偿差，但由于装设集中、运行条件较好、维护管理方便、投资较少，且总降压变电站 6～10 kV 母线停电机会少，因此其电容器利用率高。这种补偿方式在一些大中型企业中应用相当普遍。

(2) 低压集中补偿。低压集中补偿是指将低压电容器集中装设在用户变电所的低压母线上。该补偿方式只能补偿用户变电所低压母线前用户变电所和高压配电线路及电力系统的无功功率，对用户变电所低压母线后的设备则不起补偿作用。但其补偿范围比高压集中补偿要大，而且该补偿方式能使用户主变压器的视在功率减小，从而使变压器的容量可选得较小，因此比较经济。这种低压电容器补偿屏一般可安装在低压配电室内，运行维护安全方便。这种补偿方式在供配电系统中应用相当普遍。

(3) 单独就地补偿(个别补偿或分散补偿)。单独就地补偿是指在个别功率因数较低的设备旁边装设补偿电容器组。该补偿方式能补偿安装部位以前的所有设备，因此补偿范围最大，效果最好。但其投资较大，而且如果被补偿的设备停止运行，则电容器组也会被切除，电容器的利用率较低。此外，它还存在小容量电容器的单位价格较高、电容器易受到机械震动及其他环境条件影响等缺点。所以这种补偿方式适用于长期稳定运行，无功功率需要较大，或距电源较远，不便于实现其他补偿的场合。

3.4.4 补偿容量和补偿后的计算负荷

1. 补偿容量的计算

已知某电力用户补偿前的计算负荷 P_C、Q_C、S_C 和自然功率因数 $\cos\varphi_1$，若要求把功率因数提高到 $\cos\varphi_2$，应补偿的无功容量按下式计算：

$$Q_{CC} = P_C(\tan\varphi_1 - \tan\varphi_2) \qquad (3-50)$$

式中：P_C 为有功计算负荷；φ_1、φ_2 为补偿前后功率因数角；Q_{CC} 为无功补偿容量。

2. 补偿后计算负荷的计算

在确定了总的补偿容量 Q_{CC} 后,还应选择补偿电容器的单台容量 q_C 和电容器的数量 n。这时要考虑并联电容器的接法,以及电容器实际运行电压可能与额定电压不同等具体问题。在选择了移相电容器的单个容量 q_C 后,即可按下式确定电容器的个数:

$$n = \frac{Q_C}{q_C} \tag{3-51}$$

由上式计算求出的电容器的个数 n,对于单相电容器,应取为 3 的倍数,以便三相平均分配安装。

补偿后电力用户的有功计算负荷不变,但电源向电力用户提供的无功功率将减小,在确定补偿装置装设地点以前的计算负荷时,应减去无功补偿容量,总的无功计算负荷为

$$Q_C' = Q_C - Q_{CC} \tag{3-52}$$

补偿后的视在计算负荷为

$$S_C' = \sqrt{P_C^2 + Q_C'^2} = \sqrt{P_C^2 + (Q_C - Q_{CC})^2} \tag{3-53}$$

探索与实践

某企业拟建一降压变电所,装设一台主变压器。已知变电所低压侧有功计算负荷为 650 kW,无功计算负荷为 800 kvar。为了使企业(变电所高压侧)的功率因数不低于 0.9,如果在低压侧装设并联电容器进行补偿,需装设多少补偿容量?补偿前后企业变电所选变压器的容量有何变化?

解:(1)补偿前的变压器容量和功率因数。变电所低压侧的视在计算负荷为

$$S_{C(2)} = \sqrt{650^2 + 800^2}\ \text{kVA} = 1031\ \text{kVA}$$

因此,未考虑无功补偿时,主变压器的容量应选择为 1250 kVA(参见附表 2)。

变电所低压侧的功率因数为

$$\cos\varphi_{(2)} = \frac{P_{C(2)}}{S_{C(2)}} = \frac{650}{1031} = 0.63$$

(2)无功补偿容量。按相关规定,补偿后变电所高压侧的功率因数不应低于 0.9,即 $\cos\varphi_{(1)} \geqslant 0.9$。在变压器低压侧进行补偿时,因为考虑到变压器的无功功率损耗远大于有功功率损耗,所以低压侧补偿后的低压侧功率因数应略高于 0.9。这里取补偿后低压侧功率因数 $\cos\varphi_{(2)}' = 0.92$。

因此,低压侧需要装设并联电容器容量为

$$Q_{CC} = 650 \times (\tan\arccos 0.63 - \tan\arccos 0.92)\text{kvar} = 524\ \text{kvar}$$

取 $Q_{CC} = 530$ kvar。

(3)补偿后重新选择变压器容量。变电所低压侧的视在计算负荷为

$$S_{C(2)}' = \sqrt{650^2 + (800 - 530)^2}\text{kVA} = 704\ \text{kVA}$$

因此,无功功率补偿后的主变压器容量可选为 800 kVA(参见附表 2)。

(4)补偿后企业功率因率。补偿后变压器的功率损耗为

$$\Delta P_T \approx 0.015 S_{C(2)}' = 0.015 \times 704\ \text{kVA} = 10.6\ \text{kW}$$

$$\Delta Q_T \approx 0.06 S_{C(2)}' = 0.06 \times 704\ \text{kvar} = 42.2\ \text{kvar}$$

变电所高压侧的计算负荷为

$$P'_{C(1)} = 650 \text{ kW} + 10.6 \text{ kW} \approx 661 \text{ kW}$$

$$Q'_{C(1)} = (800 - 530)\text{kvar} + 42.2 \text{ kvar} \approx 312 \text{ kvar}$$

$$S'_{C(1)} = \sqrt{661^2 + 312^2} \text{kVA} = 731 \text{ kVA}$$

补偿后企业的功率因数为

$$\cos\varphi' = \frac{661}{731} = 0.904 > 0.9$$

满足相关规定的要求。

（5）无功补偿前后的比较。

$$S'_N - S_N = 1250 \text{ kVA} - 800 \text{ kVA} = 450 \text{ kVA}$$

由此可见，补偿后主变压器的容量减少了 450 kVA，不仅减少了投资，而且减少了电费的支出，提高了功率因数。

项 目 小 结

确定计算负荷的常用方法有需要系数法和二项式系数法。需要系数法适用于变配电的负荷计算；二项式系数法适用于低压配电支干线和配电箱的负荷计算。

供配电系统电能损耗的计算包括线路的电能损耗和变压器的电能损耗。尖峰电流 I_{pk} 是指单台或多台用电设备持续 $1\sim2$ s 的短时最大负荷电流。

功率因数反映了供用电系统中无功功率消耗量在系统总容量中所占的比重，反映了供用电系统的供电能力。高压供电的企业，最大负荷时的功率因数不得低于 0.9，其他企业不得低于 0.85。提高功率因数主要是提高自然功率因数和人工补偿无功功率因数。

项 目 练 习

一、填空题

1. 电力负荷按工作制的不同可分为_____工作制设备、_____工作制设备和_____工作制设备。

2. 负荷曲线是指一组用电设备功率随_____变化关系的图形。

3. 计算负荷 P_{30} 是指全年负荷最大的工作班内，消耗电能最大的半小时的_____。

4. 尖峰电流 I_{pk} 是指持续时间 $1\sim2$ s 的短时_____（电动机启动时出现）。

二、选择题

1. 在配电设计中，通常采用（　　）的最大平均负荷作为按发热条件选择电器或导体的依据。

    A. 20 min   B. 30 min   C. 60 min   D. 90 min

2. 尖峰电流指单台或多台用电设备持续时间为（　　）左右的最大负荷电流。

    A. $1\sim2$ s   B. $5\sim6$ s   C. $15\sim20$ s   D. $30\sim40$ s

3. 在求计算负荷 P_{30} 时，常将工厂用电设备按工作情况分为（　　）。

　　A. 金属加工机床类、通风机类和电阻炉类

　　B. 电焊机类、通风机类和电阻炉类

　　C. 长期连续工作制、短时工作制和反复短时工作制

　　D. 一班制、两班制和三班制

4. 供配电中计算负荷 P_{30} 的特点是(　　)。

　　A. 真实的，随机变化的

　　B. 假想的，随机变化的

　　C. 真实的，预期不变的最大负荷

　　D. 假想的，预期不变的最大负荷

5. 电焊机的设备功率是指将额定功率换算到负载持续率为(　　)时的有功功率。

　　A. 15%　　　　　B. 25%　　　　　C. 50%　　　　　D. 100%

6. 吊车电动机组的功率是指将额定功率换算到负载持续率为(　　)时的有功功率。

　　A. 15%　　　　　B. 25%　　　　　C. 50%　　　　　D. 100%

7. 用电设备台数较少，各台设备容量相差悬殊时，宜采用(　　)，一般用于干线配变电所的负荷计算。

　　A. 二项式法　　　　　　　　　　B. 单位面积功率法

　　C. 需要系数法　　　　　　　　　　D. 变值需要系数法

8. 用电设备台数较多，各台设备容量相差不悬殊时，国际上普遍采用(　　)来确定计算负荷。

　　A. 二项式法　　　　　　　　　　B. 单位面积功率法

　　C. 需要系数法　　　　　　　　　　D. 变值需要系数法

9. 供电突然中断时将造成人身伤亡的危险，或造成重大设备损坏且难以修复，或给国民经济带来极大损失，这样的电力负荷属于(　　)。

　　A. 一级负荷　　　B. 二级负荷　　　C. 三级负荷　　　D. 四级负荷

10. 若中断供电将在政治、经济上造成较大损失，如造成主要设备损坏、大量的产品报废、连续生产过程被打乱，需较长时间才能恢复的电力负荷是(　　)。

　　A. 一级负荷　　　B. 二级负荷　　　C. 三级负荷　　　D. 四级负荷

三、判断题

1. 需要系数是 P_{30}(全年负荷最大的工作班消耗电能最多的半个小时平均负荷)与 P_e(设备容量)之比。　　　　　　　　　　　　　　　　　　　　　　　　　　(　　)

2. 二项式系数法适用于计算设备台数不多，而且各台设备容量相差较大的车间干线和配电箱的计算负荷。　　　　　　　　　　　　　　　　　　　　　(　　)

四、综合题

1. 已知某企业用电设备的总容量为 4500 kW，线路电压为 380 V，试估算该厂的计算负荷。(需要系数 $K_d=0.35$、功率因数 $\cos\varphi=0.75$、$\tan\varphi=0.88$)。

2. 已知某电力用户金属切削机床组拥有 380 V 的三相电动机 7.5 kW 3 台、4 kW 8 台、3 kW 17 台、1.5 kW 10 台(需要系数 $K_d=0.2$、功率因数 $\cos\varphi=0.5$、$\tan\varphi=1.73$)，试求计算负荷。

3. 某电力用户 380 V 线路上，接有金属切削机床电动机 20 台共 50 kW（其中较大容量电动机有 7.5 kW 1 台、4 kW 3 台、2.2 kW 7 台；需要系数 $K_d=0.2$、功率因数 $\cos\varphi=0.5$、$\tan\varphi=1.73$），通风机 2 台共 3 kW（需要系数 $K_d=0.8$、功率因数 $\cos\varphi=0.8$、$\tan\varphi=0.75$），电阻炉 1 台 2 kW（需要系数 $K_d=0.7$、功率因数 $\cos\varphi=1$、$\tan\varphi=0$），同时系数（ $K_{\Sigma p}=0.95$，$K_{\Sigma q}=0.97$ ），试计算该线路上的计算负荷。

4. 某电力用户 380 V 线路上，接有金属切削机床电动机 20 台共 50 kW，其中较大容量电动机有 7.5 kW 1 台、4 kW 3 台（$b=0.14$、$c=0.4$、$x=3$、$\cos\varphi=0.5$、$\tan\varphi=1.73$），试求计算负荷。

5. 某电力用户 380 V 线路上，接有金属切削机床电动机 20 台共 50 kW，其中较大容量电动机有 7.5 kW 1 台、4 kW 3 台、2.2 kW 7 台（$b=0.14$、$c=0.4$、$x=5$、$\cos\varphi=0.5$、$\tan\varphi=1.73$），试求计算负荷。

6. 已知某机修车间金属切削机床组拥有 380 V 的三相电动机 7.5 kW 3 台、4 kW 8 台、3 kW 17 台、1.5 kW 10 台（$b=0.14$、$c=0.4$、$x=5$、$\cos\varphi=0.5$、$\tan\varphi=1.73$），试求计算负荷。

7. 计算某 380 V 供电干线的尖峰电流，该干线向 3 台机床供电，已知 3 台机床电动机的额定电流和启动电流倍数分别为 $I_{N1}=5$ A、$K_{st1}=7$，$I_{N2}=4$ A、$K_{st2}=4$，$I_{N3}=10$ A、$K_{st3}=3$。

项目四　电力线路

任务1　电力线路的基本接线方式

任务目标

（1）了解电力网络的基本接线方式。

（2）熟悉架空线路。

（3）熟悉电缆线路。

（4）熟悉电力用户配电线路。

（5）了解线路运行时突然停电的处理技术。

任务提出

电力线路是供配电系统的重要组成部分，担负着输送和分配电能的重要任务，所以在整个供配电系统中有着重要的作用。

本任务要求学生掌握合理选择接线方式的方法，有利于提高学生的职业素养。

相关知识

电力网络的接线应力求简单、可靠，操作维护方便。电力网络包括厂内高压配电网络与车间低压配电网络。高压配电网络指从总降压变电所或配电所到各个车间变电所或高压设备之间的 6～10 kV 配电网络，低压配电网络指从车间变电所到各低压用电设备的 380/220 V 配电网络。工厂内高低压电力线路的接线方式有放射式、树干式及环式三种类型。

4.1.1　高压配电线路的接线方式

1. 放射式接线

高压放射式接线是指由变配电所高压母线上引出单独的线路，直接供电给用户变电所或高压用电设备，在该线路上不再分接其他高压用电设备（如图 4.1 所示）。这种接线方式简捷，操作维护方便，保护简单，便于实现自动化。但高压开关设备用得多，投资高，当线路故障或检修时，该线路全部负荷都将停电。为提高供电可靠性，根据具体情况还应增加备用线路。

2. 树干式接线

高压树干式接线是指从变配电所高压母线上引出一回路供电干线，沿线分接至几个用户变电所或负荷点的接线方式。一般干线上连接的用户变电所不得超过五个，总容量不得大于 3000 kVA，这种接线从变配电所引出的线路少，高压开关设备应用的少，比较经济，但供电可靠性差，因为干线上任意一点发生故障或检修时，将引起干线上的所有负载停电。为提高供电可靠性，同样可采用增加备用线路的方法。图 4.2、图 4.3、图 4.4 所示分别为高压单回路树干式、双端供电的单回路树干式和单侧供电的双回路树干式接线方式。

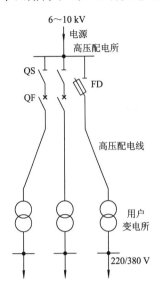

图 4.1　高压放射式接线

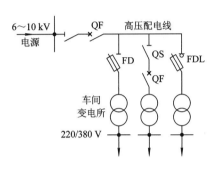

图 4.2　高压单回路树干式接线

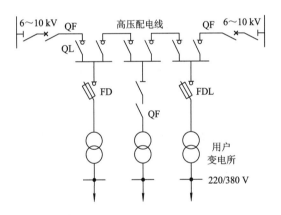

图 4.3　双端供电的单回路树干式接线

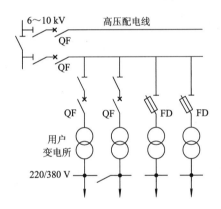

图 4.4　单侧供电的双回路树干式接线

3. 环式接线

高压环式接线其实是两端供电的树干式接线，如图 4.5 所示。这种接线运行灵活，供电可靠性高。当干线上任何地方发生故障时，只要找出故障段，拉开其两侧的隔离开关，把故障段切除后，全部线路就可以恢复供电。由于闭环运行时继电器保护整定比较复杂，所以正常运行时一般采用开环运行方式，即环形线路中有一处开关是断开的。

实际上高压配电系统的接线方式往往是集中接线方式的组合，究竟采用什么接线方式，应根据具体情况，经技术、经济综合比较后，才能确定合理的接线方式。

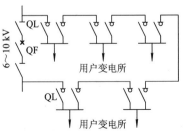

图 4.5　高压环式接线

4.1.2　低压电力线路的接线方式

低压配电线路的基本接线方式也可分为放射式、树干式和环式。

1. 放射式接线

低压放射式接线是由用户变电所的低压配电屏引出独立的线路供电给配电箱或大容量设备,再由配电箱引出独立的线路到各控制箱或用电设备(如图 4.6 所示)。这种接线方式供电可靠性较高,任何一个分支线出现故障,都不会影响其他线路供电,运行操作方便,但所用开关设备及配电线路也较多。放射式接线多用于负荷分布在用电空间内各个不同方向,用电设备容量大的场合。

2. 树干式接线

低压树干式接线是将用电设备或配电箱接到用户变电所低压配电屏的配电干线上,如图 4.7 所示 。这种接线方式的可靠性不如放射式,主要适用于容量较小且分布均匀的用电设备。当干线出现故障时会使所连接的用电设备均受影响,但这种接线方式引出的配电干线较少,采用的开关设备少,节省资源。

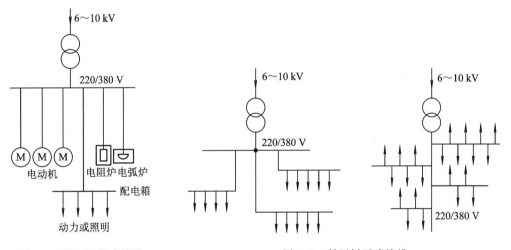

图 4.6　低压放射式接线　　　　　　　　图 4.7　低压树干式接线

3. 环式接线

低压环式接线是将各用户变电所的低压侧通过低压联络线连接起来,构成一个环,如图 4.8 所示。这种接线方式供电可靠性高,一般线路故障或检修只是引起短时停电或不停电,经切换操作后就可恢复供电。环式接线保护装置整定配合比较复杂,所以低压环形供电多采用开环运行。

在低压配电系统中,也往往是采用以上三种接线方式的组合,依具体情况而定。不过在环境正常的建筑内,当大部分用电设备容量不很大又无特殊要求时,宜采用树干式配电,这一方面是由于树干式配电较之放射式经济,另一方面是由于我国各供电人员对采用树干式配电积累了相当成熟的运行经验。实践证明,低压树干式配电在一般正常情况下能够满足生产要求。

总的来说，电力线路（包括高压和低压线路）的接线应力求简单。运行经验证明，供配电系统如果接线复杂，层次过多，不仅浪费投资，维护不便，而且由于电路串联的元器件过多，因操作错误或元器件故障而产生的事故也随之增多，且事故处理和恢复供电的操作也比较麻烦，从而延长了停电时间。同时由于配电级数多，继电保护级数也相应增加，动作时间亦相应延长，对供配电系统的故障保护十分不利。因此，GB 50052—2009《供配电系统设计规范》规定：供配电系统应简单可靠，同一电压供电系统的变配电级数不宜多于两级。此外，高低压配电线路均应尽可能深入负荷中心，以减少线路的电能损耗和有色金属消耗量，提高负荷端电压水平。

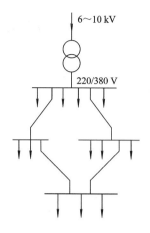

图 4.8　低压环式接线

任务 2　电力线路结构

任务目标

(1) 掌握架空线路的结构。
(2) 掌握电缆线路的结构。

任务提出

电力线路有架空线路和电缆线路。通过对电力线路结构的学习，培养学生优化电力线路的意识。

相关知识

由于架空线路与电缆线路相比具有较多优点，如成本低、投资少，安装容易，维护和检修方便，易于发现和排除故障等，所以架空线路在一般企业中应用相当广泛。但是架空线路直接受大气影响，易受雷击和污秽空气危害且架空线路要占用一定的地面和空间，有碍交通和观瞻，因此受到一定的限制，现代化企业有逐渐减少架空线路、改用电缆线路的趋向。

4.2.1　架空线路的结构

架空线路由导线、电杆、横担、绝缘子及金具构成。为了平衡电杆各方向的拉力，增强电杆稳定性，有的电杆上还装有拉线。为防雷击，有的架空线路上还架有避雷线。架空线路的基本结构如图 4.9 所示。

1. 导线

导线必须具有良好的导电性和足够的机械强度。导线有裸导线和绝缘导线两种。架空线路一般采用裸导线。由于裸导线的散热条件比绝缘导线好，可以

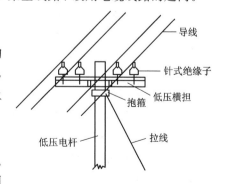

图 4.9　架空线路的基本结构

传输较大的电流，同时，裸导线比绝缘导线造价低，因此得到了广泛的使用。

导线通常制成绞线，导线的材料有铝、铜和钢。铜的导电性能最好，机械强度大，抗腐蚀能力强，但铜的价格高。铝的导电性能仅次于铜，机械强度差，但铝的重量轻，价格低，所以铝绞线(LJ)是架空线路应用较多的导线。钢的机械强度较高，价格低，但导电性能差，工厂一般不用钢线。为了加强铝的机械强度，采用多股绞线的钢作为线心，把铝线绞在线心外面的绞线称为钢芯铝绞线(LGJ)。工厂里最常用的是 LJ 型铝绞线。在负荷较大、机械强度要求高和 35 kV 及以上的架空线路上，多采用 LGJ 型钢芯铝绞线，用以增强导线的机械强度。

在导线材质常用的铜、铝和钢中，铜的导电性最好(电导率为 53 MS/m)，机械强度也相当高(抗拉强度约为 380 MPa)；铝的机械强度较差(抗拉强度约为 160 MPa)，但其导电性较好(电导率为 32 MS/m)，且具有质轻、价廉的优点；钢的机械强度很高(多股钢绞线的抗拉强度达 1200 MPa)，而且价廉，但其导电性差(电导率为 7.52 MS/m)，功率损耗大(对交流电流还有铁磁损耗)，并且容易锈蚀。因此钢线在架空线路上一般只用作避雷线，而且规定要使用截面不小于 35 mm^2 的镀锌钢绞线。

架空线路一般采用裸导线。裸导线按结构分，有单股线和多股绞线。供电系统中一般采用多股绞线。绞线又有铜绞线、铝绞线和钢芯铝绞线。架空线路上一般采用铝绞线。在机械强度要求较高和 35 kV 及以上的架空线路上，则多采用钢芯铝绞线。钢芯铝绞线简称钢芯铝线，其截面结构如图 4.10 所示，其芯线是钢线，用以增强导线的抗拉强度，弥补铝线机械强度较差的缺点，而其外围为铝线，用以传导电流，取其导电性较好的优点。由于交流电流在

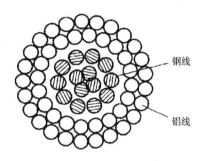

图 4.10　钢芯铝绞线截面

导线中的趋肤效应，交流电流实际上只从铝线通过，从而弥补了钢线导电性差的缺点。钢芯铝线型号中表示的截面积就是导电的铝线部分的截面积。例如 LGJ－185，这里的 185 表示钢芯铝线(LGJ)中铝线(L)的额定截面积为 185 mm^2。

架空线路常用裸导线全型号的表示和含义如下：

(1)铜(铝)绞线：

(2)钢芯铝绞线：

对于工厂和城市中 10 kV 及以下的架空线路，当安全距离难以满足要求，或者邻近高层建筑及在繁华街道、人口密集地区，或者空气严重污秽地段和建筑施工现场时，按 GB50061－2010《66 kV 及以下架空电力线路设计规范》规定，可采用绝缘导线。

2. 电杆

电杆是支持导线的支柱，是架空线路最基本的元件之一。按照所使用的材料不同，电杆有木杆、水泥杆和金属杆三种。木杆是初期使用的材料，目前已逐步淘汰。金属杆分为钢管杆、钢型杆和铁塔。金属杆机械强度大，维修工作量小，使用年限长，但价格较贵且材料来源比较紧张，因此主要应用于高压架空线路，低压线路很少使用。水泥杆也称钢筋混凝土杆。水泥杆的优点是使用年限长达 15～30 年，维修工作量小，能节省大量的钢材和木材，缺点是质量大，运输与施工不方便。企业常采用水泥杆。

电杆按其在架空线路中的功能和地位分，有直线杆、分段杆、终端杆、转角杆、分支杆和特种杆等形式。图 4.11 为各种杆型在低压架空线路上的应用示例。

(1) 直线杆：又称中间杆，架空线路中使用最多的电杆。

(2) 分段杆：又称承力杆或锚杆，可防止线路某处断线。

(3) 终端杆：安装在线路起点和终点的耐张杆。

(4) 转角杆：用于线路改变方向处。

(5) 分支杆：用于线路的分支处。

(6) 特种杆：用于跨越铁路、公路、河流、山谷的跨越杆塔。

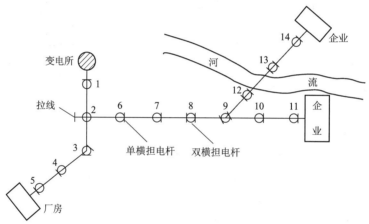

1、5、11、14—终端杆；2、9—分支杆；3—转角杆；
4、6、7、10—直线杆(中间杆)；8—分段杆(耐张杆)；12、13—跨越杆。

图 4.11　各种杆型在低压架空线路上的应用

3. 横担

横担安装在电杆的上部，用来安装绝缘子以架设导线，保持导线对地及导线与导线之间有足够的距离。常用的横担有铁横担、木横担和瓷横担。现在企业的架空线路上普遍采用的是铁横担和瓷横担。瓷横担是我国独创的产品，具有良好的电气绝缘性能，兼有横担和绝缘子的双重功能，能节约大量的木材和钢材，有效地利用电杆高度，降低线路造价。它的结构简单，安装方便，但比较脆，安装和使用中必须注意。图 4.12 所示为高压电杆上安装的瓷横担。

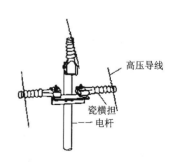

图 4.12　高压电杆上安装的瓷横担

4. 绝缘子

绝缘子又称瓷瓶，用来固定架空导线，使导线与电杆之间、导线与导线之间绝缘。因此需要绝缘子必须具有良好的绝缘性能，同时要有足够的机械强度。线路绝缘子按电压高低分，有高压绝缘子和低压绝缘子两大类。图 4.13 所示是高压线路绝缘子的外形结构。

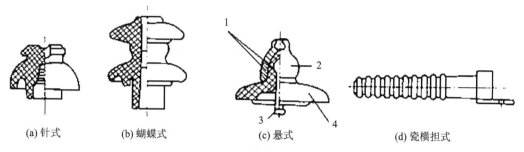

(a) 针式　　　　(b) 蝴蝶式　　　　(c) 悬式　　　　(d) 瓷横担式

1—水泥胶合剂；2—铁帽；3—钢脚；4—瓷件。

图 4.13　高压线路绝缘子

5. 金具

金具是架空线路上用来连接导线、安装横担和绝缘子等所用到的金属部件。图 4.14 （a）、（b）所示是用来安装低压针式绝缘子的直脚和弯脚；图 4.14（c）所示是用来安装蝴蝶式绝缘子的穿芯螺钉；图 4.14（d）所示是用来将横担或拉线固定在电杆上的 U 形抱箍；图 4.14（e）所示是用来调节拉线松紧的花篮螺钉；图 4.14（f）所示是高压悬式绝缘子串的挂环、挂板、线夹等。

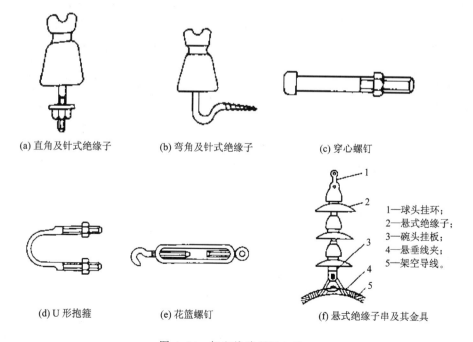

(a) 直角及针式绝缘子　　　(b) 弯角及针式绝缘子　　　(c) 穿心螺钉

1—球头挂环；
2—悬式绝缘子；
3—碗头挂板；
4—悬垂线夹；
5—架空导线。

(d) U 形抱箍　　　(e) 花篮螺钉　　　(f) 悬式绝缘子串及其金具

图 4.14　架空线路所用金具

6. 拉线

拉线是为了平衡电杆各方面的作用力、并抵抗风压以防止电杆倾倒用的，例如终端杆、转角杆、分段杆等往往都装有拉线。拉线的结构如图 4.15 所示。

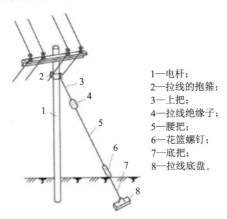

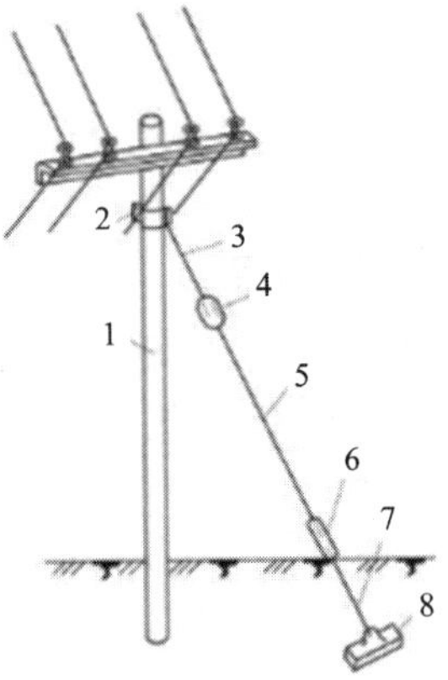
1
2
3
4
5
6
7
8
1—电杆；
2—拉线的抱箍；
3—上把；
4—拉线绝缘子；
5—腰把；
6—花篮螺钉；
7—底把；
8—拉线底盘。

图 4.15　拉线的结构

4.2.2　电缆线路的结构

电缆线路与架空线路相比，具有成本高、投资大、维修不便等缺点，但是它具有运行可靠、不易受外界影响、不要架设电杆、不占地面、不碍观瞻等优点，特别是在有腐蚀性气体和易燃、易爆场所，不宜架设架空线路时，只有敷设电缆线路。在现代化工厂和城市中，电缆线路得到了越来越广泛的应用。

电缆由线芯、绝缘层和保护层三部分组成。电缆线芯要求有良好的导电性，以减少输电时线路上能量的损失。绝缘层的作用是将线芯导体间及保护层相隔离，因此必须具有良好的绝缘性能和耐热性能。保护层又可分为内护层和外护层两部分，内护层直接用来保护绝缘层，常用的材料有铅、铝和塑料等；外护层用以防止内护层免受机械损伤和腐蚀，通常为钢丝或钢带构成的钢铠，外覆沥青、麻被或塑料护套。电缆的剖面图如图 4.16 所示。

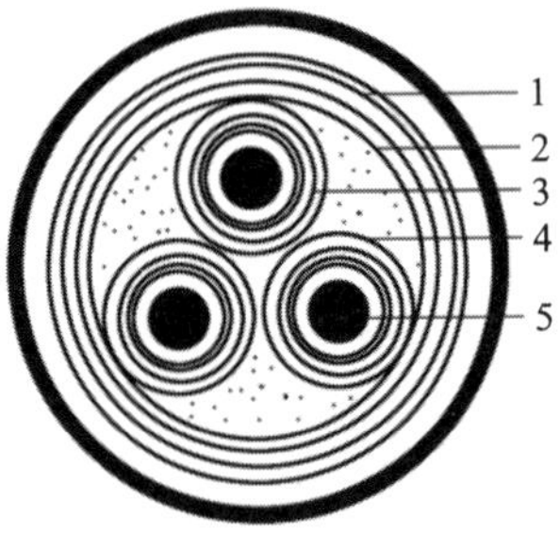
1
2
3
4
5

1—钢带铠装；2—统包绝缘层；3—芯线绝缘层；4—填充物；5—芯线。

图 4.16　电缆的剖面图

电缆是一种特殊结构的导线，在其几根(或单根)绞绕的绝缘导电芯线外面，统包有绝缘层和保护层。保护层又分为内护层和外护层。内护层用以直接保护，常用的材料有铅、铝或塑料等。而外护层用以防止内护层受到机械损伤和腐蚀，通常采用钢丝或钢带构成的钢铠，外覆麻被、沥青或塑料护套。

电缆的类型很多。供电系统中常用的电力电缆，按其缆芯材质分，有铜芯和铝芯两大类；按其采用的绝缘介质分，有油浸纸绝缘电缆和塑料绝缘电缆两大类。油浸纸绝缘电缆具有耐压强度高、耐热性能好和使用寿命长等优点，因此应用相当普遍。但是油浸纸绝缘电缆在运行中，其中的浸渍油会流动，因此它两端安装的高度差有一定的限制，否则电缆中低的一端可能因油压过大而使端头胀裂漏油,而其高的一端则可能因油流失而使绝缘干枯,导致耐压强度下降,甚至被击穿损坏。塑料绝缘电缆具有结构简单、制造加工方便、重量较轻、敷设安装方便、不受敷设高度差的限制及抗酸碱腐蚀性好等优点,因此在供电系统中有逐步取代油浸纸绝缘电缆的趋势。目前我国生产的塑料绝缘电缆有两种:一种是聚氯乙烯绝缘及护套电缆;另一种是交联聚乙烯绝缘聚氯乙烯护套电缆,其电气性能更优越。

图 4.17 和图 4.18 所示分别是油浸纸绝缘电力电缆和交联聚乙烯绝缘电力电缆的结构图。

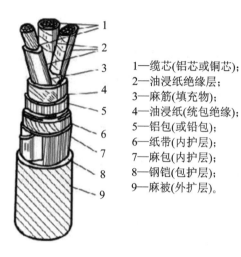

1—缆芯(铝芯或铜芯);
2—油浸纸绝缘层;
3—麻筋(填充物);
4—油浸纸(统包绝缘);
5—铝包(或铅包);
6—纸带(内护层);
7—麻包(内护层);
8—钢铠(包护层);
9—麻被(外护层)。

图 4.17 油浸纸绝缘电力电缆

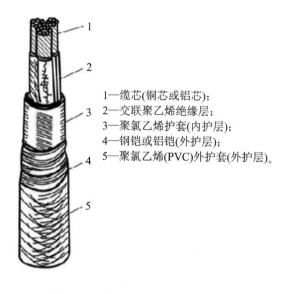

1—缆芯(铜芯或铝芯);
2—交联聚乙烯绝缘层;
3—聚氯乙烯护套(内护层);
4—钢铠或铝铠(外护层);
5—聚氯乙烯(PVC)外护套(外护层)。

图 4.18 交联聚乙烯绝缘电力电缆

图 4.19 所示是 10 kV 油浸纸绝缘电缆的热缩中间头示意图。

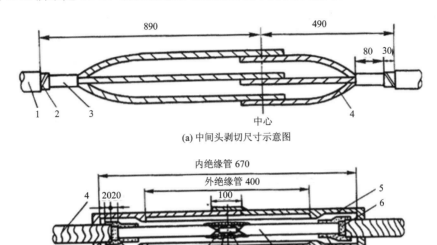

(a) 中间头剥切尺寸示意图

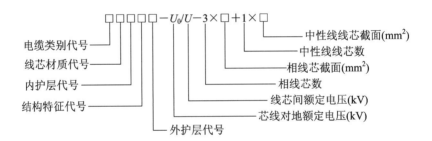

(b) 每相接头安装示意图

1—聚氯乙烯外护套；2—钢铠；3—内护套；4—铜屏蔽层(内缆芯绝缘)；5—半导管；
6—半导层；7—应力管；8—缆芯绝缘；9—压接管；10—填充胶；11—四氟带；12—应力疏散胶。

图 4.19　10 kV 油浸纸绝缘电缆的热缩中间头示意图

电力电缆全型号的表示和含义如下：

$$\square\square\square\square\square-U_0/U-3\times\square+1\times\square$$

电缆类别代号 ——
线芯材质代号 ——
内护层代号 ——
结构特征代号 ——
外护层代号 ——
芯线对地额定电压(kV) ——
线芯间额定电压(kV) ——
相线芯数 ——
相线芯截面(mm²) ——
中性线线芯数 ——
中性线线芯截面(mm²) ——

结构形式的字母含义：

电缆类别代号：Z—没浸纸绝缘电力电缆；V—聚氯乙烯绝缘电力电缆；YJ—交联聚乙烯绝缘电力电缆；X—橡皮绝缘电力电缆；JK—架空电力电缆(加在上列代号之前)；ZR 或 Z—阻燃型电力电缆(也加在上列代号之前)。

线芯材质代号：L—铝芯；LH—铝合金芯；T—铜芯(一般不标)；TR—软铜芯。

内护层代号：Q—铅包；L—铝包；V—聚氯乙烯护套。

结构特征代号：P—滴干式；D—不滴流式；F—分相铅包式。

外护层代号：02—聚氯乙烯套；03—聚乙烯套；20—裸钢带铠装；22—钢带铠装聚氯乙烯套；23—钢带铠装聚乙烯套；30—裸细钢丝铠装；32—细钢丝铠装聚氯乙烯套；33—细钢丝铠装聚乙烯套；40—裸粗钢丝铠装；41—粗钢丝铠装纤维外被；42—粗钢丝铠装聚氯乙烯套；43—粗钢丝铠装聚乙烯套；441—双粗钢丝铠装纤维外被；241—钢带—粗钢丝铠装纤维外被。

必须注意，在考虑电缆线芯材质时，一般情况下可选用较廉价的铝芯电缆。但在下列情况下应选用铜芯电缆：① 振动剧烈、有爆炸危险或对铝有腐蚀性等严酷的工作环境。② 安全性、可靠性要求高的重要回路。③ 耐火电缆及紧靠高温设备的电缆等。

　　电缆头包括电缆中间头和终端头。电缆头按使用的绝缘材料或填充材料分，有填充电缆胶的、环氧树脂浇注的、缠包式的和热缩材料的等。由于热缩材料的电缆头具有施工简便、价廉和性能良好等优点而在现代电缆工程中得到了推广应用。

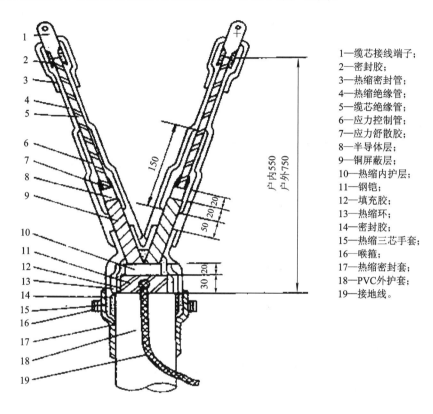

1—缆芯接线端子；
2—密封胶；
3—热缩密封管；
4—热缩绝缘管；
5—缆芯绝缘管；
6—应力控制管；
7—应力舒散胶；
8—半导体层；
9—铜屏蔽层；
10—热缩内护层；
11—钢铠；
12—填充胶；
13—热缩环；
14—密封胶；
15—热缩三芯手套；
16—喉箍；
17—热缩密封套；
18—PVC外护套；
19—接地线。

图 4.20　10 kV 交联聚乙烯绝缘电缆户内热缩电缆终端头

　　图 4.20 所示是 10 kV 交联聚乙烯绝缘电缆的户内热缩终端头结构图。在户内热缩终端头上套入三孔热缩伞裙，然后各相套入单孔热缩伞裙，并分别加热固定，即为户外热缩终端头，如图 4.21 所示。

　　运行经验说明，电缆头是电缆线路中的薄弱环节，电缆的大部分故障都发生在电缆接头处。由于电缆头本身的缺陷或安装质量上的问题，往往会造成短路故障，引起电缆头爆炸，破坏电缆的正常运行。因此电缆头的安装质量至关重要，密封要好，其绝缘耐压强度不应低于电缆本身的

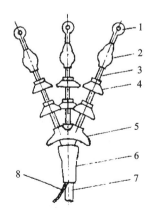

1—缆芯接线端子；
2—热缩密封管；
3—热缩绝缘管；
4—弹孔防雨伞裙；
5—三孔防雨伞裙；
6—热缩三芯手套；
7—PVC外护套；
8—接地线。

图 4.21　户外热缩电缆终端头

耐压强度，要有足够的机械强度，且体积尽可能小，结构简单，安装方便。

任务 3　电力线路的选择

任务目标

（1）熟悉导线和电缆选择的一般原则。

（2）掌握按允许载流量选择导线和电缆截面的方法。

（3）掌握按允许电压损失选择导线和电缆截面的方法。

（4）掌握按经济电流密度选择导线和电缆截面的方法。

任务提出

导线和电缆的选择是供配电设计中的重要内容之一。导线和电缆是分配电能的主要器件，选择的合理与否，直接影响到有色金属的消耗量与线路投资，以及电力网的安全经济运行。本任务旨在培养学生合理选择电力线路的能力。

相关知识

4.3.1　导线和电缆选择的一般规定

1. 架空线路导线的选择

（1）110 kV 及以上架空线路宜采用钢芯铝绞线，截面不宜小于 $150\sim185$ mm²。$35\sim66$ kV 架空线路也宜采用钢芯铝绞线，截面不宜小于 $70\sim95$ mm²。城市电网中 $3\sim10$ kV 架空线路宜采用铝绞线，主干线截面应为 $150\sim240$ mm²，分支线截面不宜小于 70 mm²；但在化工污秽及沿海地区，宜采用绝缘导线、铜绞线或钢芯铝绞线。当采用绝缘导线时，绝缘子绝缘水平应按 15 kV 考虑；当采用铜绞线或钢芯铝绞线时，绝缘子绝缘水平应按 20 kV 考虑。农村电网中 10 kV 架空线路宜选用钢芯铝绞线或铝绞线，其主干线截面应按中期规划（$5\sim10$ 年）一次选定，不宜小于 70 mm²。

（2）市区 10 kV 及以下架空线路，遇下列情况可采用绝缘铝绞线（据 GB 50061—2010 规定）：① 线路走廊狭窄，与建筑物之间的距离不能满足安全要求的地段；② 高层建筑邻近地段；③ 繁华街道或人口密集地区；④ 游览区和绿化区；⑤ 空气严重污秽地段；⑥ 建筑施工现场。

（3）城市低压架空线路宜采用铝芯绝缘线，主干线截面宜采用 150 mm²，一次建成；次干线宜采用 120 mm²，分支线宜采用 50 mm²。农村的低压架空线路可采用钢芯铝绞线或铝芯绝缘线，其主干线也宜一次建成。

（4）架空线路导线的持续允许载流量，应按周围空气温度进行校正。周围空气温度（环境温度）应采用当地 10 年或以上的最热月的每日最高温度的月平均值。

（5）从供电变电所二次侧出口到线路末端变压器一次侧入口的 $6\sim10$ kV 架空线路的电压损耗，不宜超过供电变电所二次侧额定电压的 5%。

（6）架空线路导线的截面不应小于机械强度所要求的最小截面。

2．电缆的选择

（1）电缆型号应根据线路的额定电压、环境条件、敷设方式和用电设备的特殊要求等进行选择。

（2）电缆的持续允许载流量应按敷设处的周围介质温度进行校正：① 当周围介质为空气时，空气温度应取敷设处 10 年或以上的最热月的每日最高温度的月平均值。② 在生产厂房、电缆隧道及电缆沟内，周围空气温度还应计入电缆发热、散热和通风等因素的影响。当缺乏计算资料时，可按上述空气温度加 5℃。③ 当周围介质为土壤时，土壤温度应取敷设处历年最热月的平均温度。电缆的持续允许载流量，还应按敷设方式和土壤热阻系数等因素进行校正。

（3）沿不同冷却条件的路径敷设电缆时，若冷却条件最差段的长度超过 10 m，则应按该段冷却条件来选择电缆截面。

（4）电缆应按短路条件验算其热稳定度。电缆在短路时的最高允许温度应符合表 5-3 的规定。

（5）农村电网中各级配电线路不宜采用电缆线路。

3．住宅供电系统导线的选择

GB 50096—2012《住宅设计规范》规定：住宅供电系统（220/380 V）的电气线路应采用符合安全和防火要求的敷设方式配线，导线应采用铜线，每套住宅的进户线截面不应小于 10 mm²，分支回路导线截面不应小于 2.5 mm²。

4.3.2　导线和电缆截面选择计算的条件

为了保证供电系统安全、可靠、优质、经济地运行，导线和电缆截面的选择必须满足下列条件：

（1）发热条件：导线和电缆在通过正常最大负荷电流即计算电流时产生的发热温度，不应超过其正常运行时的最高允许温度。

（2）电压损耗条件：导线和电缆在通过正常最大负荷电流即计算电流时产生的电压损耗，不应超过其正常运行时允许的电压损耗。对于企业内较短的高压线路，可不进行电压损耗校验。

根据设计经验，一般 10 kV 及以下高压线路和 1 kV 以下低压动力线路，通常是先按发热条件来选择导线或电缆截面，再校验电压损耗和机械强度。因低压照明线路对电压水平要求较高，故通常是先按允许电压损耗进行选择，再校验发热条件和机械强度。对长距离大电流线路和 35 kV 及以上高压线路，可先按经济电流密度确定一个截面，再校验其他条件。按上述经验选择计算，比较容易满足要求，较少返工。

下面分别介绍按发热条件、经济电流密度和电压损耗选择导线和电缆截面的问题。关于机械强度，对于企业的电力线路，只需按其最小允许截面校验就行了，因此后面不再赘述。

4.3.3　按发热条件选择导线和电缆截面

1．三相系统相线截面的选择

电流通过导线（包括电缆、母线等，下同）时，要产生电能损耗，使导线发热。导线温度过高时，会使导线接头处的氧化加剧，增大接触电阻，使之进一步氧化，最后可能发展到断线。当绝缘导线和电缆的温度过高时，绝缘会加速老化甚至烧毁，或引起火灾。因此，导线的正常发热温度不得超过表 5-3 所列的正常额定负荷时的最高允许温度。

按发热条件选择三相系统中的相线截面时，应使其允许载流量 I_{al} 不小于通过相线的计算电流 I_C，即

$$I_{al} \geqslant I_C \qquad (4-1)$$

所谓导线的允许载流量，就是在规定的环境温度条件下，导线能够持续承受而不致使其稳定温度超过允许值的最大电流。如果导线敷设地点的环境温度与导线允许载流量所采用的环境温度不同，则导线的允许载流量应乘以温度校正系数：

$$K_\theta = \sqrt{\frac{\theta_{al} - \theta'_0}{\theta_{al} - \theta_0}} \qquad (4-2)$$

式中：θ_{al} 为导线额定负荷时的最高允许温度；θ_0 为导线的允许载流量所采用的环境温度；θ'_0 为导线敷设地点的实际环境温度。

这里所说的"环境温度"，是按发热条件选择导线所采用的特定温度。如前所述，在室外，环境温度一般取当地最热月的每日最高温度的月平均值（即最热月平均最高气温）。在室内（包括电缆沟内和隧道内），则可取当地最热月平均最高气温加 5℃。对土中直埋的电缆，则取当地最热月地下 0.8～1 m 的土壤平均温度，或近似地取当地最热月平均气温。

必须注意：按发热条件选择的绝缘导线和电缆截面，必须与其相应的过电流保护装置（如熔断器或低压断路器的过电流脱扣器）的动作电流相配合。不允许发生绝缘导线和电缆因过电流作用引起过热甚至起燃而保护装置不动作的情况，因此绝缘导线和电缆的允许载流量还要满足下列条件：

$$I_{al} \geqslant \frac{I_{op}}{K_{OL}} \qquad (4-3)$$

式中：I_{op} 为过电流保护装置的动作电流，对于熔断器为熔体额定电流；K_{OL} 为绝缘导线和电缆允许的短时过负荷倍数。

2. 中性线、保护线和保护中性线截面的选择

(1) 中性线（N 线）截面的选择。三相四线制系统中的中性线，要通过系统中的不平衡电流即零序电流，因此中性线的允许载流量不应小于三相系统的最大不平衡电流，同时应考虑系统中谐波电流的影响。

一般三相四线制线路的中性线截面 A_0 不应小于相线截面 A_φ 的 50%，即

$$A_0 \geqslant 0.5 A_\varphi \qquad (4-4)$$

由三相四线制线路中引出的两相三线线路和单相线路，由于其中性线电流与相线电流相等，因此其中性线截面 A_0 应与相线截面 A_φ 相等，即

$$A_0 = A_\varphi \qquad (4-5)$$

对于三次谐波电流突出的三相四线制线路，由于各相的三次谐波电流都要通过中性线，使得中性线电流可能接近甚至超过相线电流，因此其中性线截面 A_0 宜等于或大于相线截面 A_φ，即

$$A_0 \geqslant A_\varphi \qquad (4-6)$$

(2) 保护线（PE 线）截面的选择。保护线要考虑三相系统发生单相短路故障时单相短

电流通过的短路热稳定度。① 当 $A_\varphi \geqslant 16 \text{ mm}^2$ 时，$A_{PE} \geqslant A_\varphi$；② 当 $16 \text{ mm}^2 < A_\varphi \leqslant 35 \text{ mm}^2$ 时，$A_{PE} \geqslant 16 \text{ mm}^2$；③ 当 $A_\varphi \geqslant 35 \text{ mm}^2$ 时，$A_{PE} \geqslant 0.5 A_\varphi$。

（3）保护中性线（PEN 线）截面的选择。保护中性线兼有保护线和中性线的双重功能，因此其截面选择应同时满足上述保护线和中性线的要求，取其中最大值。

4.3.4　按经济电流密度选择导线和电缆截面

导线（或电缆，下同）的截面越大，电能损耗越小，但是线路投资、维修管理费用和有色金属消耗量都要增加。因此从经济方面考虑，导线应选择一个比较合理的截面，既要使电能损耗小，又不要过分增加线路投资、维修管理费用和有色金属消耗量。

线路的年运行费用接近于最小，又适当考虑有色金属节约的导线截面，称为经济截面，用符号 S_{ec} 表示。

图 4.22 所示是线路年运行费用 C 与导线截面 A 的关系曲线。

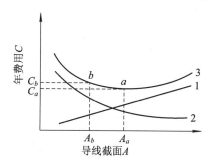

1—线路的年折旧费（即线路投资除以折旧年限之值）和线路的年维修管理费之和与导线截面的关系曲线；
2—线路的年电能损耗费与导线截面的关系曲线；
3—线路的年运行费用（包括线路的年折旧费、维修管理费和电能损耗费）与导线截面的关系曲线。

图 4.22　线路的年运行费用与导线截面的关系曲线

与经济截面对应的导线电流密度，称为经济电流密度。我国现行的经济电流密度值如表 4-1 所列。

表 4-1　导线和电缆的经济电流密度　　　　　　　　A/mm^2

线路类别	导线材质	年最大负荷利用小时		
		3000 h 以下	3000～5000 h	5000 h 以上
架空线路	铜	3.00	2.25	1.75
	铝	1.65	1.15	0.90
电缆线路	铜	2.50	2.25	2.00
	铝	1.92	1.73	1.54

按经济电流密度 J_{ec} 计算导线经济截面 S_{ec} 的公式为

$$S_{ec} = \frac{I_C}{J_{ec}} \tag{4-7}$$

式中，I_C 为线路的计算电流。

按上式计算出 S_{ec} 后，应选最接近的标准截面（可取较小的标准截面），然后校验其他条件。

4.3.5　线路电压损耗的计算

由于线路存在着阻抗，所以在负荷电流通过线路时要产生电压损耗。按一般规定：高压配电线路的电压损耗，一般不得超过线路额定电压的 5％；从变压器低压侧母线到用电设备受电端的低压配电线路的电压损耗，一般不得超过用电设备额定电压的 5％；对视觉要求较高的照明线路，则为 2％～3％。如果线路的电压损耗值超过了允许值，则应适当增大导线的截面，使之满足允许电压损耗的要求。

1. 集中负荷的三相线路电压损耗的计算

以图 4.23 所示的带两个集中负荷的三相线路为例。线路图中的负荷电流都用小写 i 表示，各线段电流都用大写 I 表示，各线段的长度、每相电阻和电抗分别用小写 l、r 和 x 表示，而线路首端至各负荷点的线段长度、每相电阻和电抗则分别用大写 L、R 和 X 表示。

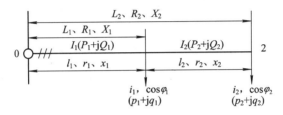

图 4.23　带两个集中负荷的三相线路的单相电路图

以线路末端的相电压 $U_{\varphi 2}$ 作为参考轴，绘制成如图 4.24 所示的线路电压电流相量图。由于线路上的电压降相对于线路电压来说很小（相量图上为了说明电压降的组成而将它大大地放大了），$U_{\varphi 1}$ 与 $U_{\varphi 2}$ 间的相位差 θ 实际上也很小，因此负荷电流 i_1 与电压 $U_{\varphi 1}$ 间的相位差 φ_1 在这里绘成 i_1 与 $U_{\varphi 2}$ 间的相位差。

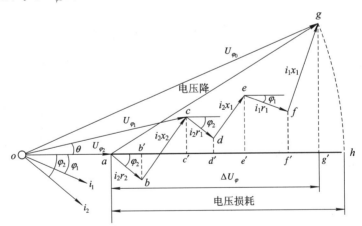

图 4.24　带两个集中负荷的三相线路的电压电流相量图

作上述相量图的步骤如下：

（1）在水平方向作矢量 $oa = U_{\varphi 2}$。

（2）由 o 点绘负荷电流 i_1 和 i_2，分别滞后于 $U_{\varphi 2}$ 相位角 φ_1 和 φ_2。

（3）由 a 点作矢量 $ab = i_2 r_2$，平行于 i_2。

（4）由 b 点作矢量 $bc = i_2 x_2$，超前于 i_2 90°。

（5）连接 oc，即得 $U_{\varphi1}$。

（6）由 c 点作矢量 $\boldsymbol{cd}=i_2r_1$，平行于 i_2。

（7）由 d 点作矢量 $\boldsymbol{de}=i_2x_1$，超前于 i_2 90°。

（8）由 e 点作矢量 $\boldsymbol{ef}=i_1r_1$，平行于 i_1，超前 $i_2$90°。

（9）由 f 点作矢量 $\boldsymbol{fg}=i_1x_1$，超前于 i_1 90°。

（10）连接 og，即得 $U_{\varphi0}$。

（11）以 o 点为圆心、og 为半径作圆弧，交参考轴（oa 的延长线）于 h。

（12）连接 a、g 得 ag，此即全线路的电压降，而 ah 则为全线路的电压损耗。

下面介绍几个相关概念：

（1）线路的电压降：指线路首端电压与末端电压的相量差。

（2）线路的电压损耗：指线路首端电压与末端电压的代数差。

（3）电压降在参考轴（纵轴）上的投影 $\overline{ag'}$，称为电压降的纵分量，用 ΔU_{φ} 表示。

（4）电压降在参考轴垂直方向（横轴）上的投影 $\overline{gg'}$，称为电压降的横分量，用 δU_{φ} 表示。

在地方电网和工厂供电系统中，由于线路的电压降相对于线路电压来说很小，因此可近似地认为电压降纵分量 ΔU_{φ} 就是电压损耗。

由图 4.24 所示相量图可知，图 4.23 所示线路的相电压损耗可按下式近似地计算：

$$\Delta U_{\varphi} = \overline{ab'}+\overline{b'c'}+\overline{c'b'}+\overline{d'e'}+\overline{e'f'}+\overline{f'g'}$$
$$= i_2r_2\cos\varphi_2 + i_2x_2\sin\varphi_2 + i_2r_1\cos\varphi_2 + i_2x_1\sin\varphi_2 + i_1r_1\cos\varphi_1 + i_1x_1\sin\varphi_1$$
$$= i_2(r_1+r_2)\cos\varphi_2 + i_2(x_1+x_2)\sin\varphi_2 + i_1r_1\cos\varphi_1 + i_1x_1\sin\varphi_1$$
$$= i_2R_2\cos\varphi_2 + i_2X_2\sin\varphi_2 + i_1R_1\cos\varphi_1 + i_1X_1\sin\varphi_1$$

将上式中的 ΔU_{φ} 换算为 ΔU，并以带任意个集中负荷的一般公式来表示，即得电压损耗的一般计算公式为

$$\Delta U = \sqrt{3}\sum(I_r\cos\varphi + I_x\sin\varphi) = \sqrt{3}\sum(I_a r + I_r x) \tag{4-8}$$

式中：$I_a=I\cos\varphi$，为线段电流有功分量；$I_r=I\sin\varphi$，为线段电流无功分量。

如果用各线段中的复合电流 I 来计算，则电压损耗的一般计算公式为

$$\Delta U = \sqrt{3}\sum(I_r\cos\varphi + I_x\sin\varphi) = \sqrt{3}\sum(I\cos\varphi r + I\sin\varphi x) \tag{4-9}$$

如果用负荷功率 p、q 来计算（感性负荷表示为 $p+jq$），则利用 $i=\dfrac{p}{\sqrt{3}U_N\cos\varphi}=\dfrac{q}{\sqrt{3}U_N\sin\varphi}$ 代入式（4-8），即可得电压损耗的一般公式：

$$\Delta U = \frac{\sum(pR+qX)}{U_N} \tag{4-10}$$

式中，U_N 为线路额定电压（线电压）。

如果用线段功率 P、Q 来计算，则利用 $I=\dfrac{P}{\sqrt{3}U_N\cos\varphi}=\dfrac{Q}{\sqrt{3}U_N\sin\varphi}$ 代入式（4-10），即可得电压损耗的一般计算公式：

$$\Delta U = \frac{\sum (Pr + Qx)}{U_N} \tag{4-11}$$

对于"无感"线路，即线路感抗可略去不计或负荷的 $\cos\varphi \approx 1$ 的线路，其电压损耗为

$$\Delta U = \sqrt{3}\sum(iR) = \sqrt{3}\sum(Ir) = \frac{\sum(p \cdot R)}{U_N} = \frac{\sum(P \cdot r)}{U_N} \tag{4-12}$$

对于"均一无感"线路，即全线路的导线型号规格一致且可不计感抗或负荷 $\cos\varphi \approx 1$ 的线路，则电压损耗为

$$\Delta U = \frac{\sum(pL)}{\gamma A U_N} = \frac{\sum(Pl)}{\gamma A U_N} = \frac{\sum M}{\gamma A U_N} \tag{4-13}$$

式中：γ 为导线的电导率；A 为导线截面；$\sum M$ 为线路的所有有功功率矩之和。

线路电压损耗的百分值为

$$\Delta U\% = \frac{\Delta U}{U_N} \times 100\% \tag{4-14}$$

"均一无感"线路的三相线路电压损耗百分值为

$$\Delta U\% = \frac{100\sum M}{\gamma A U_N^2} = \frac{\sum M}{CA} \tag{4-15}$$

式中，C 为计算系数，如表 4-2 所示。

表 4-2　式 (4-15) 中的计算系数 C 值

线路电压/V	线路类别	C 的计算式	计算系数 C/kW·m·mm²	
			铜　线	铝　线
220/380	三相四线	$rU_N^2/100$	76.5	46.2
	两相三线	$rU_N^2/225$	34.0	20.5
220	单相及直流	$rU_N^2/200$	12.8	7.74
110			3.21	1.94

注：表中 C 值是导线工作温度为 50℃、功率矩 M 的单位为 kW·m、导线截面的单位为 mm² 时的数值。

对于均一无感的单相交流线路和直流线路，由于其负荷电流（或功率）要通过来回两根导线，所以总的电压损耗应为一根导线电压损耗的两倍，而三相线路的电压损耗实际上是一根相线上的电压损耗，所以单相和直流线路的电压损耗百分值为

$$\Delta U\% = \frac{200\sum M}{\gamma A U_N^2} = \frac{2\sum M}{CA} \tag{4-16}$$

式中，计算系数 C 可查表 4-2。

对于均一无感的两相三线线路（见图 4.25），由其相量图（见图 4.26）可知 $I_A = I_B = I_0 = 0.5P/U_\varphi$，式中 P 为线路负荷，假设它平均分配于 A—N 和 B—N 之间。该线路的电压降应为相线与 N 线电压降的相量和，而该线路总的电压损耗则可认为是此电压降在以相线电压为参考轴上的投影。

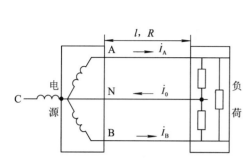

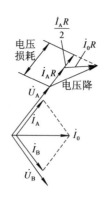

图 4.25 两相三线线路的电路图 图 4.26 两相三线线路的相量图

由图 4.26 所示的相量图可知

$$\Delta U = I_A R + 0.5 I_A R = 1.5 IR$$

$$= 1.5 \times \frac{0.5P}{U_\varphi} \times \frac{l}{\gamma A} = \frac{0.75Pl}{U_\varphi \gamma A} \qquad (4-17)$$

式中，R、l 分别为一根导线的电阻和长度。

因此，两相三线线路的电压损耗百分值为

$$\Delta U\% = \frac{75Pl}{\gamma A U_\varphi^2} = \frac{75Pl}{\gamma A \left(\dfrac{U_N}{\sqrt{3}}\right)^2} = \frac{225M}{\gamma A U_N^2}$$

将上式改写为一般式即为

$$\Delta U\% = \frac{225 \sum M}{r A U_N^2} = \frac{\sum M}{CA} \qquad (4-18)$$

式中，计算系数 C 亦可查表 4-2。

根据式(4-15)、式(4-16)和式(4-18)可得均一无感线路按允许电压损耗 $\Delta U\%$（即 $\Delta U_{al}\%$）选择导线截面的公式为

$$A = \frac{\sum M}{C \Delta U_{al}\%} \qquad (4-19)$$

上式常用于照明线路导线截面的选择。

2. 均匀分布负荷的三相线路电压损耗的计算

某线路带有一段均匀分布负荷，如图 4.27 所示。设单位长度的负荷电流为 i_0，均匀分布负荷产生的电压损耗相当于全部负荷集中在中点时的电压损耗，因此可用下式计算电压损耗：

$$\Delta U = \sqrt{3} i_0 L_2 R_0 \left(L_1 + \frac{L_2}{2}\right) = \sqrt{3} I R_0 \left(L_1 + \frac{L_2}{2}\right) \qquad (4-20)$$

式中：$I = i_0 L_2$，为与均匀分布负荷等效的集中负荷；R_0 为导线单位长度的电阻值，单位为 Ω/km；L_2 为均匀分布负荷线路的长度，单位为 km。

式(4-20)说明，带有均匀分布负荷的线路，在计算其电压损耗时，可将其分布负荷集中于负荷分布线段的中点，按集中负荷来计算。

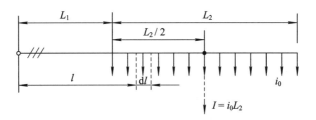

图 4.27 均匀分布负荷线路的电压损耗计算

探索与实践

1. 有一条采用 BV－500 型铜芯塑料线明敷的 220/380 V 的 TN－S 线路，计算电流为 140 A，当地最热月平均最高气温为＋30℃。试按发热条件选择此线路的导线截面。

解：TN－S 线路为含有 N 线和 PE 线的三相四线制线路，因此除选择相线外，还要选择 N 线和 PE 线。

(1) 相线截面的选择。查附表 10 得环境温度为 30℃时明敷的 BLV－500 型铜芯塑料线为 35 mm² 的 I_{al}＝121 A，所以 BV－500 型铜芯塑料线 35 mm² 时的 I_{al}＝1.3×121＝157.3 A＞I_{30}＝140 A，满足发热条件，因此相线截面选 A_φ＝35 mm²。

(2) N 线截面的选择。按 $A_0 \geqslant 0.5 A_\varphi$，选 A_0＝25 mm²。

(3) PE 线截面的选择。由于 A_φ＝35 mm² 时按规定 $A_{PE} \geqslant 16$ mm²，而 A_φ＞35 mm² 时 $A_{PE} \geqslant 0.5 A_\varphi$。综合考虑，我们选 A_{PE}＝25 mm²。

所选导线型号规格可表示为：BV－500－(3×35＋1×25＋PE25)。

2. 上例所示 TN－S 线路，如果采用 BV－500 型铜芯塑料线穿硬塑料管埋地敷设，当地最热月平均气温为＋25℃。试按发热条件选择此线路的导线截面和穿线管内径。

解：查附表 9 得 25℃时 5 根单芯线穿硬塑料管的 BV－500 型铜芯塑料线截面为 70 mm² 的 I_{al}＝115×1.3＝149.4 A＞I_{30}＝140 A。因此按发热条件，相线截面可选 70 mm²。

N 线截面按 $A_0 \geqslant 0.5 A_\varphi$，选 A_0＝35 mm²。

PE 线截面选为 35 mm²。硬塑料管内径选 75 mm。

所选结果可表示为：BV－500－(3×70＋1×35＋PE35)－PC75。此处 PC 为硬塑料管代号。

3. 有一条用 LJ 型铝绞线架设的长 5 km 的 35 kV 架空线路，计算负荷为 4830 kW，$\cos\varphi$＝0.7，T_{max}＝4800 h。试选择其经济界面，并校验其发热条件和机械强度。

解：(1) 选择经济截面。

$$I_{30} = \frac{P_{30}}{\sqrt{3} U_N \cos\varphi} = \frac{4830 \text{ kW}}{\sqrt{3} \times 35 \text{ kV} \times 0.7} = 114 \text{ A}$$

由表 4－1 查得 J_{ec}＝1.15 A/mm²，因此

$$S_{ec} = \frac{114 \text{ A}}{1.15 \text{ A/mm}^2} = 99 \text{ mm}^2$$

选最接近的标准截面 95 mm²，即选 LJ－95 型铝绞线。

(2) 校验发热条件。查附表 7 得 LJ－95 允许载流量(室外温度 25℃)I_{al}＝325 A＞I_{30}＝114 A，因此满足发热条件。

（3）校验机械强度。查附表 16 得 35 kV 架空线路铝绞线的最小允许截面 $A_{\min}=35\ \mathrm{mm}^2 < A = 95\ \mathrm{mm}^2$。因此所选 LJ-95 也能够满足机械强度要求。

任务 4   电力线路的敷设

 **任务目标**

（1）掌握架空线路的敷设。
（2）掌握电缆线路的敷设。

任务提出

架空线路和电缆线路以及电力用户用电线路的敷设及基本参数的选择是供配电设计的主要内容。本任务旨在培养学生严格遵守规范、重视安全措施、以人为本的职业素养。

相关知识

4.4.1   架空线路的敷设

1. 架空线路敷设的要求及其路径的选择

敷设架空线路要严格遵守有关规程的规定。整个施工过程中，要重视安全教育，采取有效的安全措施，特别是在立杆、组装和架线时，更要注意人身安全，防止发生事故。竣工以后，要按照规定的程序和要求进行检查和验收，确保工程质量。

架空线路路径的选择，应认真进行调查研究，综合考虑运行、施工、交通条件和路径长度等因素，统筹兼顾，全面安排，进行多方案的比较，做到经济合理、安全适用。市区和架空线路的选择，应符合下列要求：

（1）路径要短，转角要少，尽量减少与其他设施的交叉；当与其他架空电力线路或弱电线路交叉时，其间的间距及交叉点或交叉角的要求应符合 GB 50061-2010《66 kV 及以下架空电力线路设计规范》的有关规定。

（2）尽量避开河洼和雨水冲刷地带、不良地质地区及易燃、易爆等危险场所。

（3）不应引起机耕、交通和人行困难。

（4）不宜跨越房屋，应与建筑物保持一定的安全距离。

（5）应与工厂和城镇的总体规划协调配合，并适当考虑今后的发展。

2. 导线在电杆上的排列方式

三相四线制低压架空线路的导线，一般都采用水平排列，如图 4.28(a)所示。由于中性线（N 线或 PEN 线）电位在三相对称时为零，而且其截面也较小，机械强度较差，所以中性线一般架设在靠近电杆的位置。

三相三线制架空线路的导线可三角形排列，如图 4.28(b)、(c)所示；也可水平排列，如图 4.28(f)所示。多回路导线同杆架设时，可三角形和水平混合排列，如图 4.28(d)所示；也可全部垂直排列，如图 4.28(e)所示。电压不同的线路同杆架设时，电压较高的线路应架设在上面,电压较低的线路则架设在下面。

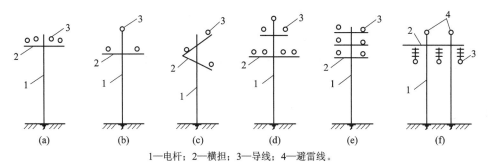

1—电杆;2—横担;3—导线;4—避雷线。

图 4.28　导线在电杆上的排列方式

3. 架空线路的档距、线距、弧垂及其他距离

架空线路的档距又称跨距,是指同一线路上相邻两根电杆之间的水平距离,如图4.29所示。

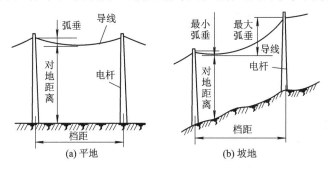

图 4.29　架空线路的档距和弧垂

10 kV 及以下架空线路的档距按 GB 50061—2010 规定,如表4-3所示。

表 4-3　10 kV 及以下架空线路的档距(据 GB 50061—2010)

区域	线路电压 3~10 kV	线路电压 3 kV 以下
市区	档距 40~50 m	档距 40~50 m
郊区	档距 50~100 m	档距 40~60 m

10 kV 及以下架空线路采用裸导线时的最小线间距离按档距 GB 50061—2010 规定,如表4-4所示。如果采用绝缘导线,则线距可结合当地运行经验确定。

表 4-4　10 kV 及以下架空线路采用裸导线时的最小线距(据 GB 50061—2010)

线路电压	档距/m						
	40 及以下	50	60	70	80	90	100
	最小线间距离/m						
6~10 kV	0.6	0.65	0.7	0.75	0.85	0.9	1.0
3 kV 以下	0.3	0.4	0.45	—	—	—	—

注:3 kV 以下架空线路靠近电杆的两导线间的水平距离不应小于 0.5 m。

同杆架设的多回路线路,不同回路的导线间最小距离按 GB 50061—2010 规定,应符合表 4 - 5 的规定。

表 4 - 5　不同回路导线间的最小距离(据 GB 50061－2010)

线路电压	3～10 kV	35 kV	66 kV
线间距离	1.0 m	3.0 m	3.5 m

架空线路导线的弧垂又称弛垂,是指其一个档距内导线的最低点与两端电杆上导线悬挂点间的垂直距离,如图 4.29 所示。导线的弧垂是由于导线存在荷重所形成的。弧垂不宜过大,也不宜过小:过大则在导线摆动时容易引起相间短路,而且可造成导线对地或对其他物体的安全距离不够;过小则使导线的内应力增大,天冷时可能使导线收缩而绷断。

架空线路的导线与建筑物之间的垂直距离,按 GB 50061－2010 规定,在最大计算弧垂的情况下,应符合表 4 - 6 的要求。

表 4 - 6　架空线路导线与建筑物间的最小垂直距离(据 GB 50061－2010)

线路电压/kV	3 kV 以下	3～10 kV	35 kV	66 kV
垂直距离/m	2.5	3.0	4.0	5.0

4.4.2　电缆的敷设

1. 电缆的敷设方式

企业中常见的电缆敷设方式有直接埋地敷设(见图 4.30)、沿墙敷设(见图 4.31)、利用电缆沟敷设(见图 4.32)和电缆桥架(见图 4.33)等;此外,还有电缆排管(见图 4.34)和电缆隧道(见图 4.35),这两种电缆敷设方式多见于发电厂和大型变电站,一般企业中很少采用。

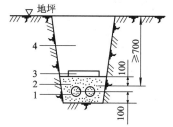

1—电力电缆;2—砂;3—保护盖板;4—填土。

图 4.30　直接埋地敷设

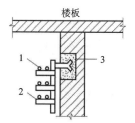

1—电力电缆;2—电缆支架;3—预埋铁件。

图 4.31　沿墙敷设

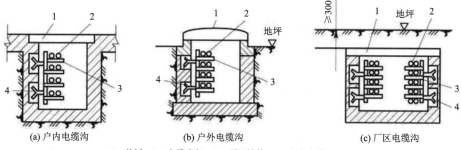

(a) 户内电缆沟　　　(b) 户外电缆沟　　　(c) 厂区电缆沟

1—盖板;2—电缆支架;3—预埋铁件;4—电力电缆。

图 4.32　电缆在电缆沟内敷设

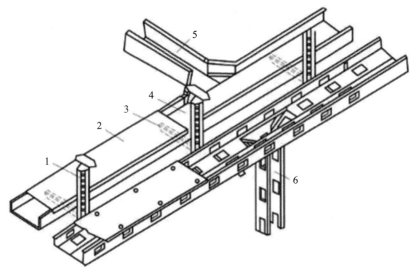

1—支架；2—盖板；3—支臂；4—线槽；5—水平分支线槽；6—垂直分支线槽。

图 4.33 电缆桥架

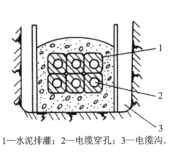

1—水泥排灌；2—电缆穿孔；3—电缆沟。

图 4.34 电缆排管

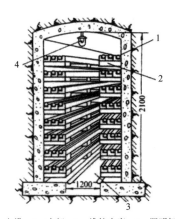

1—电缆；2—支架；3—维护走廊；4—照明灯具。

图 4.35 电缆隧道

2. 电缆敷设路径的选择及一般要求

电缆敷设路径选择应符合下列条件：

（1）避免电缆遭受机械性外力、过热及腐蚀等危害。

（2）在满足安全要求条件下电缆线路较短。

（3）便于运行维护。

（4）应避开将要挖掘施工的地段。

敷设电缆一定要严格遵守有关技术规范的规定和设计的要求，竣工以后，要按规定程序和要求进行检查和验收，确保线路质量。部分重要的技术要求如下：

（1）电缆长度宜按实际线路长度考虑 5%～10% 的裕量，以作为安装、检修时的备用；直埋电缆应作波浪形埋设。

（2）下列场合的非铠装电缆应采取穿管敷设：

① 电缆进出建（构）筑物。

② 电缆穿过楼板及墙壁处。

③ 从电缆沟引出至电杆，或沿墙敷设的电缆距地面 2 m 高度及埋入地下小于 0.3 m 深度的一段。

④ 电缆与道路、铁路交叉的一段。电缆保护管的内径不得小于电缆外径或多根电缆包络外径的 1.5 倍。

（3）多根电缆敷设在同一通道位于同侧的多层支架上时，应按下列要求进行配置：

① 电力电缆应按电压等级由高至低的顺序排列，控制、信号电缆和通信电缆应按由强电至弱电的顺序排列。

② 支架层数受通道空间限制时，35 kV 及以下的相邻电压级的电力电缆可排列在同一层支架上，1 kV 及以下的电力电缆也可与强电控制、信号电缆配置在同一层支架上。

③ 同一重要回路的工作电缆与备用电缆实行耐火分隔时，宜适当配置在不同层次的支架上。

（4）明敷的电缆不宜平行敷设于热力管道上边。电缆与管道之间无隔板保护时，按 GB 50217—2007《电力工程电缆设计规范》规定，其相互间距应符合表 4－7 的要求。

表 4－7　电缆与管道相互间的允许距离（据 GB 50217—2007）　单位：mm

电缆与管道之间走向		电力电缆	控制盒信号电缆
热力管道	平行	1000	500
	交叉	500	250
其他管道	平行	150	100

（5）电缆应远离爆炸性气体释放源。敷设在爆炸性危险较小的场所时，应符合下列要求：

① 易爆气体比空气重时，电缆应在较高处架空敷设，且对非铠装电缆采取穿管保护或置于托盘、槽盒内。

② 易爆气体比空气轻时，电缆敷设在较低处的管、沟内，沟内非铠装电缆应埋沙。

（6）电缆沿输送易燃气体的管道敷设时，应配置在危险程度较低的管道一侧，且应符合下列规定：

① 易燃气体比空气重时，电缆宜在管道上方。

② 易燃气体比空气轻时，电缆宜在管道下方。

（7）电缆沟的结构应考虑到防火和防水。电缆沟从建筑外进入建筑内处应设置防火隔板。为了排水顺畅，电缆沟的纵向排水坡度不得小于 0.5%，而且不得排向厂房内侧。

（8）直埋于非冻土地区的电缆，其外皮至地下构筑物基础的距离不得小于 0.3 m，至对面的距离不得小于 0.7 m。当位于车行道或耕地的下方时，应适当加深，且不得小于 1 m。电缆直埋于冻土地区时，宜埋入冻土层以下。直埋敷设的电缆，严禁位于地下管道的正上方或正下方。有化学腐蚀的土壤中，电缆不宜直埋敷设。

（9）电缆的金属外皮、金属电缆头及保护钢管和金属支架等，均应可靠接地。

4.4.3　用户变电所线路的结构和敷设

用户变电所线路包括室内配电线路和室外配电线路。室内配电线路大多采用绝缘导线，但配电干线多采用裸导线（母线），少数采用电缆。室外配电线路指沿电力用户外墙或屋檐敷设的低压配电线路，也包括用户之间的短距离的低压架空线路，一般都采用绝缘导线。

1. 绝缘导线的结构和敷设

绝缘导线按芯线材质分，有铜芯和铝芯两种。重要的、安全可靠性要求较高的线路，如办公楼、实验楼、图书馆、住宅等线路和高温、振动场所及对铝有腐蚀的场所，均应采用铜芯绝缘导线，而其他场合一般可采用铝芯绝缘导线。

绝缘导线按绝缘材料分，有橡皮绝缘的和塑料绝缘的两种。橡皮绝缘导线的绝缘性能和耐热性能均较好，但耐油和抗酸碱腐蚀的能力较差，且价格较贵。而塑料绝缘导线的绝缘性能好，且耐油和抗酸碱腐蚀，价格较低，并可节约大量橡胶和棉纱，因此在室内明敷和穿管敷设中应优先选用塑料绝缘导线。但是塑料绝缘导线的塑料绝缘材料在高温时易软化和老化，低温时又要变硬变脆。因此室外敷设及靠近热源的场合，宜优先选用耐热性较好的橡皮绝缘导线。

绝缘导线全型号的表示和含义如下：

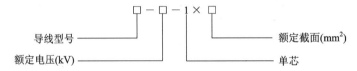

（1）聚氯乙烯绝缘导线型号：BV（BLV）—铜（铝）芯聚氯乙烯绝缘导线；BVV（BLVV）—铜（铝）芯聚乙烯绝缘聚氯乙烯护套圆型导线；BVVB（BLVVB）—铜（铝）芯聚氯乙烯绝缘聚氯乙烯护套平型导线；BVR—铜芯聚氯乙烯绝缘软导线。

（2）橡皮绝缘导线型号：BX（BLX）—铜（铝）芯橡皮绝缘棉纱或其他纤维编织导线；BXR—铜芯橡皮绝缘棉纱或其他纤维编织软导线；BXS—铜芯橡皮绝缘双股软导线。

绝缘导线的敷设方式分明敷和暗敷两种。明敷是导线直接或穿管子、线槽等敷设于墙壁、顶棚的表面及桁架、支架等处。暗敷是导线穿管子、线槽等敷设于墙壁、顶棚、地坪及楼板等的内部，或者在混凝土板孔内敷设。

绝缘导线的敷设要求，应符合有关规程的规定。其中有几点要特别提出：

（1）线槽布线和穿管布线的导线，在中间不许接头，接头必须经专门的接线盒。

（2）穿金属管和穿金属线槽的交流线路，应将同一回路的所有相线和中性线（如有中性线时）穿于同一管、槽内；如果只穿部分导线，则由于线路电流不平衡而产生交变磁场作用于金属管、槽，在金属管、槽内产生涡流损耗，对钢管还要产生磁滞损耗，使管、槽发热导致其中绝缘导线过热甚至烧毁。

（3）穿导线的管、槽与热水管、蒸汽管同侧敷设时，应敷设在水、汽管的下方；有困难时，可敷设在其上方，但相互间距应适当增大，或采取隔热措施。

2. 裸导线的结构和敷设

车间内的配电裸导线大多采用硬母线的结构，其截面形状有圆形、管形和矩形等，其材质有铜、铝和钢。车间中以采用 LMY 型硬铝母线较为普遍；也有少数采用 TMY 型硬铜母线的，但投资大。现代化的生产车间，大多采用封闭式母线(通称"母线槽")布线，如图4.36所示。封闭式母线安全、灵活、美观，但耗费的钢材较多，投资也较大。

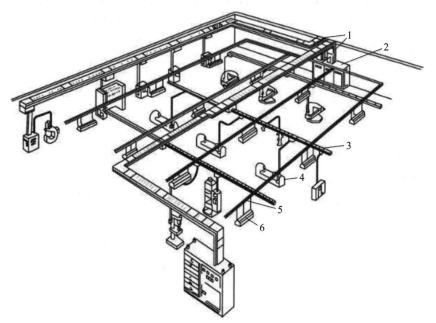

1—配电母线槽；2—配电装置；3—插接式母线；4—机床；5—照明母线槽；6—灯具。

图 4.36　封闭式母线在车间内的布置

封闭式母线水平敷设时，至地面的距离不应小于 2.2 m。垂直敷设时，其距地面 1.8 m以下部分应采取防止机械损伤的措施，但敷设在电气专用房间如配电室、电机室内的除外。

封闭式母线水平敷设的支持点间距不宜大于 2 m。垂直敷设时，应在通过楼板处采用专用附件支撑。垂直敷设的封闭式母线，当进线盒及末端悬空时，应采用支架固定。

封闭式母线终端无引出或引入线时，端头应封闭。

封闭式母线的插接分支点，应设在安全及便于安装和维修的地方。

为了识别导线相序，以利于运行维修，GB 2681《电工成套装置中的颜色》规定，交流三相系统中的裸导线应按表 4-8 所示涂色。裸导线涂色主要是为了辨别相序及其用途，同时也有利于防腐和改善散热条件。

表 4-8　交流三相系统中裸导线的涂色(据 GB 2681)

裸导线类别	A 相	B 相	C 相	N、PEN 线	PE 线
涂漆颜色	黄	绿	红	淡蓝	黄绿双色

项 目 小 结

高、低压电力线路的基本接线方式有放射式、树干式及环式三种类型。户外的电力线路多采用架空线路。一般在建筑或人口稠密的地方或不方便设架空线的地点采用电力电缆。电力线路由导线、电杆、横担、绝缘子、金具、拉线等组成。导线、电缆选择的内容包括两个方面：一是选型号，二是选截面。对 6～10 kV 及以下的高压配电线路和低压动力线路，先按发热条件选择导线截面，再校验电压损失和机械强度。对 35 kV 及以上的高压输电线路和 6～10 kV 长距离、大电流线路，则先按经济电流密度选择导线截面，再校验发热条件、电压损失和机械强度。对低压照明线路，先按电压损失选择导线截面，再校验发热条件和机械强度。

项 目 练 习

一、填空题

1. 导线和电缆的选择条件为＿＿＿＿＿、＿＿＿＿＿、＿＿＿＿＿、＿＿＿＿＿。

2. 导线和电缆允许载流量是指在规定的环境温度条件下，导线能够连续承受而不致使稳定温度超过＿＿＿＿的最大电流。

3. 经济电流密度是指线路年运行费用接近于最小，而又适当考虑有色金属节约的＿＿＿＿＿。

二、选择题

1. 按经济电流密度选择导线截面是从（　　）的角度出发的。

    A. 导线的允许温升　　　　　　　　B. 投资费用最小

    C. 年运行费用最小　　　　　　　　D. 投资与运行费用的综合效益

2. 合理选择导线和电缆截面在技术上和经济上都是必要的，导线截面选择过小则会出现（　　）。

    A. 有色金属的消耗量增加　　　　　B. 初始投资显著增加。

    C. 电能损耗降低　　　　　　　　　D. 电能损耗大，难以保证供电质量

3. 合理选择导线和电缆截面在技术上和经济上都是必要的，导线截面选择过大则会出现（　　）。

    A. 运行时会产生过大的电压损耗和电能损耗

    B. 难以保证供电质量和增加运行费用

    C. 可能会出现接头温度过高而引起事故

    D. 有色金属的消耗量增加，初始投资显著增加

4. 某一段电力线路两端电压的向量差称为＿＿＿＿，线路两端电压的幅值差称为＿＿＿，而企业用电设备上所加的电压偏离电网额定电压的幅度称为＿＿＿＿。（　　）

    A. 电压损失，电压降，电压偏移　　B. 电压偏移，电压降，电压损失

    C. 电压降，电压偏移，电压损失　　D. 电压降，电压损失，电压偏移

5. 高压电力线路接线方式中，变配电所高压母线上引出的一回线路直接向一个用电变电站或高压用电设备供电，沿线不支持其他负荷的接线方式可分为直接连接树干式、链串型树干式和低压链式的接线方式是（　　）。

    A. 放射式接线　　B. 树干式接线　　　C. 环状式接线　　D. 开环式接线

6. 高压电力线路接线方式中，由变配电所高压母线上引出的每路高压配电干线上，沿

线支接了几个车间变电所或负荷点的接线方式为( )。

　　A. 放射式接线　　　B. 树干式接线　　　C. 环状式接线　　　D. 开环式接线

7. 高压电力线路接线方式中,实质上是两端提供的树干式接线的接线方式为( )。

　　A. 放射式接线　　　B. 树干式接线　　　C. 环形接线　　　　D. 开环式接线

三、判断题

1. 为识别相序,三相交流系统中裸导线的涂色 B 相涂成绿色。　　　　　　( )

2. 为识别相序,三相交流系统中裸导线的涂色 A 相涂成黄色。　　　　　　( )

3. 为识别相序,三相交流系统中裸导线的涂色 C 相涂成红色。　　　　　　( )

4. 为识别相序,三相交流系统中裸导线的涂色 N 线、PE 线涂成淡蓝色。　( )

5. 为识别相序,三相交流系统中裸导线的涂色 PE 线涂成黄绿色。　　　　( )

6. 经济电流密度就是线路年运行费用最小时所对应的电流密度。　　　　( )

四、综合题

1. 什么是放射式接线?

2. 什么是树干式接线?

项目五　供配电中短路电流的计算

任务1　短路故障

任务目标

(1) 掌握短路的种类。

(2) 掌握短路的原因。

任务提出

在供配电系统的设计和运行中，不仅要考虑系统的正常运行状态，还要考虑系统的不正常运行状态和故障情况，其中最严重的故障是短路故障。短路是不同相之间、相对中线或地线之间的直接金属性连接或经小阻抗连接。掌握短路的种类和发生短路的原因是分析各类型短路的前提。

相关知识

5.1.1　短路故障的原因

短路故障的常见原因有以下几种：

(1) 元件损坏，如电力系统中电器设备载流导体的绝缘损坏。造成绝缘损坏的原因主要有设备绝缘自然老化、操作过电压、大气过电压、绝缘受到机械损伤等。

(2) 气象条件恶劣。

(3) 人员过失，如工作人员不遵守操作规程，诸如带负荷拉、合隔离开关，检修后忘记拆除地线合闸等非正常操作。

(4) 其他原因，如鸟兽跨越在裸露导体上等意外故障。

5.1.2　短路故障的分类

三相交流系统的短路故障主要有三相短路、两相短路、单相短路和两相接地短路。三相短路是指供电系统中三相导线间发生对称性的短路，用 $k^{(3)}$ 表示，如图5.1(a)所示。两相短路是指三相供电系统中任意两相导体间的短路，用 $k^{(2)}$ 表示，如图5.1(b)所示。单相短路是指供电系统中任一相经大地与电源中性点发生的短路，用 $k^{(1)}$ 表示，如图5.1(c)所示。两相接地短路是指中性点不接地系统中任意两相发生单相接地而产生的短路，用 $k^{(1,1)}$ 表示，如图5.1(d)所示。两相接地短路实质是两相短路。

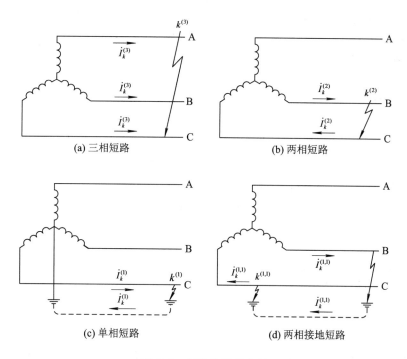

图 5.1　短路故障的分类

上述各种短路中,三相短路属对称短路,其他短路属不对称短路。因此,三相短路可用对称三相电路分析,不对称短路采用对称分量法分析,即把一组不对称的三相量分解成三组对称的正序、负序和零序分量来分析研究。在电力系统中,发生单相短路的可能性最大,发生三相短路的可能性最小,但通常三相短路的短路电流最大,危害也最严重,所以短路电流计算的重点是三相短路电流的计算。

任务 2　无限大容量系统三相短路计算

任务目标

(1) 掌握无限大容量系统三相短路的分析方法。

(2) 掌握无限大容量系统三相短路电流的计算方法。

任务提出

三相短路是电力系统最严重的短路故障,三相短路的分析计算又是其他短路分析计算的基础。发生短路时,发电机中发生的电磁暂态变化过程很复杂,为了简化分析,假设三相短路发生在一个无限大容量电源的供电系统。所谓无限大容量系统,就是指电源内阻抗为零,供电容量相对于用户负荷容量大得多的电力系统,不管用户的负荷如何变动甚至发生短路时,电源内部均不产生压降,电源母线上的输出电压均维持不变。在实际应用中,常把内阻抗小于短路回路总阻抗 10% 的电源或者容量超过用户(含企业)供配电系统容量50 倍时的电力系统视为“无限大容量电源”。供配电系统一般将满足上述条件即可视为无限大容量系统,据此进行短路分析和计算。短路计算的目的是为了正确选择和校验电气设备,准确地整定供配电系统的保护装置,避免在短路电流作用下损坏电气设备,保证供配电系统中出现短路时,保护装置能可靠动作。

 **相关知识**

5.2.1 无限大容量系统三相短路分析

图 5.2(a)、(b)分别是电源为无限大容量系统的供电系统发生三相短路的系统图和三相电路图。图中 r_k、x_k 为短路回路的电阻和电抗,r_1、x_1 为负载的电阻和电抗。由于三相电路对称,因此可用单相等效电路图进行分析,如图 5-2(c)所示。

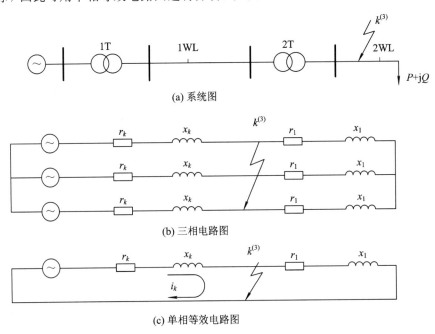

(a) 系统图

(b) 三相电路图

(c) 单相等效电路图

图 5.2 无限大容量系统三相短路图

1. 正常运行

设电源相电压为 $u_p = U_{pm} \sin(\omega t + \alpha)$,则正常运行电流为

$$i = I_m \sin(\omega t + \alpha - \varphi) \qquad (5-1)$$

式中,电流幅值 $I_m = \dfrac{U_{pm}}{\sqrt{(r_k + r_1)^2 + (x_k + x_1)^2}}$,阻抗角 $\varphi = \arctan\left(\dfrac{x_k + x_1}{r_k + r_1}\right)$。

2. 三相短路分析

设在图 5.2 中 k 点发生三相短路。短路被分为两个独立回路,短路点左侧是一个与电源相连的短路回路,短路点右侧是一个无电源的短路回路。无源回路的电流由原来的数值衰减到零。有源回路短路后,由于电流不能突变,电路将由短路前的稳定状态经过过渡过程最终达到短路后的稳定状态,短路前的稳定电流如式(5-1)所示,短路后的稳定电流为

$$i_\infty = I_{pm} \sin(\omega t + \alpha - \varphi_k) \qquad (5-2)$$

式中：$I_{pm}=U_{pm}/\sqrt{r_k^2+x_k^2}$，为短路电流周期分量幅值；$\varphi_k=\arctan x_k/r_k$。根据三要素法可求得短路后的短路电流，即

$$
\begin{aligned}
i_k &= i_\infty + (i_{0+}-i_\infty)\mathrm{e}^{-\frac{t}{\tau}}\\
&= I_{pm}\sin(\omega t+\alpha-\varphi_k)+[I_m\sin(\alpha-\varphi)-I_{pm}\sin(\alpha-\varphi_k)]\mathrm{e}^{-\frac{t}{\tau}}\\
&= i_p + i_{np}
\end{aligned}
\tag{5-3}
$$

式中，$\tau=L_k/r_k$。由式（5-3）可见，三相短路电流由短路电流周期分量 i_p 和非周期分量 i_{np} 组成。三相短路电流的周期分量由电源电压和短路回路阻抗决定，在无限大容量系统条件下，其幅值不变，又称为稳态分量。三相短路电流的非周期分量按指数规律衰减，最终为零，又称自由分量。图5.3所示为无限大容量系统发生三相短路时的短路电流波形图。

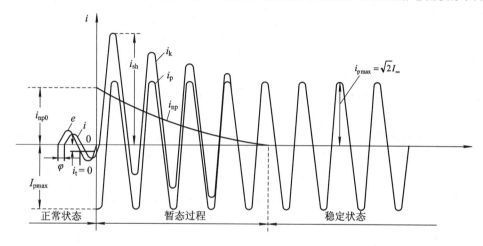

图5.3　无限大容量系统发生三相短路时的短路电流波形图

3. 最严重三相短路时的短路电流

下面讨论在电路参数确定和短路点确定的情况下，产生最严重三相短路时的短路电流（即最大瞬时值）的条件。由图5.3可见，当短路电流非周期分量初值最大时，短路电流瞬时值亦最大。

图5.4所示是三相短路时的相量图。图中 $\dot{U}_m$、$\dot{I}_m$、$\dot{I}_{pm}$ 分别表示电源电压幅值、工作电流幅值和短路电流周期分量幅值的相量。短路电流非周期分量的初值等于相量 $\dot{I}_m$ 和 $\dot{I}_{pm}$ 之差在纵轴上的投影。

从图5.4相量图中可看出，当 $\dot{U}_m$ 与横轴重合，短路前空载或功率因数等于1，短路回路阻抗角 $\varphi_k=90°$ 时，$\dot{I}_m$ 与横轴重合，$\dot{I}_{pm}$ 与纵轴重合，使短路电流非周期分量初值达到最大。综上所述，最严重短路电流的条件如下：

（1）短路前电路空载或 $\cos\varphi=1$；

（2）短路瞬间电压过零，即 $\dot{U}_m$ 与横轴重合；

（3）短路回路纯电感，即 $\varphi_k=90°$，$\dot{I}_{pm}$ 与纵轴重合。

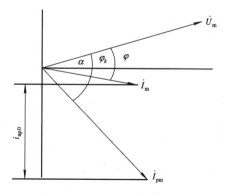

图5.4　三相短路时的相量图

将 $I_m = 0$，$\alpha = 0$，$\varphi_k = 90°$ 代入式（5-3），得

$$i_k = -I_{pm}\cos\omega t + I_{pm}e^{-\frac{t}{\tau}} = -\sqrt{2}I_p\cos\omega t + \sqrt{2}I_p e^{-\frac{t}{\tau}} \qquad (5-4)$$

式中，I_p 为短路电流周期分量有效值。

短路电流非周期分量最大时的短路电流波形如图 5.5 所示。应当指出，三相短路时只有其中一相电流最严重，短路电流计算也是计算最严重三相短路时的短路电流。

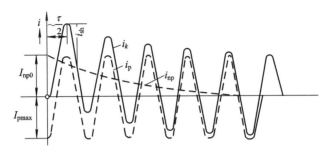

图 5.5　最严重三相短路时的电流波形图

根据需要，短路计算的任务通常需计算下列短路参数：

$I''^{(3)}$——短路后第一个周期的短路电流周期分量的有效值，称为次暂态短路电流有效值，用来作为继电保护的整定计算和校验断路器的额定断流容量。应采用电力系统在最大运行方式下，继电保护的安装处发生短路时的次暂态短路电流来计算保护装置的整定值。

$i_{sh}^{(3)}$——三相短路冲击电流峰值，短路后经过半个周期（即 0.01 s）时的短路电流峰值，是整个短路过程中的最大瞬时电流，用来校验电气和母线的动稳定度。

$I_{sh}^{(3)}$——三相短路冲击电流有效值，短路后第一个周期的短路电流的有效值，也用来校验电气和母线的动稳定度。

$I_k^{(3)}$——三相短路电流周期分量有效值，与短路后第一个周期的短路电流周期分量的有效值即次暂态短路电流有效值 $I''^{(3)}$ 相等，用来校验电器和载流导体的热稳定度。

对于高压电路的短路：

$$i_{sh}^{(3)} = 2.55 I_k^{(3)} \qquad (5-5)$$

$$I_{sh}^{(3)} = 1.51 I_k^{(3)} \qquad (5-6)$$

对于低压电路的短路：

$$i_{sh}^{(3)} = 1.84 I_k^{(3)} \qquad (5-7)$$

$$I_{sh}^{(3)} = 1.09 I_k^{(3)} \qquad (5-8)$$

$S_k^{(3)}$——三相短路容量，是选择断路器时校验其断路能力的依据。它根据计算电压即平均额定电压进行计算，即

$$S_k^{(3)} = \sqrt{3}U_C I_k^{(3)} \qquad (5-9)$$

综上所述，无限大容量系统发生三相短路时，求出短路电流周期分量有效值，即可计算有关短路的所有物理量。

5.2.2　无限大容量系统三相短路电流计算

短路计算的常用方法有两种：有名值法和标幺值法。当供配电系统中某处发生短路时，其中一部分阻抗被短接，网络阻抗将发生变化。因此在进行短路计算电流时，应先对

各电气设备的参数(电阻或电抗)进行计算。如果各种电气设备的电阻和电抗及其他参数用有名值(即有单位的值)表示,则称为有名值法。在低压系统中,短路电流计算通常采用有名值法,简单明了。而在高压系统中,通常采用标幺值法计算,这是由于高压系统中存在多级变压器耦合,如果用有名值法,当短路点不同时,同一元件所表现出的阻抗值就不同,这样就必须对不同电压等级中各元件的阻抗值按变压器的变比规算到同一电压等级,使短路计算的工作量增加。

采用有名值法进行短路计算的步骤归纳为:① 绘制短路回路等效电路;② 计算短路回路中各元件的阻抗值;③ 求等效阻抗,化简电路;④ 计算三相短路电流周期分量有效值及其他短路参数;⑤ 列短路计算表。

采用标幺值法进行短路计算的步骤归纳为:① 选择基准容量和基准电压,计算短路点的基准电流;② 绘制短路回路的等效电路;③ 计算短路回路中各元件的电抗标幺值;④ 求总电抗标幺值;⑤ 化简电路;⑥ 计算三相短路电流周期分量有效值及其他短路参数;⑦ 列短路计算表。

1. 采用有名值法进行短路计算

在无限大容量系统中发生三相短路时,其三相短路电流周期分量有效值可按下式计算:

$$I_k^{(3)} = \frac{U_C}{\sqrt{3}\,|Z_\Sigma|} = \frac{U_C}{\sqrt{3}\,\sqrt{R_\Sigma^2 + X_\Sigma^2}} \tag{5-10}$$

式中,U_C为短路点计算电压。由于线路首端短路时其短路最为严重,因此按线路首端电压考虑,即短路计算电压比线路额定电压U_N高5%,$|Z_\Sigma|$、R_Σ、X_Σ分别为短路回路的总阻抗模值、总电阻值和总电抗值。

在高压线路的短路计算中,通常总电抗远比总电阻大,所以一般只计电抗,不计电阻。在计算低压侧短路时,也只有当短路电路的$R_\Sigma > \dfrac{X_\Sigma}{3}$时才需计及电阻。

如果不计电阻,则三相短路电路的周期分量有效值为

$$I_k^{(3)} = \frac{U_C}{\sqrt{3}X_\Sigma} \tag{5-11}$$

根据$I_k^{(3)}$可进而求出短路电路的其他物理量。

下面讲述供电系统中各主要元件如电力系统、电力变压器和电力线路的阻抗计算。至于供电系统中的母线、线圈型电流互感器的一次绕组、低压断路器的过电流脱扣器线圈及开关的触头等的阻抗,相对来说很小,在短路计算中一般可略去不计。在略去上述阻抗后,计算所得的短路电流自然稍有偏大;但用稍偏大的短路电流来校验电气设备,则可以使其运行的安全性更有保证。

1) 电力系统的阻抗

电力系统的阻抗相对于电抗来说很小,一般不予考虑。电力系统的电抗可由电力系统变电所高压馈电线出口断路器的断流容量S_{oc}来估算,S_{oc}可看作是电力系统的极限短路容量S_k。因此电力系统的电抗为

$$X_s = \frac{U_C^2}{S_{oc}} \tag{5-12}$$

式中：U_C为高压馈电线的短路计算电压，但为了便于短路总阻抗的计算，免去阻抗换算的麻烦，这里的U_C可直接采用短路点的短路计算电压；S_{oc}为系统出口断路器的断流容量，可查有关手册，如只有开断电流I_{oc}数据，则其断流容量为

$$S_{oc} = \sqrt{3} I_{oc} U_N \tag{5-13}$$

式中，U_N为线路额定电压。

2）电力变压器的阻抗

（1）变压器的电阻R_T：可由变压器的短路损耗Δp_K近似地进行计算。

因

$$\Delta p_K \approx 3 I_N^2 R_T \approx 3 \left(\frac{S_N}{\sqrt{3} U_C} \right)^2 R_T = \left(\frac{S_N}{U_C} \right)^2 R_T \tag{5-14}$$

故

$$R_T \approx \Delta p_K \left(\frac{U_C}{S_N} \right)^2 \tag{5-15}$$

式中：U_C为短路点的短路计算电压；S_N为变压器的额定容量；Δp_K为变压器的短路损耗，可查有关手册或产品样本。

（2）变压器的电抗X_T：可由变压器的短路电压（也称阻抗电压）百分值$U_K\%$近似地进行计算。

因

$$U_K\% \approx \left(\frac{\sqrt{3} I_N X_T}{U_C} \right) \times 100\%$$

故

$$X_T \approx \frac{U_K\% U_C^2}{S_N} \tag{5-16}$$

式中，$U_K\%$为变压器的短路电压百分值，可查有关手册或产品样本。

3）电力线路的阻抗

（1）线路的电阻R_{WL}：可由导线电缆的单位长度电阻R_0值求得，即

$$R_{WL} = R_0 l \tag{5-17}$$

式中：R_0为导线电缆单位长度的电阻，可查有关手册或产品样本；l为线路长度。

（2）线路的电抗X_{WL}：可由导线电缆的单位长度电抗X_0值求得，即

$$X_{WL} = X_0 l \tag{5-18}$$

式中：X_0为导线电缆单位长度的电抗，可查有关手册或产品样本；l为线路长度。如果线路的结构数据不详，X_0可按表5-1取其电抗平均值。

表5-1　电力线路每相的单位长度电抗平均值

线路结构	单位长度电抗平均值/(Ω/km)		
	220/380 V	6~10 kV	35 kV 及以上
架空线路	0.32	0.35	0.4
电缆线路	0.066	0.08	0.12

求出短路电路中各元件的阻抗后，就可简化电路，求出其总阻抗，然后按式(5-10)或式(5-11)计算短路电流周期分量 $I_K^{(3)}$。

必须注意：在计算短路电路的阻抗时，假如电路内含有电力变压器，则电路内各元件的阻抗都应统一换算到短路点的短路计算电压上去。阻抗等效换算的条件是元件的功率损耗不变，即由 $\Delta p = \dfrac{U^2}{R}$ 和 $\Delta Q = \dfrac{U^2}{X}$ 可知，元件的阻抗值与电压平方成正比，因此阻抗换算的公式为

$$R' = R\left(\frac{U'_C}{U_C}\right)^2 \tag{5-19}$$

$$X' = X\left(\frac{U'_C}{U_C}\right)^2 \tag{5-20}$$

式中：R、X 和 U_C 为换算前元件的电阻、电抗和元件所在处的短路计算电压；R'、X' 和 U'_C 为换算后元件的电阻、电抗和短路点的短路计算电压。

就短路计算中考虑的几个主要元件的阻抗来说，只有电力线路的阻抗有时需要换算，例如计算低压侧的短路电流时，高压侧的线路阻抗就需要换算到低压侧。而电力系统和电力变压器的阻抗，由于它们的计算公式中均含有 U_C^2，因此计算阻抗时，公式中 U_C 直接代以短路点的计算电压，就相当于阻抗已经换算到短路点一侧了。

2. 采用标幺值法进行短路计算

用相对值表示元件的物理量，称为标幺制。任意一个物理量的有名值 A 与基准值 A_d 的比值即为该物理量的标幺值 A_d^*，即

$$A_d^* = \frac{A}{A_d} \tag{5-21}$$

按标幺值法进行短路计算时，一般是先选定基准容量 S_d 和基准电压 U_d。对于基准容量，工程设计中通常取 $S_d = 100$ MVA。对于基准电压，通常取元件所在处的短路计算电压，即取 $U_d = U_C$。选定了基准容量 S_d 和基准电压 U_d 之后，基准电流 I_d 可按下式计算：

$$I_d = \frac{S_d}{\sqrt{3}U_d} = \frac{S_d}{\sqrt{3}U_C} \tag{5-22}$$

基准电抗 X_d 按下式计算：

$$X_d = \frac{U_d}{\sqrt{3}I_d} = \frac{U_C^2}{S_d} \tag{5-23}$$

下面分别讲述供电系统中各主要元件的电抗标幺值的计算（取 $S_d = 100$ MVA，$U_d = U_C$）。

（1）电力系统的电抗标幺值：

$$X_s^* = \frac{X_s}{X_d} = \frac{U_C^2/S_{oc}}{U_C^2/S_d} = \frac{S_d}{S_{oc}} \tag{5-24}$$

（2）电力变压器的电抗标幺值：

$$X_T^* = \frac{X_T}{X_d} = \frac{U_K\%U_C^2/S_N}{U_C^2/S_d} = \frac{U_K\%S_d}{S_N} \tag{5-25}$$

（3）电力线路的标幺值：

$$X_{WL}^* = \frac{X_{WL}}{X_d} = \frac{X_0 l}{U_C^2 / S_d} = X_0 l \frac{S_d}{U_C^2} \qquad (5-26)$$

求出短路电路中各主要元件的电抗标幺值以后，即可利用其等效电路图进行电路化简，计算其总电抗标幺值 X_Σ^*。由于各元件的电抗均采用相对值，与短路计算点的电压无关，因此无须进行电压换算，这也是标幺值法的优越之处。

无限大容量系统三相短路电流周期分量有效值的标幺值可按下式计算：

$$I_k^{(3)*} = \frac{I_k^{(3)}}{I_d} = \frac{\dfrac{U_d}{\sqrt{3} X_\Sigma}}{\dfrac{S_d}{\sqrt{3} U_C}} = \frac{U_C^2}{S_d X_\Sigma} = \frac{1}{X_\Sigma^*} \qquad (5-27)$$

因此可求得三相短路电流周期分量有效值为

$$I_k^{(3)} = I_k^{(3)*} I_d = \frac{I_d}{X_\Sigma^*} \qquad (5-28)$$

求得 $I_k^{(3)}$ 后，即可求出 $I''^{(3)}$、$I_\infty^{(3)}$、$i_{sh}^{(3)}$、$I_{sh}^{(3)}$ 等值。

三相短路容量的计算公式为

$$S_k^3 = \sqrt{3} U_C I_k^{(3)} = \frac{\sqrt{3} U_C I_d}{X_\Sigma^*} \qquad (5-29)$$

⚡ 探索与实践

某配电系统如图 5.6 所示。已知电力系统出口断路器为 SN10—10I 型，其配用操作机构型号为 CT10。试分别用有名值法和标幺值法求该用户变电所高压 10 kV 母线上 $k-1$ 点短路和低压 380 V 母线上 $k-2$ 点短路的三相短路电流和短路容量。

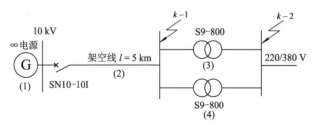

图 5.6 探索与实践短路计算电路

解：下面采用两种方法来求解。

方法一：有名值法求解。

(1) 求 $k-1$ 点的三相短路电流和短路容量（$U_{C1} = 10.5$ kV）。

① 计算短路电路中各元件的电抗及总电抗。

电力系统的电抗 X_1：由本书附表 3 可查得 SN10—10I 型断路器的断流容量 $S_{oc} = 500$ MVA，因此

$$X_1 = \frac{U_{C1}^2}{S_{oc}} = \frac{(10.5 \text{ kV})^2}{500 \text{ MVA}} = 0.22 \ \Omega$$

架空线路的电抗 X_2：由表 5-1 得 $X_0 = 0.35 \ \Omega/\text{km}$，因此

$$X_2 = X_0 l = 0.35 (\Omega/\text{km}) \times 5 \text{ km} = 1.75 \ \Omega$$

绘 $k-1$ 点短路的等效电路如图 5.7 所示，并计算其总阻抗为

$$X_{\Sigma(k-1)} = X_1 + X_2 = 0.22\ \Omega + 1.75\ \Omega = 1.97\ \Omega$$

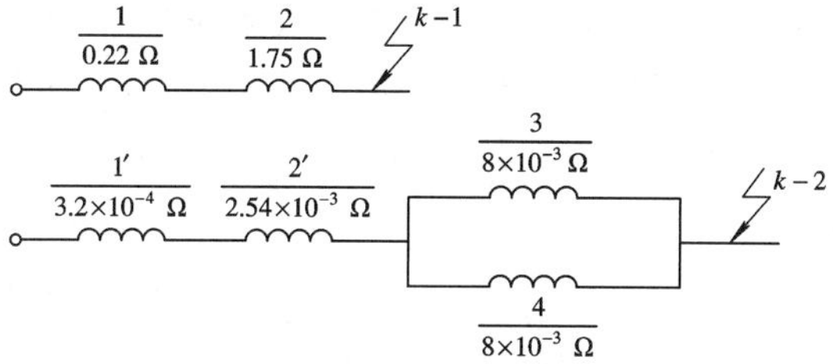

图 5.7　探索与实践短路等效电路图（欧姆法）

② 计算三相短路电流、短路容量及其他短路参数。

$$I_{k-1}^{(3)} = \frac{U_{C1}}{\sqrt{3}X_{\Sigma(k-1)}} = \frac{10.5\ \text{kV}}{\sqrt{3} \times 1.97\ \Omega} = 3.08\ \text{kA}$$

三相短路次暂态电流和稳态电流为

$$I''^{(3)} = I_{\infty}^{3} = I_{k-1}^{3} = 3.08\ \text{kA}$$

三相短路冲击电流及第一个周期短路全电流有效值为

$$i_{sh}^{3} = 2.55 I_{k-1}^{3} = 2.55 \times 3.08\ \text{kA} = 7.85\ \text{kA}$$

$$I_{sh}^{3} = 1.51 I_{k-1}^{3} = 1.51 \times 3.08\ \text{kA} = 4.65\ \text{kA}$$

三相短路容量为

$$S_{k-1}^{3} = \sqrt{3}U_{C1}I_{k-1}^{3} = \sqrt{3} \times 10.5\ \text{kV} \times 3.08\ \text{kA} = 56.0\ \text{MVA}$$

（2）求 $k-2$ 点的三相短路电流和短路容量（$U_{C2} = 0.4\ \text{kV}$）。

① 计算短路电路中各元件的电抗及总电抗。

电力系统的电抗：

$$X_1' = \frac{U_{C2}^2}{S_{oc}} = \frac{(0.4\ \text{kV})^2}{500\ \text{MVA}} = 3.2 \times 10^{-4}\ \Omega$$

架空线路的电抗：

$$X_2' = X_0 l \left(\frac{U_{C2}}{U_{C1}}\right)^2 = 0.35\ (\Omega/\text{kM}) \times 5\ \text{kM} \times \left(\frac{0.4\ \text{kV}}{10.5\ \text{kV}}\right)^2 = 2.54 \times 10^{-3}\ \Omega$$

电力变压器的电抗 X_3：由附表 2 得 $U_K\% = 4.5\%$，因

$$X_3 = X_4 \approx \frac{U_K\%U_C^2}{S_N} = 0.045 \times \frac{(0.4\ \text{kV})^2}{800\ \text{kVA}} = 9 \times 10^{-3}\ \Omega$$

绘制 $k-2$ 点短路的等效电路，如图 5.7 所示，并计算其总阻抗为

$$X_{\Sigma(k-2)} = X_1' + X_2' + X_3\ /\!/\ X_4 = X_1' + X_2' + \frac{X_3 X_4}{X_3 + X_4}$$

$$= 3.2 \times 10^{-4} + 2.54 \times 10^{-3} + \frac{9 \times 10^{-3}}{2}$$

$$= 7.36 \times 10^{-3}\ \Omega$$

② 计算三相短路电流、短路容量及其他短路参数。

$$I_{k-2}^{(3)} = \frac{U_{C2}}{\sqrt{3}X_{\Sigma(k-2)}} = \frac{0.4\ \text{kV}}{\sqrt{3} \times 7.36 \times 10^{-3}\ \Omega} = 31.4\ \text{kA}$$

三相短路次暂态电流和稳态电流为

$$I''^{(3)} = I_\infty^3 = I_{k-1}^3 = 31.4 \text{ kA}$$

三相短路冲击电流及第一个周期短路全电流有效值为

$$i_{sh}^3 = 1.84 I_{k-1}^3 = 1.84 \times 31.4 \text{ kA} = 57.8 \text{ kA}$$

$$I_{sh}^3 = 1.09 I_{k-1}^3 = 1.09 \times 31.4 \text{ kA} = 34.2 \text{ kA}$$

三相短路容量为

$$S_{k-2}^3 = \sqrt{3} U_{C2} I_{k-2}^3 = \sqrt{3} \times 0.4 \text{ kV} \times 31.4 \text{ kA} = 21.8 \text{ MVA}$$

在工程设计中,往往只列短路计算表格,如表 5-2 所示。

表 5-2 例 5-1 的短路计算表

短路计算点	三相短路电流/kA					三相短路容量/MVA
	$I_k^{(3)}$	$I''^{(3)}$	$I_\infty^{(3)}$	$i_{sh}^{(3)}$	$I_{sh}^{(3)}$	$S_k^{(3)}$
$k-1$ 点	3.08	3.08	3.08	7.85	4.65	56.0
$k-2$ 点	31.4	31.4	31.4	57.8	34.2	21.8

方法二:标幺值法求解。

(1)确定基准值。取 $S_d = 100 \text{ MVA}$,$U_{d1} = U_{C1} = 10.5 \text{ kV}$,$U_{d2} = U_{C2} = 0.4 \text{ kV}$。而

$$I_{d1} = \frac{S_d}{\sqrt{3} U_{C1}} = \frac{100 \text{ MVA}}{\sqrt{3 \times 10.5} \text{ kV}} = 5.50 \text{ kA}$$

$$I_{d2} = \frac{S_d}{\sqrt{3} U_{C2}} = \frac{100 \text{ MVA}}{\sqrt{3} \times 0.4 \text{ kV}} = 144 \text{ kA}$$

(2)计算短路电路中各主要元件的电抗标幺值。

① 电力系统的电抗标幺值。由附表 3 查得 SN10—10II 型短路器的 $S_{oc} = 500 \text{ MVA}$,因此

$$X_1^* = \frac{S_d}{S_{oc}} = \frac{100 \text{ MVA}}{500 \text{ MVA}} = 0.2$$

② 架空线路的电抗标幺值。由表 5-1 查得 $X_0 = 0.35 \text{ Ω/km}$,因此

$$X_2^* = X_0 l \frac{S_d}{U_{C1}} = 0.35(\text{Ω/km}) \times 5 \text{ km} \times \frac{100 \text{ MVA}}{(10.5 \text{ kV})^2} = 1.59$$

③ 电力变压器的电抗标幺值。由附表 2 查得 $U_K\% = 4.5$,因此

$$X_3^* = X_4^* = \frac{U_K\% S_d}{100 S_N} = \frac{4.5 \times 100 \times 10^3 \text{ kVA}}{100 \times 800 \text{ kVA}} = 5.625$$

绘制短路等效电路如图 5.8 所示。图上标出各元件的序号(分子)和电抗标幺值(分母),并标出短路计算点 $k-1$ 和 $k-2$。

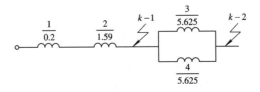

图 5.8 探索与实践等效电路图(标幺值法)

（3）求 $k-1$ 点的短路电路总电抗标幺值及三相短路电流和短路容量。

① 总电抗标幺值：

$$X_{\Sigma(k-1)}^* = X_1^* + X_2^* = 0.2 + 1.59 = 1.79$$

② 三相短路电流周期分量有效值：

$$I_{k-1}^{(3)} = \frac{I_{d1}}{X_{\Sigma(k-1)}^*} = \frac{5.50 \text{ kA}}{1.79} = 3.07 \text{ kA}$$

③ 其他三相短路电流：

$$I''^{(3)} = I_\infty^{(3)} = I_{k-1}^{(3)} = 3.07 \text{ kA}$$

$$i_{sh}^{(3)} = 2.55 I''^{(3)} = 2.55 \times 3.07 = 7.83 \text{ kA}$$

$$I_{sh}^{(3)} = 1.51 I''^{(3)} = 1.51 \times 3.07 \text{ kA} = 4.64 \text{ kA}$$

④ 三相短路容量：

$$S_{k-1}^{(3)} = \frac{S_d}{X_{\Sigma(k-1)}^*} = \frac{100 \text{ MVA}}{1.79} = 55.9 \text{ MVA}$$

（4）求 $k-2$ 点的短路电路总电抗标幺值及三相短路电流和短路容量。

① 总电抗标幺值：

$$X_{\Sigma(k-2)}^* = X_1^* + X_2^* + X_3^* \; // \; X_4^* = 0.2 + 1.59 + \frac{5.625}{2} = 4.60$$

② 三相短路电流周期分量有效值：

$$I_{k-2}^{(3)} = \frac{I_{d2}}{X_{\Sigma(k-2)}^*} = \frac{144 \text{ kA}}{4.60} = 31.3 \text{ kA}$$

③ 其他三相短路电流：

$$I''^{(3)} = I_\infty^{(3)} = I_{k-2}^{(3)} = 31.3 \text{ kA}$$

$$i_{sh}^{(3)} = 1.84 I''^{(3)} = 1.84 \times 31.3 \text{ kA} = 57.6 \text{ kA}$$

$$I_{sh}^{(3)} = 1.09 I''^{(3)} = 1.09 \times 31.3 \text{ kA} = 34.1 \text{ kA}$$

④ 三相短路容量：

$$S_{k-2}^{(3)} = \frac{S_d}{X_{\Sigma(k-2)}^*} = \frac{100 \text{ MVA}}{4.60} = 21.7 \text{ MVA}$$

用标幺值法的计算结果与用有名值法的求解结果基本相同（短路计算表略）。

任务 3　单相和两相短路电流的计算

任务目标

（1）掌握单相短路电流的计算方法。

（2）掌握两相短路电流的计算方法。

任务提出

在实际中，除了需要计算三相短路电流，还需要计算不对称短路电流，用于继电保护灵敏度的校验。不对称短路电流计算一般采用对称分量法，这里介绍无限大容量系统两相短路电流和单相短路电流的实用计算方法。

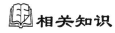相关知识

5.3.1　单相短路电流的计算

在工程计算中，大接地电流系统或三相四线制系统发生单相短路时，单相短路电流可用下式进行计算：

$$I_k^{(1)} = \frac{U_C}{\sqrt{3}Z_{P.0}} \tag{5-30}$$

式中：U_C 为短路点计算电压；$Z_{P.0}$ 为单相短路回路相线与大地或中线的阻抗，可按下式计算：

$$Z_{P.0} = \sqrt{(R_T + R_{P.0}) + (X_T + X_{P.0})^2} \tag{5-31}$$

式中：R_T、X_T 分别为变压器的单相等效电阻和电抗；$R_{P.0}$、$X_{P.0}$ 分别为相线与大地或中线回路的电阻和电抗。

在无限大容量系统中或远离发电机处短路时，单相短路电流较三相短路电流小。

5.3.2　两相短路电流的计算

在无限大容量系统发生两相短路时，其短路电流可由下式求得：

$$I_k^{(2)} = \frac{U_C}{2Z_k} \tag{5-32}$$

式中：U_C 为短路点计算电压；Z_k 为短路回路一相总阻抗。

两相短路电流与三相短路的电流关系如下：

$$I_k^{(2)} = \frac{\sqrt{3}}{2}I_k^{(3)} \tag{5-33}$$

此关系同样适用于冲击短路电流：

$$i_{sh}^{(2)} = \frac{\sqrt{3}}{2}i_{sh}^{(3)} \tag{5-34}$$

$$I_{sh}^{(2)} = \frac{\sqrt{3}}{2}I_{sh}^{(3)} \tag{5-35}$$

因此，当无限大容量系统短路时，两相短路电流较三相短路电流小。

任务 4　短路电流的效应

任务目标

（1）理解短路电流的效应。

（2）理解短路电流的危害。

任务提出

电力系统中出现短路故障后，由于负载阻抗被短接，电源到短路点的短路阻抗很小，使电源至短路点的短路电流比正常时的工作电流大几十倍甚至几百倍。在大的电力系统中，短路电流可达几万安培至几十万安培，强大的电流所产生的热效应和电动力效应将使电气设备受到破坏，短路点的电弧将烧毁电气设备，短路点附近的电压会显著降低，严重情况将使供电受到影响或被迫中断。不对称短路所造成的零序电流，还会在邻近的通信线路内产生感应电动势干扰通信，也可能危及设备和人身安全。为了正确地选择电气设备，使其保证在短路情况下能可靠工作，必须用短路电流的电动力效应及热效应对电气设备进行校验。

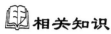**相关知识**

5.4.1　短路电流的电动力效应

通电导体周围存在电磁场，如处于空气中的两平行导体分别通过电流时，两导体间由于电磁场的相互作用，导体上即产生力的相互作用。三相线路中的三相导体间正常工作时也存在力的作用，只是正常工作时的电流较小，不影响线路的运行。当发生三相短路时，在短路后半个周期(0.01 s)会出现最大短路电流，其值达到几万安培至几十万安培，导体上的电动力将达到几千至几万牛顿。

三相导体在同一平面平行布置时，中间相受到的电动力最大，最大电动力 F_m 正比于冲击电流的平方。对电力系统中的硬导体和电气设备都要求校验其在短路电流下的动稳定性。

（1）对一般电气设备：要求电气设备的极限通过电流（动稳定电流）峰值大于最大短路电流峰值，即

$$i_{\max} \geqslant i_{sh} \tag{5-36}$$

式中：$i_{\max}$ 为电器的极限通过电流（动稳定电流）峰值；i_{sh} 为最大短路电流峰值。

（2）对绝缘子：要求绝缘子的最大允许抗弯载荷大于最大计算载荷，即

$$F_{al} \geqslant F_C \tag{5-37}$$

式中：F_{al} 为绝缘子的最大允许载荷；F_C 为最大计算载荷。

5.4.2　短路电流的热效应

当电力系统正常运行时，额定电流在导体中发热产生的热量一方面被导体吸收，并使导体温度升高，另一方面通过各种方式传入周围介质中。当产生的热量等于散失的热量时，导体达到热平衡状态。在电力系统中出现短路时，由于短路电流大，发热量大，时间短，热量来不及散入周围介质中，这时可认为全部热量都用来升高导体温度。导体达到最高温度 T_m 与导体短路前的温度 T、短路电流大小及通过短路电流的时间有关。

计算出导体最高温度 T_m 后，将其与表 5-3 所规定的导体允许最高温度进行比较，若 T_m 不超过规定值，则认为满足热稳定要求。

表 5 - 3　常用导体和电缆的最高允许温度

导体的材料和种类		最高允许温度(℃)	
		正常时	短路时
硬导体	铜	70	300
	铜(镀锡)	85	200
	铝	70	200
	钢	70	300
油浸纸绝缘电缆	铜芯 10 kV	60	250
	铝芯 10 kV	60	200
交联聚乙烯绝缘电缆	铜芯	80	230
	铝芯	80	200

对成套电气设备,因导体材料及截面均已确定,故达到极限温度所需热量只与电流及通过的时间有关。因此,设备的热稳定校验可按下式进行:

$$I_t^2 t \geqslant I_\infty^2 t_{ima} \qquad (5 - 38)$$

式中,$I_t^2 t$ 为产品样本提供的产品热稳定参数;I_∞ 为短路稳态电流;t_{ima} 为短路电流作用假想时间。

对导体和电缆,通常用下式计算导体的热稳定最小截面 S_{min}:

$$S_{min} = \frac{I_\infty}{C} \sqrt{t_{ima}} \qquad (5 - 39)$$

式中,I_∞ 为稳态短路电流;t_{ima} 为短路电流作用假想时间;C 为导体的热稳定系数。

如果导体和电缆的选择截面大于等于 S_{min},则表明热稳定合格。

项 目 小 结

短路的种类有三相短路、两相短路、单相短路和两相接地短路。除三相短路属于对称短路外,其他短路均属不对称短路。为简化短路计算,提出无限大容量系统的概念,即系统的容量无限大、系统阻抗为零和系统的端电压在短路过程中维持不变。这是假想的系统,但供配电系统短路时,可将电力系统视为无限大容量系统。无限大容量系统发生三相短路,短路电流由周期分量和非周期分量组成。短路电流周期分量在短路过程中保持不变,使短路计算十分简便。应了解次暂态短路电流、稳态短路电流、冲击短路电流、短路全电流和短路容量的物理意义。采用标幺制计算三相短路电流,可避免多级电压系统中的阻抗变转,以达到计算方便,结果清晰。短路容量的标幺值等于短路电流的标幺值,且等于短路总阻抗标幺值的倒数。三相短路电流产生的电动力最大,并出现在三相系统的中相,以此作为校验短路动稳定的依据。短路发热计算较复杂,通常采用短路稳态电流和短路电流作假想时间来计算短路发热。

项 目 练 习

一、填空题

1. 短路是指不同电流的导电部分之间的_____和_____。

2. 短路的形式有_____、_____和_____。

3. 无限大容量电力系统是指端电压保持恒定、没有内部阻抗、容量无限大的系统，或容量为用电设备容量_____倍以上的系统。

4. 短路的计算方法一般采用_____和_____。

5. 次暂态电流即短路后第一个周期的_____。

6. 最严重三相短路电流的条件是_____、_____和_____。

7. 短路电流通过导体或电气设备，会产生很大的电动力和很高的温度，称为短路电流的_____和_____。

二、选择题

1. 在进行三相对称短路电流的计算时，引入了无穷大容量电力系统的概念，其前提条件是工厂总安装容量小于本系统总容量的（　　）。

    A. 1/20　　　　　　B. 1/30　　　　　　C. 1/40　　　　　　D. 1/50

2. 电力线路发生短路时，一般会产生的危害效应有（　　）。

    A. 电磁效应和趋肤效应　　　　　　　B. 趋肤效应和热效应

    C. 电动效应和热效应　　　　　　　　D. 电动效应和电磁效应

三、判断题

1. 短路保护的交流操作电源一般可以取自电压互感器。　　　　　　　　（　　）

2. 短路保护的交流操作电源一般可以取自电流互感器。　　　　　　　　（　　）

四、综合题

1. 短路会产生哪些后果？

2. 什么叫短路电流的电动力效应？

3. 什么叫短路电流的热效应？

4. 如何计算单相短路电流和两相短路电流？

五、计算题

有一地区变电站通过一条长 4 km 的 10 kV 架空线路供电给某用户装有两台并列运行的 Yyn0 连接的 S9－1000 型主变压器的变电所。地区变电所出口断路器为 SN10－10 Ⅱ型。试分别用欧姆法及标幺值法求该用户变电所 10 kV 母线和 380 V 母线的短路电流 $I_k^{(3)}$、$I''^{(3)}$、$I_\infty^{(3)}$、$i_{sh}^{(3)}$、$I_{sh}^{(3)}$ 及短路容量 $S_k^{(3)}$，并列短路计算表。

项目六　电气设备的选择

任务 1　设备选择的原则

任务目标

掌握电气设备选择的原则。

任务提出

在供配电系统中，电能的传输主要是靠电气设备完成的。电气设备的选择是供配电部分的重要内容之一，如何正确地选择电气设备将直接影响到供配电系统的安全及经济运行。因此，在进行设备的选择时，必须执行国家的有关技术经济政策，在保证安全、可靠的前提下，力争做到技术先进、经济合理、运行方便和留有适当的发展余地，以满足电力系统安全、经济运行的需要。电气设备的性能特点对供配电质量起着非常关键的作用。为了能安全、有效地对电能进行传输和利用，必须选择理想的电气设备。

相关知识

本部分介绍电气设备选择的基本原则。

1. 按正常工作条件选择电气设备

（1）电气设备形式的选择。选用电气设备必须考虑设备的装置地点和工作环境。另外，根据施工安装、运行操作或维护检修的要求，电气设备有各种不同的形式可供选择。

（2）电气设备电压的选择。选择电气设备时，应使所选择的电气设备的额定电压大于或等于其所在线路的额定电压，即

$$U_N \geqslant U_{W.N} \tag{6-1}$$

（3）电气设备额定电流的选择。电气设备的额定电流应大于或等于正常工作时的最大负荷电流，即

$$I_N \geqslant I_{max} \tag{6-2}$$

我国目前所生产的电气设备，设计师取周围空气温度为 40℃ 作为计算值，如装置地点周围空气温度低于 40℃ 时，每低 1℃，则电气设备（如断路器、负荷开关、隔离开关、电流互感器、套管绝缘子等）的允许工作电流可以比额定值增大 0.5%，但总共增大的值不能超过 20%。

2. 按短路条件校验电气设备

（1）电气设备的热稳定度校验。电气设备热稳定度校验是以电气设备的短路电流的数值作为依据的，在工程上常采用下式来做热稳定度校验，即

$$I_t^2 t \geqslant I_\infty^{(3)2} t_{ima} \tag{6-3}$$

式中：I_t 为电气设备的热稳定电流；t 为热稳定时间。

（2）电气设备的动稳定校验。断路器、负荷开关、隔离开关及电抗器的动稳定应满足下式的要求：

$$i_{max} \geqslant i_{sh}^{(3)} \tag{6-4}$$
$$I_{max} \geqslant I_{sh}^{(3)}$$

式中：I_{max}、i_{max} 分别为制造厂规定的电器允许通过的最大电流的有效值和幅值（kA）；I_{sh}、i_{sh} 分别为按三相短路电流计算所得的短路全电流的有效值和冲击电流值（kA）。

（3）开关电器断流能力的检验。开关电器设备的断流容量不小于安装地点最大三相短路容量，即

$$I_{oc} \geqslant I_{k.max}^{(3)} \tag{6-5}$$
$$S_{oc} \geqslant S_{k.max}$$

任务 2　高压电气设备的选择

任务目标

（1）掌握高压开关电气设备的选择知识。

（2）掌握高压开关柜的选择知识。

任务提出

高压电气设备是构成供配电系统的重要组成部分，在电力系统中的主要作用有：关断高压线路或负荷，电能的供、断，改变系统运行方式，断开故障电流，保护线路和设备等。为保证供配电系统能安全、正常地运行，高压电气设备的质量和性能特点必须符合要求。学习高压设备的选择知识是选择好设备的前提条件。

相关知识

6.2.1　高压断路器的选择

高压断路器是供电系统中最重要的设备之一，目前 6~35 kV 系统中使用最为广泛的是油断路器和真空断路器。断路器的选择，除考虑额定电压和额定电流外，还要校验其断流容量和短路时的动稳定与热稳定是否符合要求（见表 6-1）。从选择的过程来看，一般先按断路器的使用场合、环境条件（见表 6-2）来选择型号，然后再选择其额定电压和额定电流值，最后校验断流容量和动稳定与热稳定度。现在由于成套装置应用较为普遍，断路器大多数选择户内型的，如果是户外变电所，则放置在户外的断路器应该选择户外型的。

表 6－1　高压设备选择校验项目

电器设备名称	电压	电流	断流能力	断流电流校验	
				动稳定度	热稳定度
高压断路器	√	√	√	√	√
高压隔离开关	√	√	—	√	√
高压负荷开关	√	√	√	√	√
高压熔断器	√	√	√	—	—
电流互感器	√	√	—	√	√
电压互感器	√	—	—	—	—
支柱绝缘子	√	—	—	√	—
套管绝缘子	√	√	—	√	√
母线（硬）	—	√	—	√	—
电缆	√	√	—	—	√

注：表中"√"表示必须校验，"—"表示不必校验。

表 6－2　断路器环境要求

型　号	使用场合	环境温度/℃	海拔高度/m	相对湿度/%	其他要求
SN10－10	户内无频繁操作	－5～40	≤1000	＜90	无火灾、无爆炸
ZN10－10	户内可频繁操作	－10～40	≤1000	＜95	无严重污垢、无化学腐蚀、无剧烈震动

6.2.2　高压隔离开关的选择

由于隔离开关主要用于电气隔离而不能分断正常负荷电流和短路电流，因此，只需要选择额定电压和额定电流，校验动稳定度和热稳定度。在成套开关柜中，生产厂家一般都会提供各种配置的开关柜方案号，并配有柜内设备型号，用户可按厂商提供的型号选择，也可自己指定设备型号。某些开关柜柜内高压隔离开关有的带接地刀，有的不带接地刀，也有旋转式隔离开关，如 GN30 系列。

6.2.3　高压熔断器的选择

1. 熔断器额定电压的选择

对于一般的高压熔断器，其额定电压等于线路的额定电压，即

$$U_{N.FU} = U_N \tag{6-6}$$

2. 熔断器熔体额定电流的选择

熔断器额定电流应大于或等于所装熔体额定电流，即

$$I_{N.FU} \geqslant I_{N.FE} \tag{6-7}$$

式中：$I_{N.FU}$ 为熔断器额定电流（A）；$I_{N.FE}$ 为熔体额定电流（A）。

选择时还应必须满足以下几个条件：

（1）正常工作时熔断器的熔体不应熔断，要求熔体额定电流大于或等于通过熔体的最大工作电流。

（2）在电动机启动时，熔断器的熔体在尖峰电流的作用下不应熔断。

（3）对于 6～10 kV 变压器，凡容量在 1000 kVA 及以下者，可采用熔断器作为变压器的短路及过载保护，其熔体额定电流可取为变压器一次侧额定电流的 1.4～2 倍。

（4）低压网络中用熔断器作为保护时，为了保证熔断器保护动作的选择性，一般要求上级熔断器的熔体额定电流比下级熔断器的熔体额定电流大两级以上。

（5）应保证线路在过载或短路时，熔断器熔体未熔断前，导线或电缆不至于过热而损坏。

3. 熔断器极限熔断电流或极限熔断容量的校验

（1）对有限流作用的熔断器（如 RN1 型），其断流能力 I_{oc} 应满足：

$$I_{oc} \geq I''^{(3)} \qquad (6-8)$$

式中：$I''^{(3)}$ 为熔断器安装处三相次暂态短路有效值，无限大容量系统中 $I''^{(3)} = I_\infty^{(3)}$。因限流式熔断器开断的短路电流是 $I''^{(3)}$。

（2）对无限流作用的熔断器（如 RW4 型），可能开断的短路电流是短路冲击电流，其断流能力应大于三相短路冲击电流有效值 $I_{sh}^{(3)}$，即

$$I_{oc} \geq I_{sh}^{(3)} \qquad (6-9)$$

（3）对有断流能力有下限值的熔断器还应满足：

$$I_{oc.min} \leq I_k^{(2)} \qquad (6-10)$$

式中：$I_{oc.min}$ 为熔断器分断电流下限值；$I_k^{(2)}$ 为线路末端两相短路电流（中性点非有效接地系统）。

4. 保护电力变压器（高压侧）的熔断器熔体电流的选择

考虑到变压器的正常过负荷能力（20％左右）、变压器低压侧尖峰电流及变压器空载合闸时的励磁涌流，熔断器熔体额定电流应满足：

$$I_{N.FE} = (1.5 \sim 2.0)I_{1N.T} \qquad (6-11)$$

式中：$I_{N.FE}$ 为熔断器熔体额定电流；$I_{1N.T}$ 为变压器一次绕组额定电流。

5. 保护电压互感器的熔断器的选择

因电压互感器二次侧电流很小，故选择 RN2 型专用熔断器作电压互感器短路保护，其熔体额定电流为 0.5 A。

探索与实践

1. 某一 10 kV 开关柜出线处，线路计算电流为 400 A，三相最大短路电流为 3.2 kA，冲击短路电流为 8.5 kA，三相短路容量为 55 MVA，继电保护动作时间为 1.6 s。该线路可能频繁操作，试选择断路器。

解：因为线路需要频繁操作，且为户内型，故选择户内真空断路器。根据变压器二次侧额定电流选择断路器的额定电流。

查附表 3，选择 ZN5－10/630 型真空断路器，其有关技术参数及安装地点电气条件和

计算选择结果列于表 6-3，可见断路器的参数均大于装设地点的电气条件，所选断路器合格。高压断路器选择校验表如表 6-3 所示。

表 6-3 高压断路器选择校验表

序号	ZN5-10/630		选择要求	装设地点电气条件		结论
	项目	数据		项目	数据	
1	U_N	10 kV	$\geqslant$	$U_{W.N}$	10 kV	合格
2	I_N	630 A	$\geqslant$	I_C	400 A	合格
3	$I_{oc.N}$	20 kA	$\geqslant$	$I_k^{(3)}$	3.2 kA	合格
4	$I_{oc.max}$	50 kA	$\geqslant$	$i_{sh}^{(3)}$	8.5 kA	合格
5	$I_t^2 \times 4$	$20^2 \times 2 = 800$ kA²·s	$\geqslant$	$I_\infty^2 \times t_{ima}$	$(3.2)^2 \times (1.6 + 0.05)$ $= 16.44$ kA²·s	合格

2. 按题 1 所给的电气条件，选择柜内隔离开关。

解：由于 10 kV 出线控制采用成套开关柜，所以选择 GN24-10D 型，其中 D 表示带接地刀，它是在 GN19 型隔离开关结构的基础上增加接地开关而成，具有合闸、分闸、接地三个工作位置，并能分步动作，具有防止带电挂接地线和带接地线合闸的防误操作性能。选择计算结果列于表 6-4。

表 6-4 高压隔离开关选择校验表

序号	GN24-10D/630		选择要求	安装地点电气条件		结论
	项目	数据		项目	计算数据	
1	U_N	10 kV	$\geqslant$	$U_{W.N}$	10 kV	合格
2	I_N	630 A	$\geqslant$	I_C	400 A	合格
3	动稳定 $I_{oc.max}$	50 kA	$\geqslant$	$i_{sh}^{(3)}$	8.5 kA	合格
4	热稳定	$I_t^2 \times 4 = 20^2 \times 4$ $= 1600$ kA²·s	$\geqslant$	$I_\infty^2 \times t_{ima}$	$(3.2)^2 \times (1.6 + 0.05)$ $= 16.44$ kA²·s	合格

任务 3 低压电气设备的选择

 任务目标

(1) 掌握低压断路器的选择知识。

(2) 掌握低压熔断器的选择知识。

任务提出

低压电气设备在供配电系统中的应用非常广泛，对低压配电电气设备的要求是灭弧能力强、分断能力好、热稳定度能好、限流准确等。因而低压电气设备的性能特点对供配电系统质量有着直接的影响，为了选择一款理想的低压电气设备，必须掌握低压电气设备选择时应注意的问题。本任务重点介绍低压断路器和低压熔断器的选择知识。

 **相关知识**

6.3.1　低压熔断器的选择

1. 低压熔断器的选择方法

（1）根据工作环境条件要求选择熔断器的型号。

（2）熔断器的额定电压应不低于保护线路的额定电压。

（3）熔断器的额定电流应不小于其熔体的额定电流，即

$$I_{\text{N.FU}} \geqslant I_{\text{N.FE}} \qquad (6-12)$$

2. 熔体额定电流的选择

（1）熔断器熔体额定电流 $I_{\text{N.FE}}$ 应不小于线路的计算电流 I_{C}，使熔体在线路正常工作时不至于熔断，即

$$I_{\text{N.FE}} \geqslant I_{\text{C}} \qquad (6-13)$$

（2）熔体额定电流还应躲过尖峰电流 I_{pk}，因此，熔体额定电流应满足下列条件：

$$I_{\text{N.FE}} \geqslant K \cdot I_{\text{pk}} \qquad (6-14)$$

式中，K 为小于 1 的计算系数，K 的取值见表 6-5。

表 6-5　K 系数的取值范围

线路情况	启　动　时　间	K 值
单台电动机	3 s 以下	0.25～0.35
	3～8 s(重载启动)	0.35～0.5
	8 s 以上及频繁启动、反接制动	0.5～0.6
多台电动机	按最大一台电动机启动情况	0.5～1
	I_{C} 与 I_{pk} 较接近时	1

（3）熔断器应考虑与被保护线路配合，在被保护线路过负荷或短路时能得到可靠的保护，还应满足下列条件：

$$I_{\text{N.FE}} \leqslant K_{\text{OL}} I_{\text{al}} \qquad (6-15)$$

式中，I_{al} 为绝缘导线和电缆最大允许载流量，K_{OL} 为绝缘导线和电缆允许短时过负荷系数。当熔断器作短路保护时，绝缘导线和电缆的过负荷系数取 2.5，明敷导线取 1.5；当熔断器作为过负荷保护时，各类导线的过负荷系数取 0.8～1。

3. 熔断器的断流能力校验

（1）对限流式熔断器，只需满足条件：

$$I_{\infty} \geqslant I''^{(3)} \qquad (6-16)$$

（2）对非限流式熔断器，应满足条件：

$$I_{\infty} \geqslant I_{\text{sh}}^{(3)} \qquad (6-17)$$

4. 前后级熔断器间选择性配合

低压线路中，熔断器较多，前后级间的熔断器在选择性上必须配合，以使靠近故障点的熔断器最先熔断。一般前级熔断器的熔体电流应比后级大 2～3 级。

6.3.2　低压断路器的选择

1. 低压断路器的种类和类型

低压断路器按用途常分为配电用断路器、电动机保护用断路器、照明用断路器和漏电保护用断路器；按结构形式分有塑壳式和框架式两大类。

2. 低压断路器选择的一般原则

（1）低压断路器的型号及操作机构形式应符合工作环境、保护性能等方面的要求。

（2）额定电压应不低于装设地点线路的额定电压。

（3）额定电流应不小于它所能安装的最大脱扣器的额定电流。

（4）短路断流能力应不小于线路中最大的短路电流。

在校验断流能力时，线路中最大的短路电流应是指 $I_k^{(3)}$ 或 $I_{sh}^{(3)}$。

① 对万能式（DW 型）断路器，其分断时间在 0.02 s 以上时：

$$I_{oc} \geq I_k^{(3)} \qquad\qquad (6-18)$$

② 对塑壳式（DZ 型或其他型号）断路器，其分断时间在 0.02 s 以下时：

$$I_{oc} \geq I_{sh}^{(3)} \quad\text{或}\quad i_{oc} \geq i_{sh}^{(3)} \qquad\qquad (6-19)$$

3. 低压断路器脱扣电流的整定

（1）低压断路器过流脱扣器额定电流的选择。过流脱扣器额定电流 $I_{N.OR}$ 应大于或等于线路的计算电流 I_C，即

$$I_{N.OR} \geq I_C \qquad\qquad (6-20)$$

（2）瞬时过电流脱扣器的动作电流的整定。瞬时脱扣器的动作电流 $I_{op.(0)}$ 应躲过线路的尖峰电流 I_{pk}，因此

$$I_{op.(0)} \geq K_{rel} I_{pk} \qquad\qquad (6-21)$$

式中：K_{rel} 为可靠系数。其取值范围为：对动作时间在 0.02 s 以上的断路器，如 DW 型、ME 型断路器，K_{rel} 取 1.35；对动作时间在 0.02 s 以下的断路器，如 DZ 型断路器，K_{rel} 取 2～2.5。

（3）短延时脱扣器的动作电流的整定。短延时脱扣器的动作电流 $I_{op.(s)}$ 应躲过线路的尖峰电流 I_{pk}，因此

$$I_{op.(s)} \geq K_{rel} I_{pk} \qquad\qquad (6-22)$$

式中：K_{rel} 为可靠系数，可取 1.2。

（4）长延时脱扣器的动作电流的整定。长延时脱扣器的动作电流 $I_{op.(l)}$ 应大于或等于线路的计算电流 I_C，即

$$I_{op.(l)} \geq K_{rel} I_C \qquad\qquad (6-23)$$

式中：K_{rel} 为可靠系数，取 1.1。

（5）过电流脱扣器与配电线路的配合。过电流脱扣器的整定电流与导线或电缆的允许电流（修正值）应按下式配合：

$$I_{op} \leqslant K_{OL} I_{al} \tag{6-24}$$

式中：I_{al} 为导线或电缆的允许载流量；K_{OL} 为导线或电缆允许短时过负荷系数。对瞬时和短延时过流脱扣器，$K_{OL}=4.5$；对长延时过流脱扣器，$K_{OL}=1$；对有爆炸气体区域的配电线路，$K_{OL}=0.8$。

4. 低压断路器热脱扣器的选择和整定

（1）热脱扣器的额定电流应不小于线路最大计算负荷电流 I_C，即

$$I_{N.TR} \geqslant I_C \tag{6-25}$$

（2）热脱扣器动作电流的整定。热脱扣器动作电流应由线路最大计算负荷电流来整定，即

$$I_{op.TR} \geqslant K_{rel} I_C \tag{6-26}$$

式中，K_{rel} 取 1.1，并应在实际运行时调试。

5. 欠电压脱扣器和分励脱扣器的选择

欠电压脱扣器主要用欠压或失压保护，当电压下降至 $(0.35\sim0.7)U_N$ 时便能动作。分励脱扣器主要用于断路器的分闸操作，在 $(0.85\sim1.1)U_N$ 时便能可靠动作。欠压和分励脱扣器的额定电压应等于线路的额定电压，并按直流或交流的类型及操作要求进行选择。

6. 低压断路器保护灵敏度和断流能力的校验

（1）低压断路器保护灵敏度校验。

$$K_S^{(1)} = \frac{I_{k.min}^{(1)}}{I_{op.s}} \geqslant 1.5\sim2, \quad K_S^{(2)} = \frac{I_{k.min}^{(2)}}{I_{op.s}} \geqslant 1.5\sim2 \tag{6-27}$$

式中：$I_{k.min}^{(1)}$、$I_{k.min}^{(2)}$ 为在最小运行方式下线路末端发生两相或单相短路时的短路电流；$K_S^{(2)}$ 为两相短路时的灵敏度，一般取 2；$K_S^{(1)}$ 为单相短路时的灵敏度，对于框架开关一般取 2，对于塑壳开关一般取 1.5。

（2）低压断路器断流能力的校验。对于动作时间在 0.02 s 以上的框架断路器，其极限分断电流应不小于通过它的最大三相短路电流的周期分量有效值：

$$I_{OFF} \geqslant I_k^{(3)} \tag{6-28}$$

式中：I_{OFF} 为框架断路器其极限分断电流；$I_k^{(3)}$ 为三相短路电流的周期分量有效值。

对于动作时间在 0.02 s 以下的塑壳断路器，其极限分断电流应不小于通过它的最大三相短路电流冲击值：

$$I_{OFF} \geqslant I_{sh} \quad 或 \quad i_{OFF} \geqslant i_{sh} \tag{6-29}$$

式中：i_{OFF}、I_{OFF} 为塑壳断路器极限分断电流峰值和有效值；i_{sh}、I_{sh} 为三相短路电流冲击值和冲击有效值。

探索与实践

1. 有一台电动机，$U_N=380$ V，$P_N=17$ kW，$I_C=42.3$ A，属重载启动，启动电流为 188 A，启动时间为 3~8 s。采用 BLV 型导线穿钢管敷设线路，导线截面为 10 mm²。该电机采用 RT0 型熔断器做短路保护，线路最大短路电流为 21 kA。选择熔断器及熔体的额定电流，并进行校验。

解：（1）选择熔体及熔断器额定电流。

① $I_{N.FE} \geqslant I_C = 42.3$ A；

② $I_{N.FE} \geqslant K \cdot I_{pk} = 0.4 \times 188$ A $= 75.2$ A。

根据以上两式计算结果查附表 13 选 $I_{N.FE} = 80$ A。

熔断器的额定电流应不小于其熔体的额定电流，查附表 13 选 RT0－100 型熔断器，其熔体额定电流为 80 A，熔断器额定电流为 100 A，最大断流能力 50 kA。

（2）校验熔断器能力。

$$I_{oc} = 50 \text{ kA} > 21 \text{ kA}$$

断流能力满足要求。

2. 某 0.38 kV 动力线路，采用低压断路器保护，线路计算电流为 125 A，尖峰电流为 390 A，线路首端三相短路电流为 7.6 kA，最小单相短路电流为 2.5 kA，线路允许载流量为 135 A（BLV 三芯绝缘导线穿塑料管），试选择低压断路器。

解：一般低压断路器都是安装在低压配电屏内，设所选断路器为 DW15 系列断路器，查附表 14、附表 15，确定配置瞬时和长延时过流脱扣器。

（1）瞬时脱扣器额定电流选择及动作电流的整定。

① $I_{N.OR} \geqslant I_C = 125$ A，故选择 $I_{N.OR} = 200$ A 脱扣器；

② $I_{op.(0)} \geqslant K_{rel} I_{pk} = 1.35 \times 390$ A $= 527$ A。

选择 3 倍整定倍数的瞬时脱扣器，则动作电流整定为

$$3 \times 200 = 600 \text{ A} > 527 \text{ A}$$

③ 与保护线路配合。

$$I_{op.(0)} = 600 \text{ A} \leqslant 4.5 I_{al} = 4.5 \times 135 \text{ A} = 607.5 \text{ A}$$

满足要求。

（2）长延时脱扣器的动作电流的整定。

① 动作电流整定。

$$I_{op.(l)} \geqslant K_{rel} I_C = 1.1 \times 125 \text{ A} = 137.5 \text{ A}$$

选取 128～160～200 中整定电流为 160 A（0.8 倍）的脱扣器，则

$$I_{op.(l)} = 160 \text{ A}$$

② 与保护线路的配合。

$$I_{op} = 160 \leqslant K_{OL} I_{al} = 1 \times 165 \text{ A} = 165 \text{ A}$$

满足要求。

（3）断流能力校验。

$$I_{oc} = 20 \text{ kA} > 7.6 \text{ kA}$$

满足要求。

（4）灵敏度校验。

$$K_s = \frac{I_{k.min}}{I_{op}} = \frac{2.5 \times 10^3}{600} = 4.2 > 1.3$$

灵敏度满足要求。

所选低压断路器为 DW15－200 或 DW15－400，脱扣器额定电流为 200 A。

项 目 小 结

一般先考虑设备的工作环境条件，即户内、户外、安装方式、环境温度等，才能确定所选设备的具体型号。设备额定电压大于或等于线路额定电压，设备额定电流应大于或等于线路实际计算电流。短路时有短路电流通过的设备均要校验动稳定度和热稳定度，如隔离开关、电流互感器。电缆只需校验热稳定度而不需要校验动稳定度（软导线，强度已足够）；电压互感器则不必校验动稳定度和热稳定度。断路器、熔断器不仅要校验断流能力，还要校验动稳定度和热稳定度。但熔断器例外，因为熔断器没有触头，而且分断短路电流后熔体熔断（损坏），故不必校验动稳定度和热稳定度。

项 目 练 习

1. 高压断路器的技术参数有哪些？
2. 高压断路器是如何分类的，对运行中的高压断路器的基本要求是什么？
3. 如何选择高压断路器？
4. 隔离开关选择及校验条件有哪些？
5. 如何选择熔断器熔体的额定电流？
6. 低压断路器的选择应该满足哪些条件？
7. 对低压断路器和低压熔断器的保护功能进行对比，分析有何区别。
8. 某 380 V 动力线路，有一台 15 kW 电动机，功率因数为 0.8，功率为 0.88，启动倍数为 7，启动时间为 3～8 s，塑料绝缘导体截面为 16 mm^2，穿钢管敷设，三相短路电流为 16.7 kA，采用熔断器做短路保护并与线路配合。试选择 RTO 型熔断器及额定电流（环境温度按 +35℃ 计）。

项目七　供配电系统的保护

任务 1　供配电系统继电保护装置的任务和要求

任务目标

（1）了解供配电系统保护装置的作用。

（2）了解供配电系统保护装置的要求。

任务提出

供配电系统安全稳定运行对国民经济、人民生活、社会稳定都有着极其重要的影响。运行中的供配电系统，由于雷击、倒塔、内部过电压或运行人员误操作等原因会造成电力系统故障和不正常运行状态。因此，需要专门的技术为供配电系统建立一个安全保障体系，其中最重要的专门技术就是继电保护技术。继电保护是供配电系统重要的组成部分，是保证供配电系统安全可靠运行的不可缺少的技术措施。

相关知识

7.1.1　供配电系统继电保护装置的基本任务

1. 供配电系统的工作状态

供配电系统的工作状态可分为正常、故障及不正常运行三种。

（1）正常运行状态。供配电系统正常运行时，三相的电压和电流对称或基本对称，电气元件和系统的运行参数都在允许范围内变动。

（2）故障状态。在继电保护中所指的"故障"是指不能继续运行，必须跳闸或停电的设备故障，在目前电站运行中通常叫作事故。电气元件发生短路、断线时的状态均为故障状态。最常见且最危险的故障是各种类型的短路，其中三相短路的后果最为严重。发生短路时，通过短路回路的短路电流比正常运行时的负荷电流大若干倍甚至几十倍。

（3）不正常运行状态。供配电系统中电气元件的正常工作遭到破坏，但没有发生故障，这种情况属于不正常运行状态。例如，因负荷超过供电设备的额定值引起的电流升高（称为过负荷），就是一种常见的不正常工作状态。过负荷会使电气元件载流部分和绝缘材料温度升高而过热，加速绝缘材料老化和损坏，并有可能发展成故障。

供配电系统中发生不正常运行状态和故障时，都可能引起系统事故。事故指系统或其中一部分的正常工作遭到破坏，并造成对用户少送电或电能质量变坏到不能容许的程度，甚至造成人身伤亡和电气设备损坏的情况。故障一旦发生，将会以很快的速度影响其他非故障设备，甚至引起新的故障。为防止系统事故扩大，保证非故障部分仍能可靠地供电，并维持电力系统运行的稳定性，要求迅速、有选择地切除故障元件。切除故障的时间有时要求短到十分之几秒到百分之几秒，显然在这样短的时间内，由运行人员发现故障设备，并将故障设备切除是不可能的。只有借助于安装在每一个电气设备上的自动装置，即继电保护装置，才能实现。

2. 继电保护装置

继电保护装置是指安装在被保护元件上，反映被保护元件故障或不正常运行状态并作用于断路器跳闸或发出信号的一种自动装置。

继电保护装置的基本任务是：

（1）自动、迅速、有选择性地将故障元件从电力系统中切除，使故障元件免于继续遭到破坏，并保证其他无故障元件迅速恢复正常运行。

（2）反映电气元件不正常运行情况，并根据不正常运行情况的种类和电气元件维护条件，发出信号，由运行人员进行处理或自动地进行调整或将那些继续运行会引起事故的电气元件予以切除。反映不正常运行情况的继电保护装置允许带有一定的延时动作。

（3）继电保护装置还可以和电力系统中其他自动化装置配合，在条件允许时，采取预定措施，缩短事故停电时间，尽快恢复供电，从而提高电力系统运行的可靠性。

综上所述，继电保护在电力系统中的主要作用是通过预防事故或缩小事故范围来提高系统运行的可靠性。继电保护装置是电力系统中重要的组成部分，是保证电力系统安全和可靠运行的重要技术措施之一。在现代化的电力系统中，如果没有继电保护装置，就无法维持电力系统的正常运行。

7.1.2 供配电系统继电保护装置的要求

为了使继电保护装置能及时、正确地完成它所担负的任务，对继电保护装置提出了选择性、快速性、灵敏性和可靠性等四个基本要求。

1. 选择性

当供配电系统中某部分发生故障时，要求继电保护装置只将故障设备切除，尽量缩小停电范围，从而保证非故障部分能尽快恢复正常运行，这就应保证使最靠近故障点的断路器首先跳闸。这种动作称为继电保护动作的选择性。在图 7.1 所示的系统中，在 K 点发生短路故障，应由离故障点最近的保护装置 3 动作，使断路器 QF3 跳闸，将故障线路 WL3 切除，线路 WL1 和 WL2 仍继续运行。

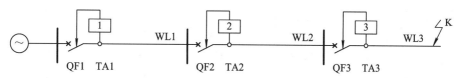

图 7.1 继电保护装置选择性示意图

2. 快速性

快速性就是当电力系统中发生故障时,继电保护及断路器能快速动作,以最短时限将故障切除,使电力系统的损失及设备损坏程度为最小的一种性能。

3. 灵敏性

灵敏性是指继电保护装置对其保护范围内的电器设备可能发生的故障和不正常运行状态的反应能力。一般是用被保护的电气设备发生故障时,通过保护装置的故障参数量(如短路电流值)与保护装置的动作参数量(如动作电流整定值)的比值大小来判断的,这个比值称为灵敏系数,用 K_s 来表示。

$$K_s = \frac{I_{k.\min}}{I_{op}} \tag{7-1}$$

式中:$I_{k.\min}$ 为保护范围内的最小短路电流;I_{op} 为保护装置动作电流整定值。

4. 可靠性

继电保护在其所规定的保护范围内发生故障或不正常运行状态时,要准确动作,不应该拒动作;发生任何保护装置不应该动作的故障或不正常运行状态时,不应误动作。图7.1所示的系统 K 点发生短路,保护装置 3 不应该拒动作,保护装置 1 和保护装置 2 不应该误动作。

继电保护的可靠性可用正确动作率来衡量,即

$$正确动作率 = \frac{正确动作次数}{总动作次数} \times 100\% \tag{7-2}$$

其值应尽可能接近于 100%。

任务 2　常用的保护继电器

 任务目标

(1) 了解电磁式继电器的结构和工作原理。

(2) 了解过电压继电器与欠电压继电器的区别与联系。

(3) 理解信号继电器自保持触点的作用。

(4) 掌握中间继电器的特点。

任务提出

供配电系统的继电保护装置由各种保护用继电器构成。保护继电器的种类很多,按继电器的结构原理分,有电磁式、感应式、数字式、微机式等继电器;按继电器反映的物理量分,有电流继电器、电压继电器、功率方向继电器、气体继电器等;按继电器反映的物理量变化分,有过量继电器和欠量继电器,如过电流继电器、欠电压继电器;按继电保护在保护装置中的功能分,有启动继电器、时间继电器、信号继电器和中间继电器等。

供配电系统中常用的继电器主要是电磁式继电器。在现代化的大型企业中也开始使用微机式继电器或微机保护。

📖**相关知识**

7.2.1 电磁式电流和电压继电器

电磁式继电器的结构形式主要有三种，即螺管线圈式、吸引衔铁式及转动舌片式，如图 7.2 所示。

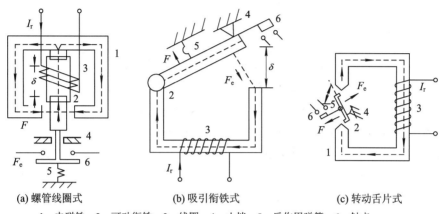

(a) 螺管线圈式　　　　　(b) 吸引衔铁式　　　　　(c) 转动舌片式

1—电磁铁；2—可动衔铁；3—线圈；4—止挡；5—反作用弹簧；6—触点。

图 7.2　电磁式继电器三种基本结构形式

电磁式电流继电器和电压继电器在继电保护装置中均为启动元件，属于测量继电器。电流继电器的文字符号为 KA，电压继电器的文字符号为 KV。

1. 电磁式电流继电器

电流继电器的作用是测量电流的大小，常用的 DL 系列电磁式电流继电器的基本结构为转动舌片式，如图 7.2(c) 所示。其具体内部结构如图 7.3 所示，图 7.4 是其内部接线图和图形符号，其线圈导线较粗，匝数较少，串接在电流互感器的二次侧，作为电流保护的启动元件，用于判断被保护线路的运行状态。

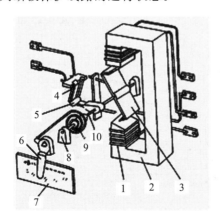

1—线圈；
2—电磁铁；
3—Z 形舌片；
4—静触头；
5—动触头；
6—动作电流调整杆；
7—标度盘；
8—轴承；
9—反作用弹簧；
10—轴。

图 7.3　DL 型电磁式电流继电器的内部结构图

由图 7.3 可知，常见的电磁式电流继电器由铁芯、线圈、固定在转轴上的 Z 形舌片及动触点、静触点等构成。通过继电器的电流产生电磁转矩 M_e，作用于 Z 形舌片，弹簧产生

反作用力矩 M_s，作用于转轴。当 $M_e > M_s$ 时，使 Z 形舌片转动（忽略轴与轴承的摩擦力矩），动合触点（亦称常开触点，继电器不带电时处在断开状态、动作时闭合的触点）闭合，称之继电器动作。继电器动作条件为

$$M_e > M_s \qquad (7-3)$$

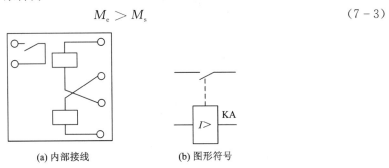

(a) 内部接线　　　　　(b) 图形符号

图 7.4　DL 型电磁式电流继电器的内部接线图和图形符号

使继电器动作的最小电流称为动作电流，用 I_{op} 表示。

继电器动作后，减小通过继电器的电流，电流产生的电磁力矩 M_e 也随之减小，当小于弹簧产生的反作用力矩 M_s 时，Z 形舌片在 M_s 的作用下，回到动作前的位置，动合触点断开，称为继电器的返回。继电器的返回条件为

$$M_e < M_s \qquad (7-4)$$

使继电器返回的最大电流称为返回电流，用 I_{re} 表示。由于动作前后 Z 形舌片的位置不同，动作后磁路的气隙变小，故返回电流 I_{re} 总是小于动作电流 I_{op}。返回电流 I_{re} 与动作电流 I_{re} 的比值称为返回系数 K_{re}，即

$$K_{re} = \frac{I_{re}}{I_{op}} \qquad (7-5)$$

取 $K_{re} = 0.85 \sim 0.95$，实际应用中根据具体要求选用电流继电器。

电磁式电流继电器动作电流的调整可采用以下两种办法：

（1）改变线圈的连接方式。利用连接片可以将继电器两个线圈接成串联或并联。由于继电器的动作磁动势是一定的，线圈串联时流入继电器的电流与通过线圈的电流相等；改为并联时通入线圈电流是流入继电器电流的 1/2，因此必须使流入继电器的电流增加一倍才能获得与串联时相同的磁动势，如图 7.5 所示。

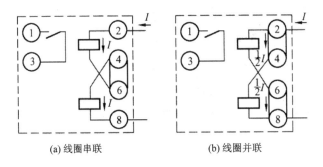

(a) 线圈串联　　　　　(b) 线圈并联

图 7.5　电流继电器内部线圈连接

（2）通过动作电流调整杆改变弹簧的反作用力矩。要注意的是，调整杆刻度盘的标度不一定准确，需要进行实测。同时，当采用串联接法时，动作电流的数值为刻度盘的数值；

当采用并联接法时,动作电流的数值为刻度盘的数值乘以 2。

2. 电磁式电压继电器

电磁式电压继电器的基本结构与 DL 系列电磁型电流继电器相同。电压继电器分为过电压继电器和低电压继电器两种。

(1) 过电压继电器。过电压继电器的动作电压、返回电压和返回系数的概念及表达式和过电流继电器相似。

(2) 低电压继电器。低电压继电器是一种欠量继电器,它与过电流继电器及过电压继电器等过量继电器在许多方面不同。典型的低电压继电器具有一对常闭触点,正常情况下,继电器加的是电网的工作电压(电压互感器二次电压),触点断开。当电压降低到"动作电压"时,继电器动作,触点闭合。这个使继电器动作的最大电压,称为继电器的动作电压。当电压再继续增高时,使继电器触点重新打开的最小电压,称为继电器的返回电压,显然此时低电压继电器的返回系数大于 1。

7.2.2　电磁式时间继电器

电磁式时间继电器在继电保护装置中用来使保护装置获得所要求的延时(时限)。时间继电器的文字符号为 KT。

电力系统中常用的为 DS-110、DS-120 系列电磁型时间继电器,其中 DS-110 系列用于直流电,DS-120 系列用于交流电。时间继电器的基本结构如图 7.6 所示。图 7.7 所示为其内部接线图和图形符号,它主要由电磁部分、时钟部分和触点组成。当继电器的线圈 1 通电时,衔铁在磁场的作用下向下运动,时钟部分开始计时,动触点随时钟机构而旋转,延时的时间取决于动触点旋转至静触点接通所需转过的角度,这一延时可从读盘上粗略地估计。当线圈失压时,时钟机构在返回弹簧的作用下返回。有的继电器还有滑动延时触点,即当动触点在静触点上滑过时才闭合的触点。

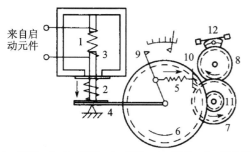

1—线圈;2、5—弹簧;3—衔铁;4—连杆;6—传动齿轮;
7—主传动齿轮;8—钟表延时机构;9、10—动、静触点;
11—棘轮;12—摆卡摆锤。

图 7.6　时间继电器的基本结构

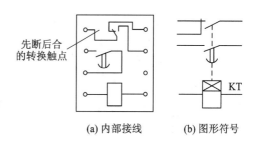

(a) 内部接线　　　(b) 图形符号

图 7.7　DS 型时间继电器内部接线图和图形符号

7.2.3　电磁型信号继电器

信号继电器作为装置动作的信号指示,标示装置所处的状态或接通灯光信号(音响)回路。信号继电器触点为自保持触点,应由值班人员手动复归或电动复归。信号继电器的文字符号为 KS。

　　图 7.8 所示为 DX－11 型信号继电器的结构原理图。图 7.9 是 DX－11 型信号继电器内部接线图和图形符号。当线圈中通电时，衔铁 3 克服弹簧 6 的拉力被吸引，信号牌 9 失去支持而落下，并保持在垂直位置，动静触点闭合，从信号牌显示窗口可以看到掉牌。信号继电器触点自保持，在值班员手动转动复归旋钮后才能将掉牌信号和触点复归，信号牌恢复到水平位置由衔铁 3 支持准备下一次动作。

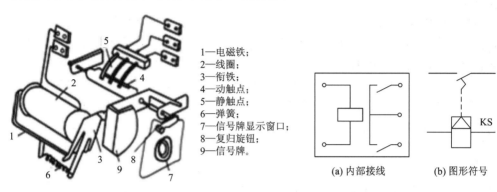

1—电磁铁；
2—线圈；
3—衔铁；
4—动触点；
5—静触点；
6—弹簧；
7—信号牌显示窗口；
8—复归旋钮；
9—信号牌。

(a) 内部接线　　　　(b) 图形符号

图 7.8　DX－11 型信号继电器的结构原理图

图 7.9　DX－11 型信号继电器内部接线图和图形符号

7.2.4　电磁式中间继电器

　　中间继电器是保护装置中不可或缺的辅助继电器，它与电磁式电流继电器和电压继电器相比具有如下特点：① 触点容量大，可直接作用于断路器跳闸；② 触点数目多，可同时接通或断开几个不同的回路；③ 具有固有的延时。其主要作用是用来弥补主继电器触头容量或触头数目的不足。图 7.10 所示是 DZ－10 型中间继电器的内部结构图。其内部接线图和图形符号如图 7.11 所示。中间继电器的文字符号为 KM。通常中间继电器采用吸引衔铁式结构，电力系统中常用 DZ－10 系列中间继电器，一般采用吸引衔铁结构，其工作原理与电流继电器基本相同。

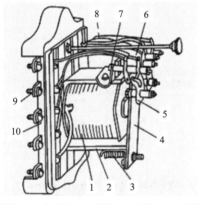

1—线圈；2—电磁铁；3—弹簧；4—衔铁；5—动触头；
6、7—静触头；8—连接线；9—接线端子；10—底座

图 7.10　DZ－10 型中间继电器的内部结构图

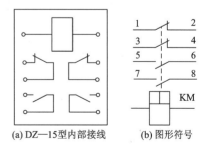

(a) DZ－15 型内部接线　　　(b) 图形符号

图 7.11　DZ－10 型中间继电器的内部接线图和图形符号

任务 3　电力线路的继电保护

任务目标

（1）掌握电流互感器与电流继电器的接线方式。
（2）理解电力线路过电流保护的动作原理和动作过程。
（3）理解电力线路电流速断保护的动作原理和动作过程。
（4）理解电力线路单相接地保护的保护原理。

任务提出

高压电力线路的电压等级一般为 6～35 kV，线路较短，通常为单端供电，常见的故障主要有相间短路、单相接地和过负荷。因此，继电保护比较简单，按 GB 50062－1992《电力装置的继电保护和自动装置设计规范》规定应采用电流保护，装设相间短路保护、单相接地保护和过负荷保护。本节内容有利于培养学生遵守操作规程和执行行业标准的职业素养。

相关知识

7.3.1　电流互感器与电流继电器的接线方式

电流互感器反映主电路电流的情况，是保护装置可靠工作的前提，为了解决这一问题必须了解继电保护和互感器的接线方式。电流保护的接线方式是指电流保护中的电流继电器与电流互感器二次绕组的连接方式。为了便于分析保护的接线方式和保护的整定计算，引入接线系数 K_w，它是流入继电器的电流 I_{KA} 与电流互感器二次绕组电流 I_2 的比值，即

$$K_w = \frac{I_{KA}}{I_2} \tag{7-6}$$

电流互感器与电流继电器之间的接线，主要有三种形式，即三相三继电器的三相星形接线（简称三相式接线）、两相两继电器的两相星形接线（简称两相式接线）和两相一继电器的两相差式接线（简称两相差式接线）。下面分别进行介绍。

1. 三相式接线

三相式接线如图 7.12 所示。采用这种接线方式时，互感器二次侧电流与流入电流继电器的电流是相等的，因此接线系数 $K_w = 1$。采用这种接线方式，如一次电路发生三相短路或任意两相短路或当中性点接地系统发生单相短路时，至少有一个继电器动作，从而使一次电路的断路器跳闸。采用这种接线方式，保护装置能反映所有形式的故障，且动作电流相同。但这种接线方式较复杂，所用设备较多，常用于 110 kV 及以上中性点直接接地系统中，

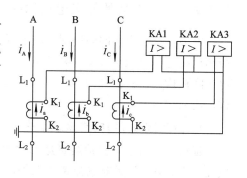

图 7.12　三相式接线

作为相间短路和单相短路的保护。Y_{d11}变压器的过电流保护大都采用这种接线方式，以提高继电保护装置的灵敏度。

2. 两相式接线

两相式接线如图 7.13 所示。此种接线的接线系数 $K_w=1$。这种接线方式能反映三相和两相短路。当一次电路发生三相或任意两相短路时，都至少有一个继电器动作，从而使一次电路的断路器跳闸。单相短路若发生在未装电流互感器的一相，则故障电流反映不到继电器线圈。如图 7.13 中 B 相接地时保护装置不能动作。可见两相式接线能保护各种相间短路，但不能完全反映单相短路。由于本接线方式只用了两个电流互感器和两个继电器，接线简单，所用设备较少，

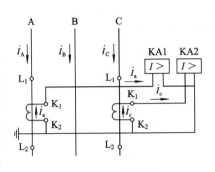

图 7.13　两相式接线

因此在 6～10 kV 小接地短路电流系统中得到了广泛应用。在这样的系统中，单相接地只是一种不正常的运行方式，并不需要跳闸。

3. 两相差式接线

两相差式接线如图 7.14 所示。在这种接线中，流入继电器的电流为两相电流互感器二次电流之差。在其一次电路发生三相短路时，流入继电器的电流为电流互感器二次电流的 $\sqrt{3}$ 倍，即 $K_w=\sqrt{3}$。在其一次电路的 A、C 两相发生短路时，流入继电器的电流（两相电流差）为电流互感器二次电流的 2 倍，即 $K_w=2$。在其一次电路的 A、B 两相或 B、C 两相发生短路时，流入继电器的电流只有一相（A 相或 C 相）为电流互感器的二次电流，即 $K_{w(A,B)}=K_{w(B,C)}=1$。此种接线能反映所有相间短路，而不能完全反映单相短路和两相接地短路，但

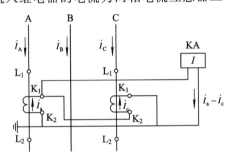

图 7.14　两相差式接线

保护灵敏度有所不同，有的甚至相差一倍，因此不如两相式接线。但它接线简单，使用继电器最少，故可以作为 10 kV 及以下企业的高压电动机保护。高压线路的继电保护装置中，继电器与电流互感器之间的连接方式应用较广泛的是两相式接线和两相差式接线。

7.3.2　电力线路Ⅲ段式电流保护

电力线路发生相间短路时，最主要的特征是电源至故障点之间的电流会突然增大，故障相母线上的电压会降低。利用电流突然增大而动作的保护装置称为电流保护装置，利用电压降低构成的保护称为电压保护装置。电流保护、电压保护在 35 kV 及以下输电线路中被广泛采用。

1. 瞬时(无时限)电流速断保护

根据电网对继电保护装置速动性的要求，在保证选择性及稳定性的前提下，在各种电气元件上，应装设瞬时电流速断保护（又称第 1 段电流保护），它是反映电流升高，不带时限动作的一种电流保护。

1) 工作原理及整定计算

在单侧电源辐射型电网的各线路的始端装设瞬时电流速断保护。当系统电源电势一定，线路上任一点发生短路故障时，短路电流的大小与短路点至电源之间的电抗（忽略电阻）及短路类型有关。当三相短路或两相短路时，流过保护安装地点的短路电流为

$$I_k^{(3)} = \frac{E_S}{X_S + X_1 l} \tag{7-7}$$

$$I_k^{(2)} = \frac{\sqrt{3}}{2} \times \frac{E_S}{X_S + X_1 l} \tag{7-8}$$

式中：E_s 为系统等效电源相电势；x_s 为系统等效电源到保护安装处之间的电抗；X_1 为线路单位千米长度的正序电抗；l 为短路点至保护安装处的距离（单位为 km）。

由式(7-7)和式(7-8)可见，当系统运行方式一定时，E_S 和 X_S 是常数，流过保护安装处的短路电流是短路点至保护安装处间距离 l 的函数。短路点距离电源越远，则 l 越大，短路电流值越小。

当系统运行方式改变或故障类型变化时，即使是同一点短路，短路电流的大小也会发生变化。在继电保护装置的整定计算中，一般考虑两种极端的运行方式，即最大运行方式和最小运行方式。流过保护安装处的短路电流最大时的运行方式称为系统最大运行方式，此时系统的阻抗 X_S 为最小；反之，流过保护安装处的短路电流最小时的运行方式称为系统最小运行方式，此时系统阻抗 X_S 最大。必须强调的是，继电保护课程中的系统运行方式与电力系统分析课程中所提到的运行方式相比，概念上存在着某些差别。图 7.15 中曲线 1表示最大运行方式下三相短路电流随 l 的变化曲线。曲线 2 表示最小运行方式下两相短路电流随 l 的变化曲线。

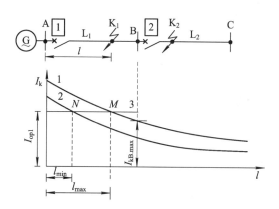

图 7.15　瞬时电流速断保护动作特性分析

假定在线路 L_1 和线路 L_2 上分别装设瞬时电流速断保护。根据选择性的要求，瞬时电流速断保护的动作范围不能超出被保护线路，即对保护 1 而言，在相邻线路 L_2 首端 K_2 点发生短路故障时，不应动作，而应由保护 2 动作切除故障。因此，瞬时电流速断保护 1 的动作电流应大于 K_2 点短路时流过保护安装处的最大短路电流。由于在相邻线路 L_2 首端 K_2 点短路时的最大短路电流和线路 L_1 末端 B 母线上短路时的最大短路电流几乎相等，故保护 1 瞬时电流速断保护的动作电流可按大于本线路末端短路时流过保护安装处的最大短路电流来整定，即

$$I_{op1}^{I} = K_{rel}^{I} I_{kB.max}$$ (7 - 9)

式中：I_{op1}^{I} 为保护装置 1 瞬时电流速断保护的动作电流，又称一次动作电流；K_{rel}^{I} 为可靠系数，考虑到继电器的整定误差、短路电流计算误差和非周期分量的影响等而引入的大于 1 的系数，一般取 $1.2 \sim 1.3$；$I_{kB.max}$ 为被保护线路末端 B 母线上三相短路时流过保护安装处的最大短路电流，一般取次暂态短路电流周期分量的有效值。

在图 7.15 中，以动作电流为参考画一条平行于横坐标的直线 3，其与曲线 1 和曲线 2 分别相交于 M 和 N 两点，在交点到保护安装处的一段线路上发生短路故障时，$I_K > I_{op1}^{I}$，保护 1 会动作。在交点以后的线路上发生短路故障时，$I_K < I_{op1}^{I}$，保护 1 不会动作。因此，瞬时电流速断保护不能保护本线路的全长。同时从图 7.15 中还可看出，瞬时电流速断保护范围会随系统运行方式和短路类型而变化。在最大运行方式下三相短路时，保护范围最大，为 l_{max}；在最小运行方式下两相短路时，保护范围最小，为 l_{min}。对于短线路，由于线路首末端短路时，短路电流数值相差不大，在最小运行方式下保护范围可能为零。瞬时电流速断保护的选择性是依靠保护整定值保证的。

瞬时电流速断保护的灵敏系数是用其最小保护范围来衡量的。规程规定最小保护范围 l_{min} 不应小于线路全长的 $15\% \sim 20\%$。

保护范围既可以用图解法求得，也可以用计算法求得。用计算法求解的方法如下：

图 7.15 中在最小保护区末端（交点 N）发生短路故障时，短路电流等于由式（7 - 10）所决定的保护的动作电流，即

$$I_{op1}^{I} = \frac{\sqrt{3}}{2} \times \frac{E_s}{X_{s.max} + X_1 l_{min}}$$ (7 - 10)

解上式得最小保护长度为

$$l_{min} = \frac{1}{X_1} \left(\frac{\sqrt{3}}{2} \times \frac{E_s}{I_{op1}^{I}} - X_{s.max} \right)$$ (7 - 11)

式中：$X_{s.max}$ 为系统最小运行方式下，最大等值电抗（Ω）；X_1 为输电线路单位千米正序电抗（Ω/km）。

同理，最大保护区末端短路时

$$I_{op1}^{I} = \frac{E_s}{X_{s.min} + X_1 l_{max}}$$ (7 - 12)

解得最大保护长度为

$$l_{max} = \frac{1}{X_1} \left(\frac{E_s}{I_{op1}^{I}} - X_{s.min} \right)$$ (7 - 13)

式中：$X_{s.min}$ 为系统最大运行方式下，最小等值电抗（Ω）。

通常规定，最大保护范围为 $l_{max} \geqslant 50\% l$（l 为被保护线路长度），最小保护范围为 $l_{min} \geqslant (15\% \sim 20\%) l$ 时，才能装设瞬时电流速断保护。

2）线路—变压器组瞬时电流速断保护

瞬时电流速断保护一般只能保护线路首端的一部分，但在某些特殊情况下，如电网的终端线路上采用线路—变压器组的接线方式时，如图 7.16 所示，瞬时电流速断保护的保护范围可以延伸到被保护线路以外，使全线路都能瞬时切除故障。因为可以把线路—变压器组看成一个整体，当变压器内部发生故障时，切除变压器和切除线路的后果是相同的，因

此线路的瞬时电流速断保护的动作电流可以按躲过变压器二次侧母线短路流过保护安装处最大短路电流来整定，从而使瞬时电流速断保护可以保护线路的全长。

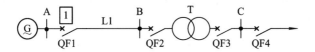

图 7.16　线路—变压器组的瞬时电流保护

瞬时电流速断保护动作电流为

$$I_{op}^{I} = K_{co} I_{kC.max} \qquad\qquad (7-14)$$

式中：K_{co} 为配合系数，取 1.3；$I_{kC.max}$ 为变压器低压母线 C 短路，流过保护安装处最大短路电流。

3）原理接线

瞬时电流速断保护单相原理接线，如图 7.17 所示，该保护装置是由电流继电器 KA（测量元件）、中间继电器 KM、信号继电器 KS 组成的。

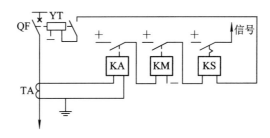

图 7.17　瞬时电流速断保护原理接线图

正常运行时，流过线路的电流是负荷电流，其值小于动作电流，保护不动作。当在被保护线路的速断保护范围内发生短路故障时，短路电流大于保护的动作值，KA 常开触点闭合，启动中间继电器 KM，KM 触点闭合，启动信号继电器 KS，并通过断路器的常开辅助触点，接到跳闸线圈 YT 构成通路，断路器跳闸切除故障线路。

接线图中接入中间继电器 KM，这是因为电流继电器的接点容量比较小，若直接接通跳闸回路，会被损坏，而 KM 的触点容量较大，可直接接通跳闸回路。另外，当线路上装有管型避雷器，雷击线路使避雷器放电时，避雷器放电的时间约为 0.01 s，相当于线路发生瞬时短路，避雷器放电完毕，线路即恢复正常工作。在这个过程中，瞬时电流速断保护不应误动作，因此可利用带延时 0.06～0.08 s 的中间继电器来增大保护装置固有动作时间，以防止管型避雷器放电引起瞬时电流速断保护的误动作。信号继电器 KS 的作用是指示保护动作，以便运行人员处理和分析故障。

2. 限时电流速断保护

由于瞬时电流速断保护不能保护线路全长，因此可增加一段带时限的电流速断保护（又称第Ⅱ段电流保护），用以保护瞬时电流速断保护保护不到的那段线路。因此，要求限时电流速断保护应能保护线路全长。

1）工作原理及整定计算

瞬时电流速断保护不能保护线路的全长，其保护范围以外的故障必须由其他的保护来切除。为了较快地切除其余部分的故障，可增设限时电流速断保护，它的保护范围应包括本线路全长，这样做的结果是保护范围必然要延伸到相邻线路的一部分。为了获得保护的选择性，以便和相邻线路保护相配合，限时电流速断保护就必须带有一定的时限（动作时间），时限的大小与保护范围延伸的程度有关。为了尽量缩短保护的动作时限，通常是使限时电流速断保护的范围不超出相邻线路瞬时电流速断保护的范围，这样它的动作时限只需比相邻线路瞬时电流速断保护的动作时限大一时限级差 Δt。

限时电流速断保护的工作原理和整定原则可用图 7.18 来说明。图中线路 L_1 和 L_2 都装设有瞬时电流速断保护和限时电流速断保护，线路 L_1 和 L_2 的保护分别为保护 1 和保护 2。为了便于区别，右上角用 Ⅰ、Ⅱ 分别表示瞬时电流速断保护和限时电流速断保护，下面讨论保护 1 限时电流速断保护的整定计算原则。

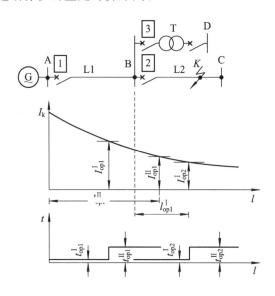

图 7.18　限时电流速断保护的动作电流与动作时限

为了使线路 L_1 的限时电流速断保护的保护范围不超出相邻线路 L_2 瞬时电流速断保护的保护范围，必须使保护 1 限时电流速断保护的动作电流 I_{op1}^{II} 大于保护 2 的瞬时电流速断保护的动作电流 I_{op2}^{I}，即

$$I_{op1}^{II} > I_{op2}^{I}$$

写成等式为

$$I_{op1}^{II} = K_{rel}^{II} I_{op2}^{I} \quad 或 \quad I_{op1}^{II} = K_{co} I_{op2}^{I} \qquad (7-15)$$

式中：K_{rel}^{II} 为可靠系数，因考虑短路电流非周期分量已经衰减，一般取 1.1～1.2。K_{co} 为配合系数，一般取大于 1 的系数，考虑到保护的灵敏度，$K_{kel} < K_{co}$，则用公式 $I_{op1}^{II} = K_{rel}^{II} \cdot I_{op2}^{I}$，反之用公式 $I_{op1}^{II} = K_{co} I_{op2}^{I}$。同时也不应超出相邻变压器速断保护区以外，即

$$I_{op1}^{II} = K_{co} I_{kD.max} \qquad (7-16)$$

式中：K_{co} 为配合系数，取 1.3；$I_{kD.max}$ 为变压器低压母线 D 点发生短路故障时，流过保护安装处的最大短路电流。

为了保证选择性，保护 1 的限时电流速断保护的动作时限 t_1^{II} 还要与保护 2 的瞬时电流速断保护、保护 3 的差动保护（或瞬时电流速断保护）动作时限 t_2^{I}、t_3^{I} 相配合，即

$$t_1^{\text{II}} = t_2^{\text{I}} + \Delta t \qquad (7-17)$$

$$t_1^{\text{II}} = t_3^{\text{I}} + \Delta t$$

式中：Δt 为时限级差。对于不同型式的断路器及保护装置，Δt 在 $0.3 \sim 0.6$ s 范围内。

2）灵敏系数的校验

确定了保护的动作电流之后，还要进行灵敏系数校验，即在保护区内发生短路时，验算保护的灵敏系数是否满足要求。其灵敏系数计算公式为

$$K_{\text{sen}} = \frac{I_{\text{k.min}}}{I_{\text{op}}^{\text{II}}} \qquad (7-18)$$

式中：$I_{\text{k.min}}$ 为在被保护线路末端短路时，流过保护安装处的最小短路电流；$I_{\text{op}}^{\text{II}}$ 为被保护线路的限时电流速断保护的动作电流。规程规定，$K_{\text{sen}} \geqslant 1.3 \sim 1.5$。

如果灵敏系数不能满足规程要求，可采用降低动作电流的方法来提高其灵敏系数。线路 L_1 的限时电流速断保护与线路 L_2 的限时电流速断保护相配合，即

$$\left.\begin{array}{l} I_{\text{op1}}^{\text{II}} = K_{\text{rel}}^{\text{II}} I_{\text{op2}}^{\text{II}} (\text{或 } I_{\text{op1}}^{\text{II}} = K_{\text{co}} I_{\text{op2}}^{\text{II}}) \\ t_{\text{op1}}^{\text{II}} = t_{\text{op2}}^{\text{II}} + \Delta t \end{array}\right\} \qquad (7-19)$$

限时电流速断保护的单相原理接线图（如图 7.19 所示）与瞬时电流速断保护的接线图相似，不同的是它必须用时间继电器 KT 代替图 7.17 中的中间继电器。时间继电器是设置保护装置所必须的延时装置。由于时间继电器接点容量较大，故可直接接通跳闸回路。当电路在保护范围内发生短路故障时，电流继电器 KA 启动，其动合触点闭合，启动时间继电器 KT，经整定延时闭合其动合触点，并启动信号继电器 KS 发出信号，接通断路器的跳闸线圈 YT，使断路器跳闸，将故障切除。

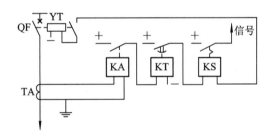

图 7.19　限时电流速断保护单相原理接线图

与瞬时电流速断保护比较，限时电流速断保护的灵敏系数较高，它能保护线路的全长，并且还能作为该线路瞬时电流速断保护的近后备保护，即当被保护线路首端发生故障时，如果瞬时电流速断保护拒动，由限时电流速断保护动作切除故障。

3. 定时限过电流保护

1）工作原理

定时限过电流保护又称作第Ⅲ段电流保护。前面已阐述瞬时电流速断保护和带限时电流速断保护的动作电流都是根据某点短路值整定的，而定时限过电流保护与上述两种保护不同，它的动作电流按躲过最大负荷电流整定。它不应在正常运行时启动，而是在发生短路时启动，并以时间来保证动作的选择性，保护动作于跳闸。这种保护不仅能够保护本线路的全长，而且也能保护相邻线路的全长及相邻元件全部，可以起到远后备保护的作用。

过电流保护的工作原理可用图 7.20 所示的单侧电源辐射形电网来说明。过电流保护 1、2、3 分别装设在线路 L_1、L_2、L_3 靠电源的一端。当线路 L_3 上 K_1 点发生短路时，短路电流 I_k 将流过保护 1、2、3，一般 I_k 均大于保护装置 1、2、3 的动作电流。所以，保护 1、2、3 均将同时启动。但根据选择性的要求，应该由距离故障点最近的保护 3 动作，使断路器 QF3 跳闸，切除故障，而保护 1、2 则在故障切除后立即返回。显然要满足故障切除后保护 1、2 立即返回的要求，必须依靠各保护装置具有不同的动作时限来保证。用 t_1、t_2、t_3 分别表示保护装置 1、2、3 的动作时限，则有

$$t_1 > t_2 > t_3$$

写成等式

$$\left. \begin{array}{l} t_1 = t_2 + \Delta t \\ t_2 = t_3 + \Delta t \end{array} \right\} \tag{7-20}$$

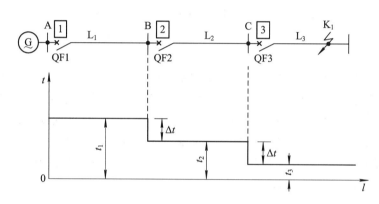

图 7.20 定时限过电流保护工作原理图

由图 7.20 可知，各保护装置动作时限的大小是从用户到电源逐级增加的，越靠近电源，过电流保护动作时限越长，其形状好比一个阶梯，故称为阶梯形时限特性。由于各保护装置动作时限是分别固定的，与短路电流的大小无关，故这种保护称为定时限过电流保护。

2）整定计算

定时限过电流保护动作电流整定一般应按以下两个原则来确定：

（1）在被保护线路通过最大正常负荷电流时，保护装置不应动作，即

$$I_{op}^{\mathbb{II}} > I_{L.max}$$

（2）为保证在相邻线路上的短路故障切除后，保护能可靠地返回，保护装置的返回电流 I_{re} 应大于外部短路故障切除后流过保护装置的最大自启动电流 $I_{s.max}$ 即

$$I_{re} > I_{s.max}$$

由于过电流保护中，I_{op} 大于 I_{re} 且 $I_{s.max}$ 也大于 $I_{L.max}$，所以只需要满足 $I_{re} > I_{s.max}$，又因为 $I_{op} = \dfrac{I_{re}}{K_{re}}$，所以过电流保护的整定式为

$$I_{op}^{\mathbb{II}} = \frac{K_{rel}^{\mathbb{II}} K_{ss}}{K_{re}} I_{L.max} \tag{7-21}$$

式中：$K_{rel}^{\mathbb{II}}$ 为可靠系数，取 1.15～1.25；K_{ss} 为自启动系数，由电网电压及负荷性质所决定；

K_{re} 为返回系数，与保护类型有关；$I_{L.max}$ 为最大负荷电流。

3）灵敏系数校验

灵敏系数按公式 $K_{sen} = I_{k.min}/I_{op}^{III}$ 进行灵敏系数的校验。

应该说明的是，对于过电流保护应分别校验本线路近后备保护和相邻线路及元件远后备保护的灵敏系数。当过电流保护作为本线路主保护的近后备保护时，$I_{k.min}$ 应采用最小运行方式下，本线路末端两相短路的短路电流来进行校验，要求 $K_{sen} \geqslant 1.3 \sim 1.5$；当过电流保护作为相邻线路的远后备保护时，$I_{k.min}$ 应采用最小运行方式下，相邻线路末端两相短路时的短路电流来进行校验，要求 $K_{sen} \geqslant 1.2$。作为变压器远后备保护时，短路类型应根据过电流保护接线而定。

4）时限整定

为了保证选择性，过电流保护的动作时限按阶梯原则进行整定，这个原则是从用户到电源的各保护装置的动作时限逐级增加一个 Δt。

从上面的分析可知，在一般情况下，对于线路 L_n 的定时限过电流保护动作时限整定的一般表达式为

$$t_n = t_{(n+1)max} + \Delta t \qquad (7-22)$$

式中：t_n 为线路 L_n 过电流保护的动作时间；$t_{(n+1)max}$ 为由线路 L_n 供电的母线上所接的线路、变压器的过电流保护最长动作时间。定时限过电流保护的原理接线图与限时电流速断保护相同。

7.3.3　电力线路单相接地保护

在中性点直接接地系统中，当发生单相接地故障时，将产生很大的短路电流，一般能使保护装置迅速动作，切除故障部分。

在中性点不接地或经消弧线圈接地的系统中发生单相接地时，其故障电流不大，只有很小的接地电容电流，而相间电压仍然是对称的，因此仍可继续运行一段时间。如故障点系高电阻接地，则接地相电压降低，其他两相对地电压高于相电压；如系金属性接地，则接地相电压为零，但其他两相的对地电压升高 $\sqrt{3}$ 倍，故对电气设备的绝缘不利，如果长此下去，可能使电气设备的绝缘击穿而导致两相接地短路，从而引起断路器跳闸，线路停电，因此必须装设专用的绝缘监察装置或单相接地保护装置。当发生单相接地故障时，一般不跳闸，仅给出信号，以便工作人员及时发现，采取措施。

1. 绝缘监察装置

利用单相接地后出现零序电压而发出信号的装置称为绝缘监察装置，在供电系统中常用三相五芯柱式电压互感器或三只三绕组单相电压互感器作中性点不接地系统的绝缘监测装置，其接线如图 7.21 所示。正常工作时，三相对地电压均为相电压，开口三角形所接的电压继电器无电压，不能动作，也无信号发出。如果有三只电压表接于相间，三只电压表接于相与零线间，那么三只接于相间的电压表指示线电压，三只接于各相的电压表则指示各相对地电压。一旦有一相发生金属性接地，由于接地相对地电压为零，其他两相升高为相同电压的 $\sqrt{3}$ 倍，于是在开口三角形处有 100 V 的电压加到继电器。由于继电器一般整定为 15～25 V，故立即动作，接通信号电路，这时运行人员可观察三只接于各相的电压表，

若其中两只指示电压升高，而另一只为零，那么指零的那一相为发生接地的相，但不能找出发生接地的线路。这种保护方式给出的信号没有选择性，要想发现接地点在哪一条线路上，还需运行人员依次断合每条线路，对于中小型企业，当变电所出线不多，并允许短时停电时，这种方法是可行的。

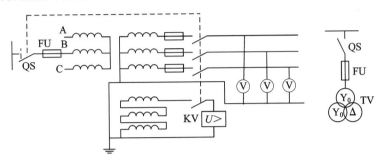

图 7.21 三相五芯柱式电压互感器的绝缘监视

单母线接线的 10 kV 系统发生单相接地用瞬停拉线查找法，依次断开故障所在母线上各分路开关。具体操作步骤如下：

（1）试拉充电线路。

（2）试拉双回线路或有其他电源的线路。

（3）试拉线路长、分支多、质量差的线路。

（4）试拉无重要用户或用户的重要程度差的线路。

（5）试拉带有重要用户的线路。

如果接地信号消失，绝缘监察电压表指示恢复正常，即可证明所瞬停的线路上有接地故障。对于一般不重要的用户线路，可以停电并通知查找；对于重要用户的线路，可以转移负荷或者通知用户做好准备后停电查找故障点。

经逐条线路试停电查找后，接地现象仍不能消失的话，可能的原因是，两条回路线路同时接地或站内母线及连接设备接地。

2. 零序电流保护

在中性点不接地的系统中，除采用绝缘监测装置以外，也可以在每条线路上装设单独的接地保护，又称零序电流保护，它是利用故障线路比非故障线路的零序电流大的原理来实现有选择性动作的。

（1）架空线路的单相接地保护。对架空线路一般采用三只电流互感器组成零序接线，如图 7.22 所示。三相的二次电流矢量相加后流入继电器。当三相对称运行以及三相或两相短路时，流入继电器的电流等于零，发生单相接地时，零序电流才流过继电器，所以称它为零序电流过滤器。当零序电流流过继电器时，继电器动作并发出信号。在工厂供电系统中，如果工厂的高压架空线路不长，也可不装零序电流保护。

（2）电缆线路的单相接地保护。电缆线路的单相接地保护一般采用零序电流互感器。零序电流互感器的一次侧即为电缆线路的三相，其铁芯套在电缆的外面，二次线圈绕在零序电流互感器的铁芯上，并与过电流继电器相接，如图 7.23 所示。在三相对称运行以及三相或两相短路时，二次侧三相电路电流矢量和为零，即没有零序电流，继电器不动作。当发生单相接地时，有零序电流通过，此时电流在二次侧感应电流，使继电器动作发出信号。

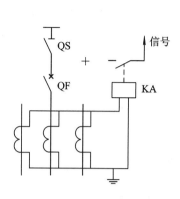 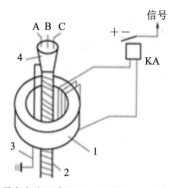

1—零序电流互感器；2—电缆；3—接地线；
4—电缆头；KA—电流继电器。

图 7.22　由三个电流互感器构成的零序电流过滤器　　图 7.23　零序电流互感器的结构及接线

注意：电缆头的接地线必须穿过零序电流互感器的铁芯，否则接地保护装置不起作用。

3. 单相接地保护装置动作电流的整定

线路发生单相接地时，流入保护装置的电流为所有非故障线路的电容电流之和，所以线路单相接地动作电流的整定值大于被保护线路流入电网的电容电流，公式如下：

$$I_{op(E)} = \frac{K_{rel}}{K_i} I_C \qquad (7-23)$$

式中：I_C 为发生单相接地时，被保护线路本身流入电网的电容电流；K_i 为零序电流互感器的变流比；K_{rel} 为可靠系数，保护装置不带时限时取 4~5，保护装置带时限时取 1.5~2。

还应校验在本线路发生单相接地时保护装置的灵敏度，即

$$S_p = \frac{I_{C.\Sigma} - I_C}{K_i I_{op(E)}} \geqslant 1.5 \qquad (7-24)$$

式中，$I_{C.\Sigma}$ 为流经接地点的接地电容电流总和。

对于装有绝缘监察装置和各出线装有零序保护的系统，若各装置正常投入，当该系统发生单相接地时，故障范围很容易区分；若在报出母线接地信号的同时，某一线路也有接地信号，则故障点多在该线路上。应先检查站内设备有无异常，再查找线路。若只报出母线接地信号，对于这种情况，故障点可能在母线及连接设备上，应检查母线及连接设备、变压器有无异常。如经检查站内设备无异常，则有可能是某一线路有故障，而其接地故障保护装置失灵，应用瞬停的方法查明故障线路。

在某些情况下，系统的绝缘并没有损坏，而是由于其他原因产生某些不对称状态，可能报出接地信号，此种接地称为虚幻接地，应注意区分判断。如果电压互感器内部发生故障，电压互感器一相高压熔断器熔体可能熔断而报出接地信号，此时应将电压互感器立即停运。

探索与实践

图 7.24 所示为单侧电源辐射形网络电路图。线路 L_1、L_2 均装设Ⅲ段式电流保护。已知 $E_s = 115/\sqrt{3}$ KV，最大运行方式下系统的等值阻抗 $X_{s.min} = 13\ \Omega$，最大运行方式下系统

的等值阻抗 $X_{s.\,max}=14\ \Omega$，线路单位长度正序电抗 $x_1=0.4\ \Omega/km$，线路长度 $AB=80\ km$，$BC=80\ km$，$CD=80\ km$，L_1 正常运行时最大负荷电流为 120 A，线路 L_2 的过电流保护的动作时限为 2 s。已知可靠系数 $K_{rel}^{I}=1.2$，$K_{rel}^{II}=1.2$，$K_{rel}^{III}=1.2$，自启动系数 $K_{ss}=2.2$，返回系数 $K_{re}=0.85$，配合系数 $K_{co}=1.1$，时间级差 $\Delta t=0.5\ s$。试计算线路 L_1 的各段电流保护的动作电流、动作时限并校验保护的灵敏系数。

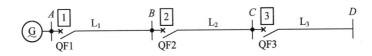

图 7.24　单侧电源辐射形网络电路图

(1) 短路电流计算。

解：$I_{kB.\,max}^{(3)}=\dfrac{E_s}{X_{s.\,min}+X_1 L_1}=\dfrac{115}{\sqrt{3}(13+0.4\times80)}=1.475\ (kA)$

$I_{kB.\,min}^{(2)}=\dfrac{\sqrt{3}}{2}\times\dfrac{E_s}{X_{s.\,max}+X_1 L_1}=\dfrac{\sqrt{3}}{2}\times\dfrac{115}{\sqrt{3}(14+0.4\times80)}=1.250\ (kA)$

$I_{kc.\,max}^{(3)}=\dfrac{E_s}{X_{s.\,min}+X_1(L_1+L_2)}=\dfrac{115}{\sqrt{3}[13+0.4\times(80+80)]}=0.862\ (kA)$

$I_{kc.\,min}^{(2)}=\dfrac{\sqrt{3}}{2}\times\dfrac{E_s}{X_{s.\,max}+X_1(L_1+L_2)}=\dfrac{\sqrt{3}}{2}\times\dfrac{115}{\sqrt{3}[14+0.4\times(80+80)]}=0.737\ (kA)$

$I_{kD.\,max}^{(3)}=\dfrac{E_s}{X_{s.\,min}+X_1(L_1+L_2+L_3)}=\dfrac{115}{\sqrt{3}[13+0.4\times(80+80+80)]}=0.609\ (kA)$

(2) 整定计算。

① 线路 L_1 保护 I 段整定。

保护 I 段动作电流整定为

$$I_{op1}^{I}=K_{rel}^{I}I_{kB.\,max}^{(3)}=1.2\times1.475=1.77\ (kA)$$

保护 I 段动作时间整定为

$$t_1^{I}=0\ s$$

灵敏度校验为

$$l_{min}=\dfrac{1}{X_1}\left(\dfrac{\sqrt{3}}{2}\times\dfrac{E_s}{I_{op1}^{I}}-X_{s.\,max}\right)=\dfrac{1}{0.4}\left(\dfrac{\sqrt{3}}{2}\times\dfrac{115/\sqrt{3}}{1.77}-14\right)=46.21\ (km)$$

$K_{sen}=\dfrac{L_{min}}{L_1}=\dfrac{46.21}{80}=57.77\%>15\%$，满足要求。

② 线路 L_1 保护 II 整定。

动作电流整定应和线路 L_2 的第 I 段动作电流相配合，可表示为

$$I_{op2}^{I}=K_{rel}^{I}I_{kc.\,max}^{(3)}=1.2\times0.862=1.034(kA)$$

当 $K_{rel}^{II}=1.2$，$K_{co}=1.1$ 时，$K_{rel}^{II}>K_{co}$。

考虑到保护的灵敏度，可表示为

$$I_{op1}^{II}=K_{co}I_{op2}^{I}=1.1\times1.034=1.138(kA)$$

灵敏度校验为

$$K_{sen} = \frac{I_{kB.min}^{2}}{I_{op1}^{II}} = \frac{1.250}{1.138} = 1.10 < 1.3，不满足要求。$$

考虑与 L_2 线路第 II 段配合，同理，因为 $K_{rel}^{II} > K_{co}$，所以

$$I_{op2}^{II} = K_{co}I_{op3}^{I} = K_{co}K_{rel}^{I}I_{kD.max}^{(3)} = 1.1 \times 1.2 \times 0.609 = 0.803(kA)$$

$$I_{op1}^{II} = K_{co}I_{op2}^{II} = 1.1 \times 0.803 = 0.883(kA)$$

$$K_{sen} = \frac{I_{kB.min}^{2}}{I_{op1}^{II}} = \frac{1.250}{0.883} = 1.416 > 1.3，灵敏系数满足要求。$$

线路 L_1 保护 II 动作时间整定。

$$t_2^{II} = t_3^{I} + 0.5 = 0.5 \text{ s}$$

$$t_1^{II} = t_2^{II} + 0.5 = 0.5 + 0.5 = 1 \text{ s}$$

③ 线路 L_1 的保护 III 段定时限过电流保护整定。

动作电流整定为

$$I_{op1}^{III} = \frac{K_{rel}^{III}K_{ss}}{K_{re}}I_{L.max} = \frac{1.2 \times 2.2}{0.85} \times 0.12 = 0.373(KA)$$

灵敏度校验为

近后备为 $K_{sen} = \frac{I_{k.B.min}^{(2)}}{I_{op1}^{III}} = \frac{1.25}{0.373} = 3.351 > 1.5$，满足要求。

远后备为 $K_{sen} = \frac{I_{k.C.min}^{(2)}}{I_{op1}^{III}} = \frac{0.737}{0.373} = 1.976 > 1.2$，满足要求。

动作时间为 $t_1^{III} = t_2^{III} + 0.5 = 2.5 \text{ s}$。

任务 4　电力变压器的继电保护

任务目标

（1）了解电力变压器的常见故障和保护配置。

（2）了解变压器电流保护的动作原理和动作过程。

（3）了解变压器气体保护的动作原理和动作过程。

（4）了解变压器差动保护的动作原理和动作过程。

任务提出

变压器是供电系统中的重要电气元件，必须根据其容量的大小和重要程度，设置性能良好、动作可靠的保护装置，确保变压器的正常运行。通过学习变压器保护的相关知识，培养学生分析问题、解决问题的能力和精益求精的工匠精神。

📖 相关知识

7.4.1　电力变压器的常见故障和保护配置

1. 变压器易产生的故障和不正常工作状态

变压器故障分内部故障和外部故障两种。常见的内部故障包括线圈的相间短路、匝间或层间短路、单相接地短路以及烧坏铁芯等。这些故障都伴随有电弧产生，电弧将会引起绝缘油的剧烈汽化，从而可能导致油箱爆炸等更严重的事故。常见的外部故障包括套管及引出线上的短路和接地。最容易发生的外部故障是由于绝缘套管损坏而引起引出线的相间短路和碰壳后的接地短路。

变压器常见的不正常工作状态是过负荷、温升过高以及油面下降超过了允许程度等。变压器的过负荷和温度的升高将使绝缘材料迅速老化，绝缘强度降低，除影响变压器的使用寿命外，还会进一步引起其他故障。

2. 变压器的保护装置

根据长期的运行经验和有关的规定，对于高压侧为 6~10 kV 的车间变电所主变压器，应装设以下几种保护装置：

（1）带时限的过电流保护装置：反映变压器外部的短路故障，并作为变压器速断保护的后备保护，一般变压器均应装设。

（2）电流速断保护装置：反映变压器内外部故障的保护装置。如果带时限的过电流保护动作时间大于 0.5~0.7 s 则均应装设。

（3）瓦斯保护装置：反映变压器内部故障和油面降低时的保护装置。对于 800 kVA 及以上的油浸式变压器和 400 kVA 及以上的车间内油浸式变压器均应装设。通常轻瓦斯动作于信号，重瓦斯动作于跳闸。

（4）过负荷保护装置：反映因过负荷引起的过电流的保护装置。应根据可能过负荷的情况装设，一般动作于信号。

（5）温度保护装置：反映变压器上层油温超过规定值（一般为 95℃）的保护装置，一般动作于信号。

对于高压侧为 35 kV 及以上的工厂总降压变电所主变压器来说，也应装设过电流保护装置、电流速断保护装置和瓦斯保护装置；在有可能过负荷时，需装设负荷保护装置和温度保护装置。如果单台运行的变压器容量在 10 000 kVA 及以上和并列运行的变压器每台容量在 6300 kVA 及以上，则要求装设纵联差动保护装置来取代电流速断保护装置。

7.4.2　变压器的电流保护

1. 变压器的过电流保护

变压器过电流保护装置的接线、工作原理和线路过电流保护的接线、工作原理完全相同，这里不再叙述。变压器过电流保护的整定和线路过电流保护的整定类似，变压器过电流保护继电保护的动作电流整定如下：

$$I_{op.KA} = \frac{K_{rel} \cdot K_W}{K_{re} \cdot K_i} \cdot (1.5 \sim 3)I_{1N}$$

式中：I_{1N} 为变压器一次侧额定电流；可靠系数 K_{rel}、接线系数 K_W、返回系数 K_{re} 为同线路过电流保护；K_i 为电流互感器的变比。

变压器过电流保护动作时间的整定同线路过电流保护，按级差原则整定。变压器过电流保护动作时限应比二次侧出线过电流保护的最大动作时限大一个时限级差 Δt。对车间变电所的变压器过电流保护动作时限，一般取 $0.5 \sim 0.7$ s。变压器过电流保护的灵敏度按下式校验：

$$K_s = \frac{I_{k.min}^{(2)'}}{I_{op1}} \geqslant 1.5 \tag{7-25}$$

式中，$I_{k.min}^{(2)'}$ 为变压器二次侧在系统最小运行方式下发生两相短路时一次侧的穿越电流。

2. 变压器的电流速断保护

变压器的电流速断保护的接线、工作原理也与线路的电流速断保护相同。图 7.25 所示是变压器定时限过电流保护和电流速断保护接线图。定时限过电流保护和电流速断保护均为两相两继电器式接线。

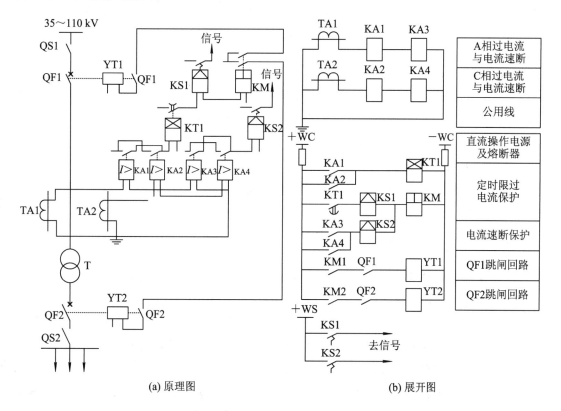

(a) 原理图　　　　　　　　　　　(b) 展开图

图 7.25　变压器的定时限过电流保护和电流速断保护接线图

变压器电流速断保护的动作电流与线路的电流速断保护相似，应躲过变压器二次侧母

线三相短路时的最大穿越电流，即

$$I_{op.KA} = \frac{K_{rel} \cdot K_W}{K_i} I_{k.max}^{(3)'} \qquad (7-26)$$

式中：$I_{k.max}^{(3)'}$ 为变压器二次侧母线在系统最大运行方式下三相短路时一次侧的穿越电流；K_{rel} 为可靠系数，同线路的电流速断保护。

变压器的电流速断保护与线路的电流速断保护一样，也有保护"死区"，只能保护变压器的一次绕组和部分二次绕组。

变压器电流速断保护的灵敏度校验，与线路速断保护灵敏度校验一样，以变压器一次侧最小两相短路电流 $I_{k.min}^{(2)}$ 进行校验，即

$$K_s = \frac{I_{k.min}^{(2)}}{I_{op1}} \geqslant 2 \qquad (7-27)$$

若电流速断保护的灵敏度不满足要求，则应装设差动保护装置。

3. 变压器的零序电流保护

Yyn0 连接的变压器二次侧单相短路时，若变压器过电流保护的灵敏度不满足要求，可在变压器二次侧零线上装设电流保护。

零序电流保护的动作电流按躲过变压器二次侧最大不平衡电流整定，最大不平衡电流取变压器二次侧额定电流的 25%，即

$$I_{op.KA} = \frac{K_{rel}}{K_i} \times 0.25 I_{2N} \qquad (7-28)$$

式中：K_{rel} 为可靠系数，取 1.2；K_i 为零序电流互感器的变比；I_{2N} 为变压器二次侧的额度电流。

零序电流保护的动作时间一般取 0.5～0.7 s，以躲过变压器瞬时最大不平衡电流。

保护灵敏度校验，按变压器二次侧干线末端最小单相短路电流来进行校验。对于架空线路，要求 $I_{k.min}^{(1)} \geqslant 1.5$；对于电缆线路，要求 $I_{k.min}^{(1)} \geqslant 1.25$。

4. 变压器的过负荷保护

运行中可能出现过负荷的变压器应装设过负荷保护装置。其接线、工作原理与线路过负荷保护相同，动作电流整定按变压器一次侧额定电流整定，动作时间一般整定为 10～15 s。

7.4.3 变压器的瓦斯保护

瓦斯保护是保护油浸式电力变压器内部故障的一种主要保护装置。按 GB 50062—1992 规定，800 kVA 及以上的油浸式变压器均应装瓦斯保护装置。

瓦斯保护装置主要由气体继电器构成，当变压器油箱内部故障时，电弧的高温使变压器油分解为大量的油气体(瓦斯)，气体保护就是利用这种气体来实现保护的装置。

1. 瓦斯继电器的工作原理

瓦斯保护的测量元件是瓦斯继电器(气体继电器)。如图 7.26 所示，气体继电器安装在变压器油箱与油枕间的连接管道上。为使气体能够顺利进入瓦斯继电器和油枕，变压器的顶盖与水平面之间的夹角应有 1%～1.5% 的坡度，连接管道应有 2%～4% 的坡度。

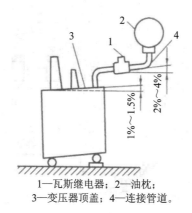

1—瓦斯继电器；2—油枕；
3—变压器顶盖；4—连接管道。

图 7.26　气体继电器安装示意图

开口杯挡板式气体继电器的结构如图 7.27 所示。在上部有一个附带永久磁铁 4 的开口杯 5，下部有一面附带永久磁铁 11 的挡板 10。在正常情况下，继电器充满油，开口杯在油的浮力和重锤 6 的作用下，处于上翘位置，永久磁铁 4 远离干簧触点 15，干簧触点 15 断开，挡板 10 在弹簧 9 的作用下，处于正常位置，其附带的永久磁铁 11 远离干簧触点 13，干簧触点 13 可靠断开。

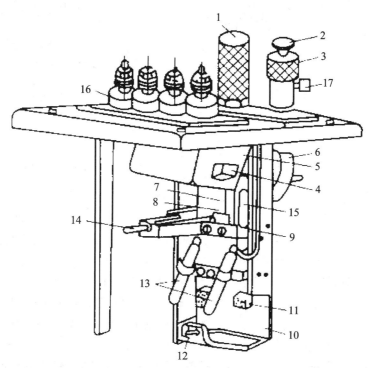

1—罩；2—顶针；3—气塞；4—永久磁铁；5—开口杯；6—重锤；7—探针；8—开口销；
9—弹簧；10—挡板；11—永久磁铁；12—螺杆；13—干簧触点(重瓦斯用)；14—调节杆；
15—干簧触点(轻瓦斯用)；16—套管；17—排气口。

图 7.27　开口杯挡板式气体继电器结构图

当变压器内部发生轻微故障时，产生少量气体，汇集在气体继电器上部，迫使气体继电器内油面下降，使开口油杯露出油面，因杯体在气体中比在油中受到的浮力小，因此开口杯失去平衡，绕轴落下，永久磁铁 4 随之落下，接通干簧触点 15，发出轻瓦斯动作信号。当变压器漏油时，同样由于油面下降而发出轻瓦斯信号。

当变压器内部发生严重故障时，油箱内产生大量气体，变压器油箱和油枕之间连接导管中出现强烈的油气流，当流速达到整定速度值时，油气流对挡板冲击力克服弹簧的作用力，挡板被冲动，永久磁铁靠近干簧触点 13，使干簧触点 13 闭合，发出跳闸脉冲，断开变压器各电源侧的断路器。

2. 瓦斯保护的接线

图 7.28 所示为变压器瓦斯保护原理接线图，当气体继电器 KG 轻瓦斯触点（上触点）闭合时，通过信号继电器 KS1，延时发出预告信号；重瓦斯触点（下触点）闭合后，经信号继电器 KS2、连接片 XB 接通中间继电器 KM，作用于断路器跳闸，切除变压器。

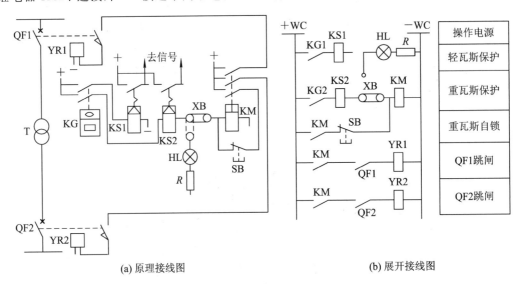

(a) 原理接线图 (b) 展开接线图

图 7.28 变压器瓦斯保护原理接线图

为避免气体继电器下触点受油流冲击出现跳动现象造成失灵，出口中间继电器 KM 具有自保持功能，利用 KM 第三对触点进行自锁（见图 7.28(a)），以保证断路器可靠跳闸，其中按钮 SB 用于解除自锁。如不用按钮，也可用断路器 QF1 辅助常开触点实现自动解除自锁。但这种办法只有出口中间继电器 KM 距高压配电室的断路器较近时才可采用，否则连线太长不经济。连接片 XB 用以将气体继电器下触点切换到信号灯，使重瓦斯保护退出工作。

瓦斯保护动作后，应从气体继电器上部排气口收集气体。根据气体数量、颜色、化学成分、可燃性等，判断保护动作的原因和故障的性质。

瓦斯保护和差动保护均为变压器的主保护，在较大容量的变压器上要同时采用，瓦斯保护接线简单、灵敏性高、动作迅速，但它只能反映油箱内部故障，不能保护油箱外的引出线和套管上的故障，只能靠差动保护动作于跳闸，因此瓦斯保护不能单独作为变压器的主保护。

7.4.4 变压器的差动保护装置

电流速断保护虽然动作迅速，但它有保护"盲区"，不能保护整个变压器。过电流保护虽然能保护整个变压器，但动作时间较长。气体保护虽然动作灵敏，但它也只能保护变压器油箱内部故障。GB 50062—1992 规定 10 000 kVA 及以上的并列运行变压器，应装设差动保护；6300 kVA 及以下单独运行的重要变压器，也可装设差动保护装置。当电流速断保护灵敏度不符合要求时，宜装设差动保护装置。

变压器的差动保护装置，主要用来保护变压器线圈及其引出线和绝缘套管的相间保护，还可以保护变压器的匝间短路。保护区在变压器一、二次侧所装差动电流互感器之间。

变压器的差动保护装置由变压器两侧的电流互感器和继电器等构成，其工作原理如图 7.29 所示。差动保护装置是反映被保护元件两侧电流差而动作的保护装置。将变压器两侧的电流互感器

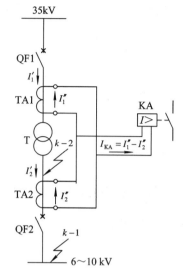

图 7.29　变压器纵联差动保护的工作原理

按同极性串联起来，使继电器 KA 跨接在两连线之间，如果电流互感器 TA1 和 TA2 的特性一致，且变比选择恰当，那么在变压器正常运行或差动保护的保护区外 $k-1$ 点发生短路时，则 TA1 的二次电流 I_1'' 与 TA2 的二次电流 I_2'' 相等或相差极小，此时流过继电器 KA 的电流差 $I_{KA}=I_1''-I_2''=0$ 或差值极小，继电器 KA 不动作。当在差动保护区内 $k-2$ 点发生短路时，对于单端供电的变压器来说，此时 $I_2''=0$，$I_{KA}=I_1''$，超过电流继电器 KA 整定的动作电流，KA 动作，接通中间继电器，使断路器 QF1、QF2 跳闸，信号继电器发出信号。

变压器差动保护装置必须解决以下几个方面的问题：

(1) 应躲过变压器合闸瞬间的励磁电流。

(2) 由于变压器接线组别不同而引起的电流互感器二次电流的相角差，应使其相位相同。

(3) 由于电流互感器的变比和特性不一致而引起的不平衡电流。

(4) 由于运行中变压器分接头的改变而引起的不平衡电流。

这些问题均应在差动保护装置中采取不同的措施予以解决。由于变压器差动保护动作迅速，选择性好，所以在企业的大中变电所中应用较广。差动保护装置还可用于线路和高压电动机保护。

任务 5　供配电系统微机保护

任务目标

(1) 了解供配电系统微机保护的特点。

(2) 掌握微机保护应用设置和维护。

任务提出

供配电系统是电力系统的一部分，它通常是指 35 kV 及以下电压等级向用户和用电设备配电的供电系统，随着城市的扩大、工农业生产的发展和人民生活水平的提高，配电系统的容量日趋增大，结构日趋复杂和完善，因而对其供电可靠性的要求也日趋提高。供配电系统的保护是保证供电可靠性的重要措施，因此，供配电系统愈来愈受到各国电力工作者的重视，特别是 20 世纪 90 年代以来，供配电系统的保护得到长足的发展，微机保护开始得到广泛的应用。本节阐述了微机保护的特点、设置及维护方法，有利于培养学生敢于创新、爱岗敬业的职业素养。

相关知识

7.5.1 计算机在继电保护领域中的应用和发展概况

近几十年来电子计算机特别是微型计算机技术发展很快，其应用已广泛而深入地影响着科学技术、生产和生活的各个领域。它给各部门的面貌带来了巨大的变化，并且往往是质的变化，继电保护技术也不例外。在继电保护技术领域，计算机除了用做故障分析和保护动作性能分析，1965 年已提出用计算机构成继电保护装置。早期发表的关于计算机保护的研究报告揭示了它的巨大潜力，引起了世界各地继电保护工作者的兴趣。20 世纪 70 年代掀起了研究热潮，但研究工作仅限于理论探索，只有个别部门做了一些现场试验，主要是因为计算机硬件的制造水平以及价格问题，当时还不具备商业性生产计算机继电保护装置的条件。到了 20 世纪 70 年代末期，出现了一批功能足够强的微型计算机，价格也大幅度降低，因而无论在技术上还是经济上，已具备用一台微型计算机来完成一个电气设备保护功能的条件。甚至为了增加可靠性，还可以设置多重化的硬件用几台微型计算机互为备用地构成一个电气设备的保护装置，从而大大提高了可靠性。1979 年，美国电气和电子工程师学会的教育委员会组织过一次世界性的计算机继电保护研究班。此后，世界各大继电器制造商都先后推出了各种定型的商业性微型计算机保护装置产品，目前发展最快的是日本。

微机保护是指将微型机、微控制器等器件作为核心部件的继电保护。我国在计算机保护方面的研究工作起步较晚，但进步却很快。1984 年，华北电力学院研制的第一台以 6809 (CPU) 为基础的距离保护样机在经过试运行后通过了科研鉴定，它标志着我国计算机保护的开发开始进入了重要的发展阶段。

预计未来几年内，微机保护将朝着高可靠性、简便性、开放性、通用性、灵活性和网络化、智能化、模块化、动作过程透明化方向发展，并可以与电子式互感器、光学互感器实现连接；同时，要跳出传统的"继电器"概念，并充分利用计算机的优势，结合自适应原理、模糊理论等，设计出性能更为优良和维护工作量更少的微机保护设备。

7.5.2　微机继电保护装置的特点

1. 维护调试方便

目前，由于我国大量使用整流型或晶体管型继电保护装置，因此调试工作量大，尤其是一些复杂的保护，调试一套保护常常需要很长的时间。究其原因，这类保护装置是布线逻辑，保护的每一种功能都由相应的器件和连线来实现。为确保保护装置完好，需要把所具备的各种功能通过模拟试验来校核一遍。微机继电保护则不同，它的硬件是一台计算机，各种复杂的功能是由相应的程序来实现的，即微机保护是由只会做几种单调的、简单操作的硬件，配以程序，把许多简单操作组合而完成各种复杂功能的。因而只要用简单的操作就可以检验微机的硬件是否完好。同时，微机保护装置具有自诊断功能，可对硬件各部分和存放在 EPROM 中的程序不断进行自动检测，一旦发现异常就会报警。通常只要接通电源后没有报警，就可确认装置是完好的，所以对微机保护装置可以说几乎不用调试，从而大大减轻了运行维护的工作量。

2. 可靠性高

计算机在程序指挥下，有极强的综合分析和判断能力，因而微机继电保护装置可以实现常规保护很难做到的自动纠错，即自动地识别和排除干扰，防止由于干扰而造成误动作。另外，微机继电保护装置有自诊断能力，能够自动检测出计算机本身硬件的异常部分，配合多重化可以有效地防止拒动，因此可靠性很高。

3. 易于获得附加功能

使用微型计算机后，如果配置一台打印机或其他设备，可以在系统发生故障后提供多种信息。如保护各个部分的动作顺序和动作记录、故障类型和相别及故障前后电压和电流的波形记录等，还可以提供故障点到保护安装处的距离。这样有助于运行部门对事故的分析处理。

4. 灵活性大

由于计算机保护的特性主要由程序决定，所以不同原理的保护可以采用通用的硬件，只要改变程序就可以改变保护的特性和功能，因此可灵活地适应电力系统运行方式的变化。

5. 保护性能得到很好改善

采用微型计算机构成保护，使原有形式的继电保护装置中存在的技术问题可以找到新的解决办法。如对距离保护如何区分振荡和短路，如何识别变压器差动保护励磁涌流和内部故障等问题，都提供了许多新的原理和解决方法。

应当指出，尽管微机保护具有一系列突出的优点，而且从发展方向看有着广阔的前景，但它毕竟是新事物，还有待于不断总结经验。要使微机保护发挥其效益，广大继电保护工作人员应尽快掌握计算机保护的原理和技术。

7.5.3　供配电微机继电保护的设置和维护

1. 人机界面及其特点

微机保护的界面与 PC 的界面几乎相同甚至更简单，它包括小型液晶显示屏、键盘和打印机。它把操作内容与菜单结合在一起，使微机保护的调试和检验比常规保护更加简单明确。

液晶显示屏在正常运行时可显示时间、实时负荷电流、电压及电压超前电流的相角、保护整定值等；在保护动作时，液晶屏幕将自动显示最新一次的跳闸报告。

2. 人机界面的操作

键盘与液晶屏幕配合可选择命令菜单和修改定值。微机保护的键盘多数已被简化为7～9个键：＋、－、→、←、↑、↓、RST（复位）、SET（确认）、Q（退出）。各个键的功能如下所述：

（1）"←""→""↑""↓"键。这4个键分别用于左、右、上、下移动光标、移动显示信息。当故障报告或保护动作事件内容较多时，可以用"↑""↓"键翻阅。在修改定值时，可用"←""→"键将光标移到所要修改的数字上。

（2）"＋"和"－"键。在修改定值时，用"＋""－"键对数字进行增减。在有的保护界面中没有"＋"和"－"键而用"↑"和"↓"键代替，从而节省了两个键。

（3）SET（确认）键。用于修改定值时，确认所修改的数字正确并退回上一级菜单或在翻阅菜单时确认某一命令。

（4）RST（复位）键。RST键的功能有两种：① 用于整组保护复位；② 在运行中整定修改定值时，选择了所需定值整定页号后，再按RST键，使程序运行在新定值区。除了上述两种功能，平时一般不应使用该键。

3. 定值、控制字与定值清单

微机保护的定值都有两种类型：一类是数值型定值，即模拟量，如电流、电压、时间、角度、比率系数、调整系数等；另一类是保护功能的投入退出（简称投退）控制字，称为开关型定值。

4. 保护菜单的使用

利用菜单可以进行查询定值、开关量的动作情况以及保护各CPU的交流采样值、相角、相序、时钟和CRC循环冗余码自检。

修改定值时，首先使人机接口插件进入修改状态，即将修改允许开关打在修改位置，并进入根状态——调试状态，再将各保护CPU插件的运行——调试小开关打至调试位，然后在菜单中选择要修改的CPU进入子菜单，显示保护CPU的整定值。

在多定值区修改定值时，采用定值的复制功能，可节省修改定值的时间。先从原始定值区进入调试状态，再将定值小拨轮打到所需定值区并进行定值修改、固化。这样原本要修改的全部内容，现在只需进行某些内容的修改即可。

5. 人机界面操作举例

下面以WXH-811微机线路保护装置的人机界面操作为例进行说明。

1）键盘与正常显示

WXH-811单元管理机人机接口采用320×240的大屏幕彩色液晶显示屏，显示屏下方有一个8键键盘，显示屏右侧还有一个复归键。

键盘中各键的功能如下：

（1）"↑"键：命令菜单选择，显示换行或光标上移；

（2）"↓"键：命令菜单选择，显示换行或光标下移；

（3）"→"键：光标右移；

（4）"←"键：光标左移；

（5）"＋"键：数字增加选择；

（6）"－"键：数字减小选择；

（7）退出键：退出命令，返回上级菜单或取消操作；

（8）确认键：菜单执行及数据确认；

（9）复归键：复归告警及动作信号。

在装置上电或复位后，单元管理机将自动搜寻各个保护模块，并自动登记各模块中的保护定值配置信息及自检信息，在单元管理机内部建立全套保护配置表。

2）初始画面

在装置上电或复位后，单元管理机将自动搜寻各个保护模块，并自动登记各模块中的保护定值配置信息及自检信息，在单元管理机内部建立全套保护配置表。

3）主菜单

在初始画面下按确认键，将显示如图 7.30 所示的界面。

在每一级菜单中，当前选中的选项的图标及其下面的简短文字说明的背景色都变成高亮的蓝色，并且在文字说明的下方增加一个白色的下划线。按"↑"
"↓""→""←"键可以改变当前选项，而在显示屏最下方的显示区则显示当前选项的解释说明。例如：

图 7.30　按下确认键的界面

［浏览］：查看实时参数

主菜单采用树型目录结构，如图 7.31 所示。

在树型结构的每一级菜单中，按下"退出"键可以返回上一级父菜单，按下"确认"键可以进入下一级子菜单。在菜单选项可显示数据过多的情况下将采用滚动显示的方法，显示屏的最右侧将出现"↑"和"↓"两个图标，按"↑"键及"↓"键使屏幕分别向上或向下滚动。如果屏幕右侧只出现"↓"图标则表示本屏为滚动显示的第一屏，如只出现"↑"则表示本屏为滚动显示的最后一屏。全部主菜单共有 8 个选项，具体说明如下：

（1）浏览：查看实时运行参数。

（2）整定：查看及修改保护参数，包括定值区号设置、定值修改、保护软压板投退及出口矩阵的设置等。

（3）报告：事件报告处理，其中包括查看、清除动作报告及装置记录。

（4）传动：保护出口传动，其中包括按保护传动和按通道传动。

（5）开入：查看开入量状态，包括按硬压板查看和按开入位查看。

（6）打印：打印保护定值、保护软压板、保护实时运行参数、保护动作报告、装置记录、保护硬压板状态及出口矩阵等。

（7）设置：装置参数设置，包括设置密码、时钟、模块号、通讯参数及通道系数等。

（8）版本：装置版本说明。

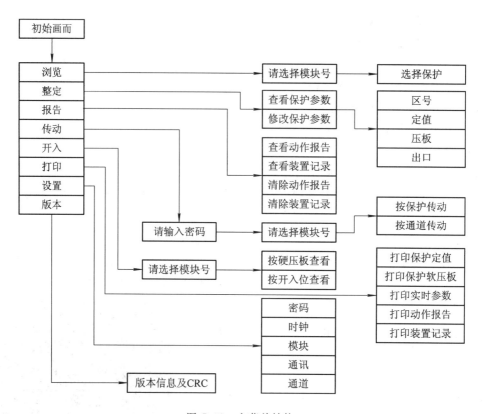

图 7.31 主菜单结构

4）主菜单功能使用说明

（1）浏览：查看实时参数。用"↑"和"↓"键移动光标到"浏览"处，如图 7.32 所示。按确认键后，首先应选择要查看的模块号，如图 7.33 所示。按"＋/－"键选择需查看实时参数的模块号，确定模块号后按 Enter 键，选择查看保护的参数。

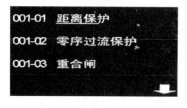

图 7.32 实时参数界面

图 7.33 模块号的选择

（2）整定：选定"整定"图标，如图 7.30 所示。按确认键，进入整定子菜单，然后可选查看和修改。查看和修改保护参数下面各有四个选项，进入到修改保护参数的各个子菜单内时需要密码确认，显示如图 7.34 所示。

先用"←""→"键将光标移到想要修改的数字上，再按"＋"或"－"键增加或减小原数值，直至输入正确密码，按确认键确定密码正确后方可进入，否则提示密码错误信息。其中，"区号"选项是选择某个保护模块提供定值区的切换选择。每个保护模块一共有 0～7 共 8 个定值区可供切换。选定模块后，显示如图 7.35 所示。

按"＋/－"键选择需切换的定值区号，按确认键会出现"OK，区号已修改！"的提示信息。

"定值"选项是用来查看或修改保护的定值。首先要选择模块，然后选择定值区，再选择保护。距离保护的所有定值如图 7.36 所示。

图 7.34　保护参数密码

图 7.35　选择定制区号码图

图 7.36　距离保护定值图

定值整定的基本思想是对单个位上的数值进行修改，即先用"←""→"键将光标移到想要修改的数字上，再按"＋"或"－"键增加或减小原数值，直至出现需要的数值。任何一个数值都可以修改为 0～9 中的任一个数字。例如，将上述电抗补偿系数由 0.00 整定为 2.35，整定步骤如下：

首先，用"→"键将光标移到第一个"0"处，按"＋"键 2 次，"0"变为"2"；然后用"→"键将光标移至第二个"0"处，按"＋"键 3 次，"0"变为"3"；再用"→"键将光标移至第三个"0"处，按"＋"键 5 次，"0"变为"5"，定值修改完毕。按"↓"键移至下一定值进行整定，待该保护全部定值整定完后，按确认键结束操作，此时单元管理机自动将定值发送到相应保护模块，显示定值已固化的提示信息，然后继续整定修改其他保护的定值。

"压板"选项是用来查看修改每个保护的软压板投退状的。压板投退状态的显示为："2＝投入""1＝退出"。通过"＋"或"－"键可以对压板的投退状态进行修改。

（3）报告：该选项用于动作报告处理，可以查看每一项动作事件报告或者清除所有动作报告。

查看报告时首先选定要查看的"CPU 号"，选定后按确认键，屏幕显示最后动作的报告序号。按"↓"键可以查看报告动作值。通过"＋"或"－"键可以改变动作报告的序列号。

（4）传动：此菜单项可在装置调试时方便地进行保护传动试验。为确保保护装置安全运行，进入此菜单需要确认密码。密码通过后，需要选择具体的保护模块号及保护出口通道，才能进行传动试验。进行传动的出口通道的开或闭的状态显示屏幕上都有相应的提示信息。

（5）开入：此菜单用于查看某个保护模块开入量输入状态。

（6）打印：此菜单主要用于打印定值清单、自检告警、动作报告、实时参数等信息，便于查看及存档。

（7）设置：选中"设置"菜单，按确认键，将出现如图 7.37 所示的子菜单。

"密码"选项是用来修改保护装置的密码，首先需要输入原有密码，如原有密码输入错误，则不能修改密码。如原有密码输入正确，则可以输入修改后的新密码，输入完新密码，按确认键，装置会出现密码修改成功的提示。"时钟"选项用来修改装置的实时时钟。用"←""→""↑""↓"键将光标移到年—月—日或时—分—秒，用"＋、－"键改变数字，按退出键返回上一级菜单。"模块"选项用来设定保护模块的模块号，此选项需要密码确认方可进入。

例如，只有一个保护模块在运行，则进入此选项后，其参数设置图如图 7.38 所示。

图 7.37　设置装置参数图

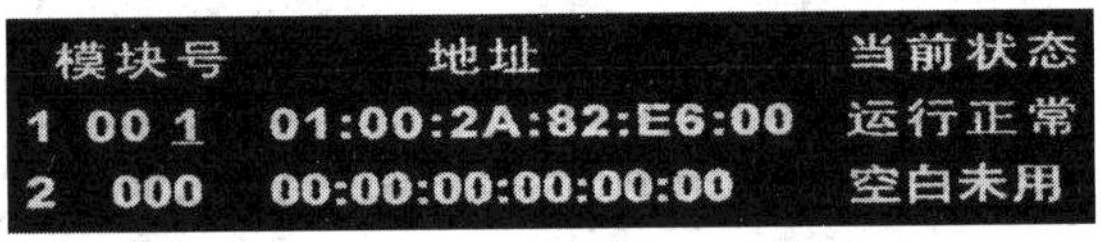

模块号	地址	当前状态
1 001	01:00:2A:82:E6:00	运行正常
2 000	00:00:00:00:00:00	空白未用

图 7.38　一个保护模块的参数设置图

模块号表示的是一个保护模块的标识，在不和其他保护模块重复的前提下可以自行设定 0～8 之间的任何值。地址是一个保护模块的物理地址，是唯一的且不能更改，地址值全为 0 则表示没有保护模块在运行。当前状态一共有四种："运行正常""尚未设置""通信中断"和"空白未用"。

设定好模块号后按确认键，可以看到模块号已存储的提示信息。

通信菜单有密码保护，确认后方可进入。此菜单主要用于设置装置子站地址，用于和监控系统相连时设定多机通信地址，先用"←""→"键将光标移到想要修改的数字上，再按"＋"或"－"键增加或减小原数值，直至输入完成，按确认键可以看到地址已修改的提示信息。

（8）版本：选择"版本"，按"确认"键，显示装置型号、软件版本及软件编制日期。

项 目 小 结

供配电系统的工作状态可分为正常、故障及不正常运行三种状态。继电保护装置是指安装在被保护元件上反映被保护元件故障或不正常运行状态，并作用于断路器跳闸或发出信号的一种自动装置。继电保护的基本要求是选择性、快速性、灵敏性和可靠性。常用的保护继电器有电磁型电流继电器、电磁型电压继电器、电磁型时间继电器、电磁型中间继电器和电磁型信号继电器。电流速断保护是电力线路的主保护，过电流保护为电力线路的后备保护。单相接地保护采用绝缘监察装置，常用的变压器保护有过电流保护、电流速断保护、零序电流保护、瓦斯保护和差动保护。微机保护是指将微型机、微控制器等器件作为核心部件的继电保护。近年来，微机保护被广泛采用。

项 目 练 习

一、填空题

1. 供配电系统的工作状态可分为_____、_____和_____。

2. 继电保护装置的基本要求是_____、_____、_____和_____。

3. 变压器的差动保护主要是利用故障时产生的_____来动作的。

二、选择题

1. 定时限过流保护动作值是按躲过线路（　　）电流整定的。

　　A. 最大负荷　　　　　　　　B. 三相短路

　　C. 两相短路电流　　　　　　D. 未端三相短路最小短路电流

2. 高压线路的定时限过电流保护装置的动作具有（　　）的特点。

A. 短路电流超过整增定值时，动作时间是固定的

B. 动作时间与短路电流大小成反比

C. 短路电流超过整增定值就动作

D. 短路电压超过整增定值时，动作时间是固定的

三、判断题

1. 当供电系统发生故障时，离故障点远的保护装置要先动作。　　　　　　（　　）

2. 当供电系统发生故障时，离故障点最近的保护装置后动作。　　　　　　（　　）

3. 继电保护的接线方式有两相两继电器式与两相一继电器式（差接式）。　（　　）

4. 继电保护装置的操作方式有直接动作式和去分流跳闸式两种。　　　　　（　　）

5. 定时限的动作时限按预先整定的动作时间固定不变，与短路电流大小无关。（　　）

四、综合题

1. 简述对继电保护装置的要求。

2. 定时限过电流保护动作时限是按什么原则进行整定的？请举例说明。

3. 电流速断保护为什么存在保护盲区？如何弥补电流速断保护的盲区？

4. 如何对电流速断保护的死区进行弥补？

项目八　电气设备的防雷和接地

任务 1　电气设备的防雷

任务目标

（1）了解雷电现象。

（2）熟悉防雷装置。

任务提出

电力系统中，雷击是主要的自然灾害，雷击的危害很大，可能损坏设备或设施，造成大规模停电，也可能引起火灾或爆炸事故，危及人身安全。因此必须对电力设备、建筑物等采取一定的防雷措施。

相关知识

8.1.1　雷电现象及危害

在供电系统中，过电压有两种：内部过电压和大气过电压（也叫雷电过电压）。内部过电压是供电系统中开关操作、负荷骤变或由于故障而引起的过电压。运行经验证明，内部过电压对电力线路和电气设备绝缘的威胁不是很大。雷电引起的过电压叫作大气过电压。这种过电压的危害相当大，应特别加以防护。

雷电是带有电荷的雷云之间或雷云对大地（或物体）之间产生急剧放电的一种自然现象。大气过电压的根本原因是雷云放电引起的。大气中的饱和水蒸气在上、下气流的强烈摩擦和碰撞下，形成带正、负不同电荷的雷云。当带电的云块临近大地时，雷云与大地之间形成一个很大的雷电场。由于静电感应，大地感应出与雷云极性相反的电荷。

当云中电荷密集处对地的电场强度达到 $25\sim30$ kV/cm 时，就会使周围空气的绝缘击穿，云层对大地便发生先导放电。当先导放电的通路到达大地时，大地上的电荷与雷云中的电荷中和，出现极大的电流，这就是所谓的主放电阶段。主放电存在的时间极短，电流极大，是全部雷电流的主要部分，可能波及电力系统的雷云放电，使电力系统电压升高，引起大气过电压。

大气过电压有两种基本形式：一种是雷电直接对建筑物或其他物体放电，其过电压引起强大的雷电流通过这些物体入地，从而产生破坏性很大的热效应和机械效应，这叫作直接雷击或直击雷。它会击毁杆塔和建筑物，烧断导线，烧毁设备，引起火灾。另一种是雷电的静电感应或电磁感应所引起的过电压，叫作感应过电压或感应雷。它会击穿电气绝缘，甚至引起火灾。

雷电具有很大的破坏性，其电压可高达数百万到数千万伏，其电流可高达数十万安。雷击会造成人畜死伤、建筑物损毁或线路停电、电力设备损坏等后果。为了尽可能避免雷电造成的危害，应当采取必要的防雷措施。

8.1.2　防雷设备

一个完整的防雷设备由接闪器、避雷器、接地引下线和接地体四部分组成。

1. 接闪器

接闪器是用来接受直接雷击的金属物体。接闪器的金属杆称为避雷针，接闪器的金属线称避雷线或架空地线，接闪器的金属带、金属网称避雷带、避雷网。避雷针主要用于保护露天变配电设备及建筑物，避雷针是防止直击雷的有效措施。一定高度的避雷针下面有一个安全区域，此区域内的物体基本上不受雷击。我们把这个安全区域叫作避雷针的保护范围。保护范围的大小与避雷针的高度有关；避雷线主要用于保护输电线路，避雷线一般采用截面不小于 $35 \ mm^2$ 的镀锌钢绞线，架设在架空线的上面，以保护架空线或其他物体免遭直击雷；避雷带、避雷网主要用于保护建筑物免遭直击雷和感应雷。避雷带和避雷网宜采用圆钢和扁钢，优先采用圆钢。圆钢直径应不小于 8 mm，扁钢截面应不小于 $48 \ mm^2$，其厚度应不小于 4 mm。它们都是利用其高出被保护物的突出地位，把雷电引向自身，然后通过引下线和接地装置把雷电流泄入大地，使被保护的线路、设备、建筑物免受雷击。因此，接闪器的实质是引雷。

2. 避雷器

避雷器是用来防止雷电产生过电压波沿线路侵入变电所或其他设备内，从而使被保护设备的绝缘免受过电压的破坏。它一般接于导线与地之间，与被保护设备并联，装在被保护设备的电源侧，如图 8.1 所示。当线路上出现雷电过电压时，避雷针的火花间隙就被击穿，或由高电阻变为低电阻，使过电压对大地放电，使电力设备绝缘免遭损伤，过电压过去后，避雷器又自动恢复到起始状态。

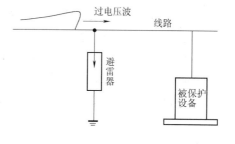

图 8.1　避雷器与被保护设备的连接

目前使用的避雷器主要有管型避雷器、阀型避雷器和金属氧化物避雷器。

1) 管型避雷器

管型避雷器主要用于室外架空线上，如图 8.2 所示，它由内部火花间隙 S_1 和外部火花间隙 S_2 串联而成。内部火花间隙设在纤维管（产气管）1 内，纤维管内有内部电极 2，另一端的外部电极 3 经过外部火花间隙连接于网络导线上。外部电极的端面留有开口，其作用是保证正常状态时避雷器与网路导线隔离，用以避免纤维管受潮漏电。当线路上遭到雷击或感应雷时，雷电过电压使管型避雷器的内间隙 S_1、外间隙 S_2 击穿，强大的雷电流通过接地装置入地，将过电压限制在避雷器的放电电压值。由于避雷器放电时内阻接近于零，所以其残压极小，但工频续流极大。雷电流和工频续流使管子内部间隙发生强烈电弧，在电弧高温作用下，使管内壁材料燃烧产生大量灭弧气体，灭弧腔内压力急剧增高，高压气体从喷口喷出，产生强烈的吹弧作用，将电弧熄灭。这时外部间隙的空气恢复绝缘，使避雷器与系统隔离，恢复正常运行状态，电力网正常供电。

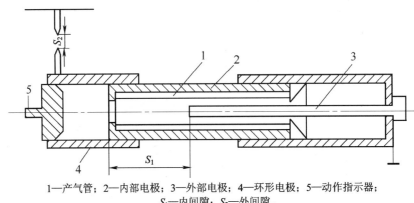

1—产气管；2—内部电极；3—外部电极；4—环形电极；5—动作指示器；
S_1—内间隙；S_2—外间隙。

图 8.2　管理避雷器结构示意图

为了保证避雷器可靠工作，在选择管型避雷器时，开断电流的上限应不小于安装处短路电流的最大有效值（考虑非周期分量）；开断电流的下限应不大于安装处短路电流的最小值（不考虑非周期分量）。

管型避雷器主要用于变配电所的进线保护和线路绝缘弱点的保护，保护性能较好的管型避雷器可用于保护配电变压器。

2）阀型避雷器

阀型避雷器主要由火花间隙组和阀片组成，装在密封的瓷套管内。阀型避雷器的火花间隙组是由多个间隙串联组成的。正常运行时，间隙介质处于绝缘状态，仅有极小的泄漏电流通过阀片。当系统出现雷电过电压时，火花间隙很快被击穿，使雷电冲击电流很容易通过阀型电阻盘而引入大地，释放过电压负荷，阀片在大的冲击电流下电阻由高变低，所以冲击电流在其上产生的压降（残压）较低，此时，作用在被保护设备上的电压只是避雷器的残压，从而使电气设备得到保护。

阀式避雷器广泛用在交直流系统中，保护变配电所设备的绝缘。

3）保护间隙

保护间隙又称作角型避雷器，是一个较简单的防雷设备，它是由两个金属电极构成的，其中一个电极固定在绝缘子上，另一个电极则经绝缘子与第一个电极隔开，并使这一对空气间隙保持适当的距离，如图 8.3（a）所示。固定在绝缘上的电极一端与带电部分相连，而另一端的电极则通过辅助间隙与接地装置相连接。辅助间隙的作用主要是防止主间隙因鸟类、树枝等造成短路时，不致引起线路接地。其接线如图 8.3（b）所示。

保护间隙的工作原理为：在正常运行的情况下，间隙对地是绝缘的，而当架空电力线路遭受雷击时，间隙的空气被击穿，雷电流泄入大地，使线路绝缘子或其他电气设备的绝缘子不致发生闪络，起到了保护作用。保护间隙常用于室外且负荷不重要的线路上。

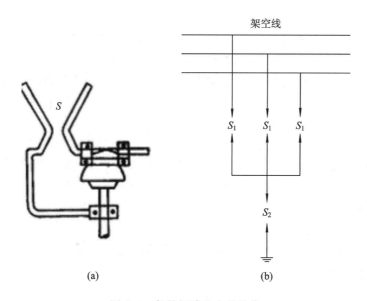

图 8.3　保护间隙和它的连接

4）金属氧化物避雷器

金属氧化物避雷器又称作压敏避雷器，是一种没有火花间隙只有压敏电阻片的阀型避雷器。压敏电阻片是由氧化锌等金属氧化物烧结而成的多晶半导体陶瓷元件，具有理想的阀特性。在工频电压下，它具有极大的电阻，能迅速有效地阻断工频电流，因此无需火花间隙来熄灭由工频续流引起的电弧，而且在雷电过电压作用下，其电阻又变得很小，能很好地泄放雷电流。目前氧化物避雷器广泛应用于高低压设备的防雷保护当中。

3. 接地引下线

接地引下线是接闪器与接地体之间的连接线，它将接闪器上的雷电流安全地引入接地体，使之尽快地泄入大地。引下线一般采用直径为 8 mm 的镀锌圆钢或截面不小于 25 mm^2 的镀锌钢绞线。如果避雷针的本体是采用铁管或铁塔的形式，则可以利用其本体作为引下线，而不必另设引下线了。

4. 接地体

接地体是避雷针的地下部分，其作用是将雷电流直接泄入大地。接地体埋设深度不应小于 0.6 m，垂直接地体的长度不应小于 2.5 m，垂直接地体之间的距离一般不小于 5 m。接地体一般采用直径为 19 mm 镀锌圆钢。

8.1.3　防雷措施

1. 架空线的防雷措施

架设避雷线是防雷的有效措施，其造价高，只在 66 kV 及以上的架空线线路上才装设。35 kV 的架空线路上，一般只在进出变电所的一段线路上装设。而 10 kV 及以下线路上一般不装设避雷线，除此以外还应采取以下防雷措施：

（1）提高线路本身的绝缘水平。可以采用高一级电压的绝缘子，以提高线路的防雷水平。

（2）尽量装设自动重合闸装置。线路发生雷击闪络之所以跳闸，是因为闪络造成了稳定的电弧而形成短路。当线路断开后，电弧即会熄灭，而把线路再接通时，一般电弧不会重燃，因此重合闸后，线路恢复正常状态，能缩短停电时间。

（3）装设避雷器和保护间隙。这是用来保护线路上个别绝缘薄弱地点，包括个别特别高的杆塔、带拉线的杆塔、跨越杆塔、分支杆塔、转角杆塔以及木杆线路中的金属杆塔等处。

对于低压(380/220 V)架空线路的保护一般采取以下措施：

（1）在多雷地区，当变压器采用 Yyn0 或 Yy0 接线时，宜在低压侧装设阀式避雷器或保护间隙。当变压器低压侧中性点不接地时，应在其中性点装设击穿保险器。

（2）对于重要用户，宜在低压线路进入室内前 50 m 处安装低压避雷器，进入室内后再装低压避雷器。

（3）对于一般用户，可在低压进线第一支持物处装设低压避雷器或击穿保险器。

2. 变配电所的防雷措施

（1）装设避雷针。装设避雷针可防止直击雷。

（2）装设避雷器。这主要用来保护主变压器，以免雷电冲击波沿高压线路侵入变电所。对于 3～10 kV 的变电所变压器，应在变压器的高压侧装设阀式避雷器，如图 8.4 所示。避雷器的防雷接地引下线、变压器的金属外壳和变压器低压侧中性点应连接在一起，然后再与接地装置相连接（即所谓"三位一体"接地），这样做的目的是保证当高压侧因雷击避雷器放电时，变压器绝缘上所承受的电压接近于阀式避雷器的残压，从而达到绝缘配合。但是，变压器铁壳电位大为提高，等于雷电流在接地体和接地线上的压降，可能引起铁壳向 380/220 V 低压侧的逆闪络。因此，这样的接法会使高压侧遭受雷击时危及到低压侧的用户。为了克服这个缺点，可在变压器的低压侧装设阀式低压避雷器，这样限制了变压器低压侧绕组上可能出现的过电压，从而保护了变压器高压绕组。

（3）变电所 3～10 kV 侧保护。为了防止雷电波侵入变电所的 3～10 kV 配电装置，应当在变电所的每组母线和每路进线上装设阀式避雷器，如图 8.5 所示。如果进线是具有一段引入电缆的架空线，则在架空线路终端的电缆头处装设阀式避雷器或管式避雷器，其接地端与电缆头外壳相连后接地。

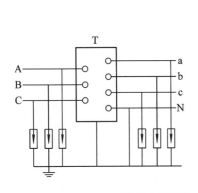

图 8.4　3～10 kV 变压器的防雷保护

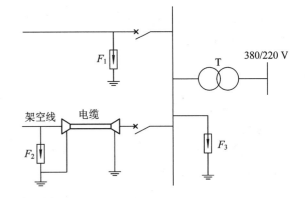

图 8.5　3～10 kV 配电装置防止雷电波侵入的保护接线

变电所内所有避雷器应尽量用最短的连接线接到配电装置的总接地网上,同时应在其附近加装集中接地装置,便于雷电流的流散。

3. 高压电动机的防雷措施

企业的高压电动机一般从 6～10 kV 高压配电网直接受电,一旦高压配电网遭受雷击,沿线路传来的雷电波就会直接危害电动机。由于电动机的绕组是采用固体介质绝缘的,其耐雷击的冲击绝缘水平比变压器的冲击绝缘水平低得多。一般电动机出厂的冲击耐压值只有相同容量变压器出厂值的 1/3。加之在运行中,固体绝缘介质还要受潮、腐蚀和老化,会进一步降低耐压水平。因此,高压电动机对雷电波侵入的保护,不能采用普通型的阀式避雷器,应采用 FCD 型磁吹阀式避雷器或氧化锌避雷器。

具有电缆进线的电动机防雷保护接线如图 8.6 所示为了降低沿线路侵入的雷波波头陡度,减轻其对电动机绕组绝缘的危害,可在电动机进线前面加一段 100～150 m 的引入电缆,并在电缆前的电缆头处安装一组阀式避雷器,而在电动机电源端(母线上)安装一组并联有电容器的磁吹阀式避雷器。这样可以提高防雷效果。

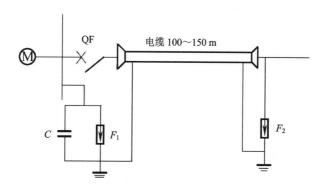

图 8.6　高压电动机的防雷保护接线

在多雷地区,不属于架空直配线的特别重要的电动机,在运行中应考虑防止变压器高压侧的雷电波通过变压器危及电动机的绝缘,为此,可在电动机出线上装设一组磁吹阀式避雷器保护。

4. 建筑物的防雷措施

根据发生雷电事故的可能性和后果,将建筑物分成三类。第一、二类建筑物是制造、使用或储存爆炸物质,因电火花而会(或不宜)引起爆炸,造成(或不致造成)巨大破坏和人身伤亡,以及在正常情况下(或在不正常情况下)能(或不能)形成爆炸性混合物,因火花而引起爆炸的建筑物。第三类建筑物是除第一、二类建筑物以外的爆炸、火灾危险的场所,按雷击的可能性及其对国民经济的影响,确定需要防雷的建筑物。如年预计雷击次数 $N \geqslant 0.06$ 的一般工业建筑物,或年预计雷击次数 $0.06 \leqslant N \leqslant 0.03$ 的一般性民用建筑物,并结合当地的雷击情况,确定需要防雷的建筑物。历史上遭受雷害事故较多的重要建筑物都是 15～20 m 以上的孤立高耸的建筑物(如烟囱、水塔)。

对第一类防雷建筑物和第二类防雷建筑物中有爆炸危险的场所,应有防止直击雷、防雷电感应和防雷电波侵入的措施,指定专人看护,发现问题及时处理,并定期检查防雷装置。第二类防雷建筑物(除有爆炸危险者外)及第三类防雷建筑物应有防直击雷和防雷波侵入的措施。

对建筑物屋顶的易受雷击的部位，应装设避雷针或避雷带（网）进行直击雷防护。屋顶上装设的避雷带（网），一般应经两根引下线与接地装置相连。

为防直击雷或感应雷沿低压架空线侵入建筑物，使人和设备免遭损失，一般应将入户处或进户线电杆的绝缘子铁脚接地，其接地电阻应不大于 30 Ω，入户处的接地应和电气设备保护接地装置相连。

在雷电多发的夏季，人们对防雷电应该高度重视。当雷击发生时，应尽量避免使用家电设备，以防感应雷和雷电波的侵害。如果人在户外，发生雷电时应及时进入有避雷设施的场所，不要在孤立的电杆、大树、烟囱等下躲避。在田间劳动或在游泳的人，应立即离开水中，以防雷通过水的传导而遭雷击。

任务 2　电气设备的接地

任务目标

（1）了解接地的基本概念。
（2）熟悉接地的种类。
（3）掌握接地装置的装设和接地电阻的要求。

任务提出

电力系统中，如果工作人员因没有遵守安全操作规程，直接触及或过分靠近电气设备，或人体触及电气设备中因绝缘损坏而带电的金属外壳或与之相连接的金属构架而遭到伤害，称其为触电。为了避免触电事故的发生，保证人身安全，除遵守安全操作规程外，还应采取一定的保护措施，通常采用保护接地和保护接零。学习电气设备的接地基本概念、种类及要求，有利于培养严格遵守安全操作规程的职业素养和认真严谨的工作态度。

相关知识

8.2.1　接地的基本概念

1. 接地和接地装置

电气设备的某部分与大地之间做良好的电气连接，称为接地。接地装置是由接地体和接地线两部分组成的。埋入地中并直接与大地接触的金属导体，称为接地体或接地极。专门为接地而人为装设的接地体，称为人工接地体。兼作接地体用的直接与大地接触的各种金属构件、建筑物的基础等，称为自然接地体。接地体与电气设备的金属外壳之间的连接线，称为接地线。接地线在设备正常运行时是不载流的，但在故障情况下会通过接地故障电流。接地线又分为接地干线和接地支线。由若干接地体在大地中相互用接地线连接起来的一个整体，称为接地网。

2. 接地电流和对地电压

当电气设备发生接地故障时，电流就通过接地体向大地作半球形散开，这一电流称为接地电流，如图 8.7 中的 I_E。试验表明，在距单根接地体或接地故障点 20 m 左右的地方，实际上散流电阻已趋近于零，此电位为零的地方称为电气上的"地"或"大地"之间的电位差，也即接地部分的对地电压。

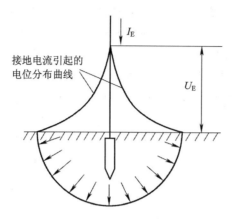

图 8.7　接地电流、对地电压及接地电流电位分布曲线

3. 接触电压和跨步电压

接触电压是指当设备的绝缘损坏时，在身体可同时触及的两部分之间出现的电位差。如人站在发生接地故障的设备旁边，手触及设备的金属外壳，则人手与脚之间的电位差即为接触电压。

跨步电压是指在故障点附近行走，两脚之间出现的电位差，如图 8.8 中的 U_S。在带电的断线落地点附近及防雷装置泄放雷电流的接地体附近行走时，同样也有跨步电压。跨步电压的大小与距接地点的远近有关。距离短路接地点愈远，跨步电压愈小；距离 20 m 以外时，则跨步电压近似等于零。而接触电压的大小则反之：当距离接地短路点愈远时，接触电压愈大；愈近时，接触电压愈小。因此，在敷设变配电所的接地装置时，应尽量使接地网做到电位分布均匀，以降低接触电压和跨步电压。

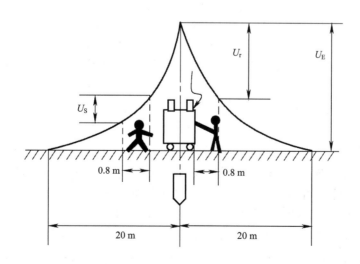

图 8.8　跨步电压和接触电压示意图

8.2.2 接地的种类

1. 工作接地

工作接地是为保证电力系统和电气设备达到正常工作要求而进行的一种接地，例如电源中性点的接地、防雷装置的接地等。各种工作接地有各自的功能。例如，电源中性点直接接地，能在运行中维持三相系统中相线对地电压不变；而电源中性点经消弧线圈接地，能在单相接地时消除接地点的断续电弧，防止系统出现过电压。至于防雷装置的接地，其功能更是显而易见的，不进行接地就无法对地泄放雷电流，从而无法实现防雷的要求。

2. 保护接地

由于绝缘的损坏，在正常情况下不带电的电力设备外壳有可能带电，为了保障人身安全，将电力设备正常情况不带电的外壳与接地体之间作良好的金属连接，称为保护接地，如图 8.9 所示。

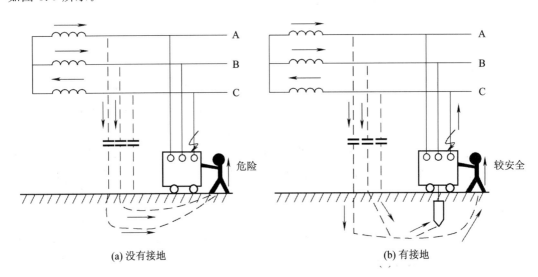

(a) 没有接地　　　　　　　　　　　　(b) 有接地

图 8.9　电气设备的保护接地(IT 系统)

保护接地一般应用在高压系统中，在中性点直接接地的低压系统中有时也有应用。如图 8.9(a)所示，由于电力设备没有接地，当电力设备某处绝缘损坏而使其正常情况下不带电的金属外壳带电时，若人体触及带电的金属外壳，由于线路与大地间存在分布电容，接地短路电流将通过人体，这是相当危险的。但是，当电气设备采用保护接地后，如图 8.9(b)所示，若电力设备某处绝缘损坏而使其正常情况下不带电的金属外壳带电时，人体触及带电的金属外壳，接地短路电流将同时沿着接地体和人体两条通路流过，流过每一条通路的电流值与其电阻成反比，接地装置的接地电阻越小，流过人体的电流就愈小。通常人体的电阻比接地装置的电阻大得多，所以流经人体的电流较小。只要接地电阻符合要求（一般不大于 4 Ω），就可以大大降低危险，起到保护作用。

保护接地可分为三种不同类型，即 TN 系统、IT 系统和 TT 系统。

（1）TN 系统。如图 8.10 所示，工厂的低压配电系统大都采用这种三相四线制的中性点直接接地方式。TN 系统又分为以下三种情况：

① TN－C 系统。整个系统的中性线 N 与保护线 PE 是合在一起的，电气设备不带电金属部分与之相连，如图 8.10(a)所示的 PEN(习惯称"保护接零")。在这种系统中，当某相相线因绝缘损坏而与电气设备外壳相碰时，形成较大的单相对地短路电流，引起熔断器熔断而切断短路故障，从而起到保护作用。该接线保护方式适用于三相负荷比较平衡且单相负荷不大的场所，在工厂低压设备接地保护中使用相当普遍。

② TN－S 系统。中性线 N 与保护线 PE 分开，电气设备的金属外壳接在保护线 PE 上，如图 8.10(b)所示。在正常情况下，PE 线上没有电流流过，不会对接在 PE 线上的其他设备产生电磁干扰。它适用于环境条件较差、安全可靠要求较高以及设备对电磁干扰要求较严的场所。

③ TN－C－S 系统。该系统是 TN－C 和 TN－S 系统的综合，电气设备大部分采用 TN－C 系统接线，在设备有特殊要求的场合局部采用专设保护线接成 TN－S 形式，如图 8.10(c)所示。

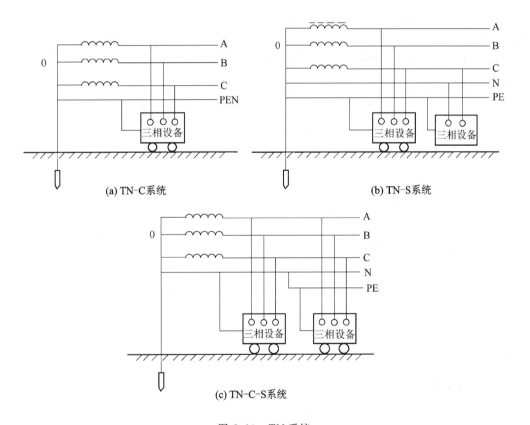

图 8.10　TN 系统

(2) IT 系统。IT 系统是对电源小电流接地系统的保护接地方式，电气设备的不带电金属部分直接经接地体接地，如图 8.9 所示。当电气设备因故障金属外壳带电时，接地电容电流分别经接地体和人体两条支路通过，只要接地装置的接地电阻在一定范围内，就会使流经人体的电流被限制在安全范围。

(3) TT 系统。TT 系统是针对大电流接地系统的保护接地，如图 8.11 所示。配电系统的中性线 N 引出，但电气设备的不带电金属部分经各自的接地装置直接接地，与系统接线不发生关系。发生绝缘损坏故障时其保护方式与 IT 系统相似。

必须注意：同一低压系统中，不能有的采取保护接地，有的又采取保护接零，否则当采取保护接地的设备发生单相接地故障时，采取保护接零的设备外露可导电部分将带上危险的电压。中性点不接地系统中的设备不允许采用保护接零。因为任一设备发生碰壳时都将使所有设备外壳上出现近于相电压的对地电压，这是十分危险的。

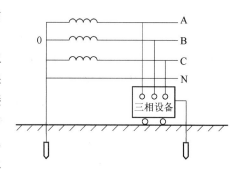

图 8.11 TT 系统

在中性线上不允许安装熔断器和开关，以防中性线断线，失去保护接零的作用。为安全起见，中性线还必须实行重复接地，以保证接零保护的可靠性。

3. 重复接地

将零线上的一处或多处通过接地装置与大地再次连接，称重复接地。在架空线路终端及沿线每 1 km 处，电缆或架空线引入建筑物处都要重复接地。如不重复接地，当零线万一断线而同时断点之间某一设备发生单相碰壳时，断点之后的接零设备外壳都将出现较高的接触电压，如图 8.12 所示。

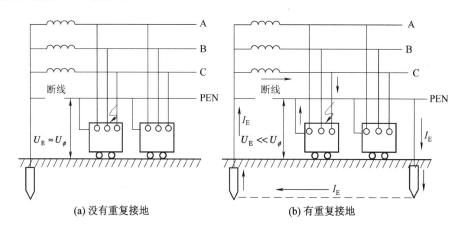

(a) 没有重复接地   (b) 有重复接地

图 8.12 重复接地功能说明示意图

8.2.3 接地装置的装设

1. 自然接地体的利用

装设接地装置时，首先利用自然接地体，以节约投资。可作为自然接地体的有：与大地有可靠连接的建筑物的钢结构和钢筋、行车的钢轨、埋地的非可燃/可爆的金属管等。对于变配电所来说，可利用其建筑物钢筋混凝土基础作为自然接地体。

利用自然接地体时，一定要保证良好的电气连接，在建筑物钢结构的结合处，除已焊接者外，凡用螺栓连接或其他连接的，都应采用跨接焊接，而且跨接线不得小于规定值。

2. 人工接地体的埋设

人工接地体的埋设，应注意不要埋设在垃圾、炉渣和有强烈腐蚀性土壤处，遇有这些情况时应进行换土。

人工接地体垂直或水平布置时，其埋设深度距地面应不小于 0.6 m。最常用的垂直接地体为直径 50 mm、长 2.5 m 的钢管，水平接地体的长为 5～20 m 为宜，如图 8.13 所示。

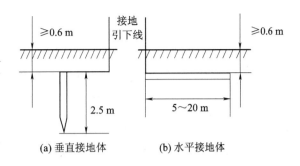

图 8.13　人工接地体埋设示意图

垂直接地体的间距一般要求不小于 5 m。因为当多根接地体相互靠拢时，接地电流的流散将互相受到排挤，这种影响接地电流流散的现象叫作屏蔽作用。

为了减小相邻接地体之间的屏蔽作用，垂直接地体的间距不应小于接地体长度的两倍（例如，接地体长 2.5 m，则间距不小于 5 m），水平接地体的间距可根据具体情况而定，但也不能小于 5 m。埋入后的接地体周围要用新土夯实。

3. 接地线

（1）自然接地线。为了节约金属，减少投资，应尽量选择自然导体作为接地线。如建筑物的金属构架、电梯竖井、电缆的金属外皮等都可以作为自然接地线。各种金属管道（可燃液体、可燃或爆炸性气体的金属管道除外）可作为低压电力设备的自然接地线。

（2）人工接地线。为了连接可靠并有一定的机械强度，一般采用钢作为人工接地线。对于接地体和接地线的截面积应符合我国电气规定的最小规格。

8.2.4　接地电阻的要求

接地电阻是接地体的流散电阻与接地线和接地体电阻的总和。由于接地体和接地线的电阻相对较小，可略去不计，因此接地电阻可认为就是接地体的流散电阻。对接地电阻的要求，按我国有关规定执行即可。

8.2.5　接地电阻的测量

接地装置在施工完成后，需要测量接地装置的接地电阻是否符合设计规定要求，在日常运行中，也需要定期测量接地电阻，以免由于接地装置的故障而引起事故。

1. 测量接地电阻的一般原理

如图 8.14 所示，当在两接地体上加一电压 U 后，就有电流 I 通过接地体 A 流入大地后经接地体 B 构成回路，形成图 8.14 所示的电位分布曲线。离接地体 A（或 B）20 m 处电位等于零，即 CD 区为电压降实际上等于零的零电位区。只要测得接地体 A（或 B）与大地零电位的电压 u_{AC}（或 u_{BD}）和电流 I，就可以方便地求得接地体的接地电阻。测量接地体接地电阻时都采用交流电。

由上述可知，测量接地体的接地电阻时，为了使电流能从接地体流入大地，除了被测接地体外，还要另外加设一个辅助接地体（称电流极），才能构成电流回路。而为了测得被测接地体与大地零电位的电压，必须再设一个测量电压用的测量电极（称电压极），如图 8.14 所示。电流极和电压极必须恰当布置，否则测得的接地电阻值误差较大，甚至完全不能反映被测接地体的接地电阻。为了使测得的接地电阻比较精确，应当使被测接地体与电

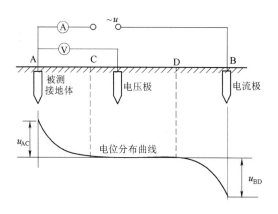

图 8.14　电流极与电压极

流极之间的距离足够大，以使得在两极间能出现零电位区 CD，电压极也应当位于零电位区 CD 内。

2. 测量接地电阻的方法

1）间接法测量电阻

间接法测量接地电阻的电路如图 8.15 所示。用这种方法需制作电流极和电压极。电流极可以用一根直径为 25～50 mm、长 2～3 m 的钢管制成。作为电流极和电压极的圆钢或钢管顶端应焊接线用的夹子。

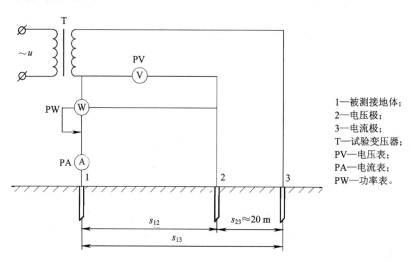

1—被测接地体；
2—电压极；
3—电流极；
T—试验变压器；
PV—电压表；
PA—电流表；
PW—功率表。

图 8.15　间接法测量接地电阻的电路

在测量接地电阻时须先估计电流的大小，选出适当截面的绝缘导线，在预备试验时可利用可变电阻 R 调整电流，当正式测定时，则将可变电阻短路，由电流表、电压表及功率表所得的数据可以算出接地电阻 R_E：

$$R_E = \frac{U}{I}$$

$$(8-1)$$

或

$$R_{E} = \frac{P}{I^{2}} = \frac{U^{2}}{P} \qquad (8-2)$$

这种方法繁琐、麻烦，所以一般仅在没有接地电阻测试仪，或者接地电阻不在接地电阻测试仪的范围内时才采用。

2) 直接法测量接地电阻

一般测量接地电阻大多采用接地电阻测试仪。采用接地电阻测试仪测量接地电阻时，电流极和电压极应与仪器配套供应。

手摇表接地电阻测试仪如 ZC29 型，它由手摇发电机、电流互感器、电位器等组成。测量电路如图 8.16 所示。

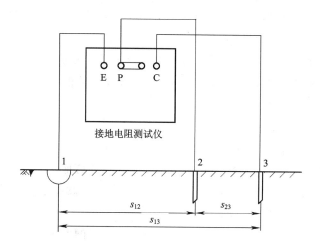

图 8.16　直接法测量接地电阻的电路

遥测时，先将测试仪的"倍率标尺"开关置于较大倍率挡。慢慢转动摇柄，同时调整"测量标度盘"，使指针指零（中线），然后加快转速（约为 120 r/min），并同时调整"测量标度盘"，使指针指示表盘中线。这时"测量标度"所指示的数值乘以"倍率标尺"的数值，即为接地装置的接地电阻值。

一般测量接地电阻大多采用接地电阻测试仪。采用接地电阻测试仪测量接地电阻时，电流极和电压极与仪器配套供应。

项　目　小　结

雷电具有很大的破坏性，为了尽可能避免雷电造成的危害，应当采取必要的措施。防雷电保护分为防直击雷和感应雷（或入侵雷）两大类，相应的保护设备分为接闪器和避雷器两大类。一个完整的防雷设备由接闪器、避雷器、接地引下线和接地体等四部分组成。避雷器有阀型避雷器、管型避雷器、金属氧化物避雷器等。

电气设备的某部分与大地之间做良好的电气连接，称为接地。接地分工作接地、保护接地和重复接地等。接地电阻的测量有间接法和直接法。

项 目 练 习

一、填空题

1. 对地电压是指电气设备的接地部分，如接地的外壳和接地体等与＿＿＿＿＿＿＿的"地"之间的电位差。

2. 接触电压是指电气设备的绝缘损坏时，在身体可同时触及的两部分之间出现的＿＿＿＿＿。如手触及设备的金属外壳，则人手与脚之间所呈现的＿＿＿＿，即为接触电压。

3. 跨步电压是指在接地故障点附近行走时，两脚之间出现的＿＿＿＿＿。越靠近接地故障点或跨步越大，跨步电压越大。离接地故障点达 20 m 时，跨步电压为零。

4. 工作接地是指为保证电力系统和电气设备达正常工作要求进行的一种接地，如电源中性点、＿＿＿＿＿＿的接地等。

5. 保护接地是指为保障人身安全、防止间接触电而将设备的＿＿＿＿＿＿部分接地。

6. 过电压是指在电气线路或者电气设备上出现的超过正常工作要求的电压，可以分为＿＿＿＿＿和大气过电压两大类。

二、选择题

1. 下列不属于工厂供电系统和电气设备接地的是（　）。

　　A. 工作接地　　　B. 重复接地　　　C. 保护接地　　　D. PEN 接地

2. 选择合适的直击雷保护设备的序号填入括号：保护高层建筑物常采用（　），保护变电所常采用（　），保护输出电线长采用（　）。

　　A. 避雷针　　　　B. 避雷器　　　　C. 避雷网或避雷带　D. 避雷线

三、判断题

1. 等电位连接是使电气设备各外露可导电部分和设备外可导电部分电位基本相等的一种电气连接。　　　　　　　　　　　　　　　　　　　　　　　　　　　　　（　　）

2. 接地故障是指低压配电系统中相线对地或与地有联系导体之间的短路，即相线与大地、PE 线、设备的外露可导电部分间的短路。　　　　　　　　　　　　　　（　　）

3. 接地就是电气设备的某部分与大地之间做良好的电气连接。　　　　（　　）

4. 人工接地体就是埋入地中并直接与大地接触的金属导体。　　　　　（　　）

5. 接地体或接地极就是专门为接地而人为装设的接地体。　　　　　　（　　）

6. 自然接地体就是兼作接地体用的直接与大地接触的各种金属构件、金属管道及建筑物的钢筋混凝土基础等。　　　　　　　　　　　　　　　　　　　　　　　（　　）

7. 接地网就是接地线与接地体的组合。　　　　　　　　　　　　　　（　　）

8. 接地装置是由若干接地体在大地中相互用接地线连接起来的一个整体。（　　）

四、综合题

1. 什么是内部过电压？一般是由什么原因引起的，试分别说明。

2. 什么是雷电过电压？什么是直接雷击，什么是间接雷击？

3. 雷电是如何形成的？

4. 雷电有什么危害？

项目九　变配电所二次回路和自动装置

任务 1　二次回路的基本概念和二次回路图

任务目标

（1）掌握二次回路的基本概念。

（2）掌握电气二次回路图的形式、标识和阅读方法。

任务提出

二次回路是电力系统安全、经济、稳定运行的重要保障，是变配电所电气系统的重要组成部分。随着变配电所电压等级的提高，电气控制正向自动化、弱电化、微机化和综合性方面发展，故使二次回路显得越来越重要。学习二次回路的相关知识有利于培养学生分析问题、解决问题的能力。

相关知识

9.1.1　二次回路的基本概念

变配电所的电气设备通常分为一次设备和二次设备，其控制接线又可分为一次接线和二次接线。一次设备是指直接输送和分配电能的设备，如变压器、断路器、隔离开关、电力电缆、母线、输电线、电抗器、避雷器、高压熔断器、电流互感器、电压互感器等。一次接线又称主接线，是一次设备及其相互间的连接电路。

变电所二次设备是指对一次设备起控制、保护、调节、测量等作用的设备。二次接线又称二次回路，是二次设备及其相互间的连接电路。二次回路按照功用可分为控制回路、合闸回路、信号回路、保护回路以及远动装置回路等，按照电路类别可分为直流回路和交流回路。图 9.1 所示为供配电系统的二次回路功能示意图。

在图 9.1 中，断路器控制回路的主要功能是对断路器进行通、断操作，当线路发生短路故障时，电流互感器二次回路有较大的电流，相应继电保护的电流继电器动作，保护回路做出相应的动作，一方面保护回路中的出口（中间）继电器接通断路器控制回路中的跳闸回路，使断路器跳闸；另一方面保护回路中相应的故障动作回路的信号继电器发出信号，如光字牌、信号牌等。

直流操作电源主要是向二次回路提供所需的电源。电压、电流互感器还向监测、电能计量回路提供线路电流和电压参数。

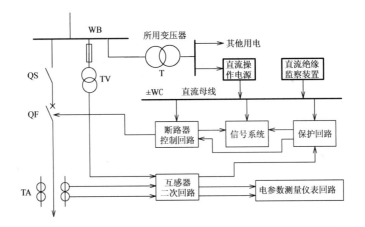

图 9.1　供配电系统的二次回路功能示意图

9.1.2　电气二次回路图

电气二次回路图的形式表明二次接线的图称为二次接线图，又称电气二次回路图。电气二次回路图以国家规定的通用图形符号和文字符号表示二次设备的相互连接关系。常见的电气二次回路图有三种形式，即原理接线图、展开接线图和安装接线图。

1. 原理接线图

原理接线图是用来表示继电保护、监视测量和自动装置等二次设备或系统的工作原理，它以元件的整体形式表示各二次设备间的电气连接关系。通常在二次回路的原理接线图上还会画出相应的一次设备，构成整个回路，便于了解各设备间的相互工作关系和工作原理。图 9.2(a)所示是 6～10 kV 线路的测量回路原理接线图。

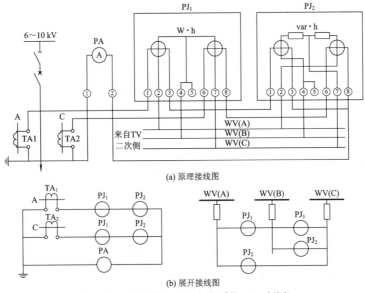

TA₁、TA₂—电流互感器；TV—电压互感器；PA—电流表；
PJ₁—三相有功电度表；PJ₂—三相无功电度表；WV—电压小母线。

图 9.2　6～10 kV 高压线路电气测量仪表原理接线图和展开接线图

从图 9.2(a)中可以看出，原理图概括地反映了过电流保护装置、测量仪表的接线原理及相互关系，但不注明设备内部接线和具体的外部接线，对于较复杂的回路难以分析和找出问题。因此仅有原理图还不能对二次回路进行检查维修和安装配线。

2. 展开接线图

展开接线图按二次接线使用的电源分别画出各自的交流电流回路、交流电压回路、操作电源回路中各元件的线圈和触点。所以，属于同一个设备或元件的电流线圈、电压线圈、控制触头应分别画在不同的回路里。为了避免混淆，对同一设备的不同线圈和触点应用相同的文字符号，但各支路需要标上不同的数字回路标号，如图 9.2(b)所示。

二次展开接线图中所有开关电气和继电器触头都是按开关断开时的位置和继电器线圈中无电流时的状态绘制的。由图 9.2(b)可见，展开图接线清晰，回路次序明显，易于阅读，便于了解整套装置的动作程序和工作原理，对于复杂线路的工作原理的分析更为方便。

3. 安装接线图

安装接线图是进行现场施工不可缺少的图纸，是制作和向厂家加工订货的依据。它反映的是二次回路中各电气元件的安装位置、内部接线及元件间的线路关系。

二次接线安装图包括屏面布置图、屏背面接线图和端子板接线图等几个部分。屏面元件布置图是按照一定的比例尺寸将屏面上各个元件和仪表的排列位置及其相互间距离尺寸表示在图样上。而外形尺寸应尽量参照国家标准屏柜尺寸，以便和其他控制屏并列时显得美观整齐。

4. 二次接线图中的标识方法

为便于安装施工和投入运行后的检修维护，在展开图中应对回路进行编号，在安装图中对设备进行标识。

1）展开图中的回路编号

对展开图进行编号可以方便维修人员进行检查以及正确地连接。根据展开图中回路的不同，如电流、电压、交流、直流等，回路的编号也进行相应的分类。具体进行编号的原则如下：

（1）回路的编号由 3 个或 3 个以内的数字构成。对交流回路要加注 A、B、C、N 符号区分相别，对不同用途的回路都规定可编号的数字范围，各回路的编号要在相应数字范围内。

（2）二次回路的编号应根据等电位原则进行。即在电气二次回路中，连接在一起的导线属于同一电位，应采用同一编号。如果回路经继电器线圈或开关触点等隔离开，应视为两端不再是等电位，要进行不同的编号。

（3）展开图中的小母线用粗线条表示，并按规定标注文字符号或数字编号。

2）安装图设备的标志编号

二次回路中的设备都是从属于某些一次设备或一次线路的，为对不同回路的二次设备加以区别，避免混淆，所有的二次设备必须标以规定的项目种类代号。例如，某高压线路的测量仪表，本身的种类代号是 P。现有有功功率表、无功功率表和电流表，它们的代号分别为 P1、P2、P3。而这些仪表又从属于某一线路，线路的种类代号为 W6，若设无功功率表 P3 是属于线路 W6 上使用的，则由此无功功率表的项目种类代号全称应为"- W6 - P3"，这里的"-"是种类的前缀符号。若又设这条线路 W6 是 8 号开关柜内的线路，而开关柜的种类代号规定为 A，则该无功功率表的项目种类代号全称为"＝A-W6-P3"。这里的"＝"是高层的前缀符号，高层是指系统或设备中较高层次的项目。

3）接线端子

接线端子是二次接线不可缺少的配件，各种接线端子的组合称为端子排。控制屏与保护屏使用以下几种端子：

（1）普通端子。普通端子用以连接屏内设备与屏外设备，也可与连接端子相连。

（2）连接端子。连接端子主要用于相邻端子间的连接，以达到电路分支的作用。

（3）试验端子。试验端子用于需要带电测量电流的电流互感器二次回路及有特殊测量要求的某些回路。利用此端子可在不停电的情况下接入或拆除仪表。

（4）连接试验端子。连接试验端子是具有连接与试验双重作用的端子。

（5）终端端子。终端端子安装在端子排的两端及不同安装单位的端子排之间，用以固定端子排。

（6）标准端子。标准端子用以直接连接屏内外导线。

（7）特端子。特殊端子通常在需要经常断开的电路中使用。

接线端子允许电流一般为 10 A。端子排的表示方法如图 9.3 所示。

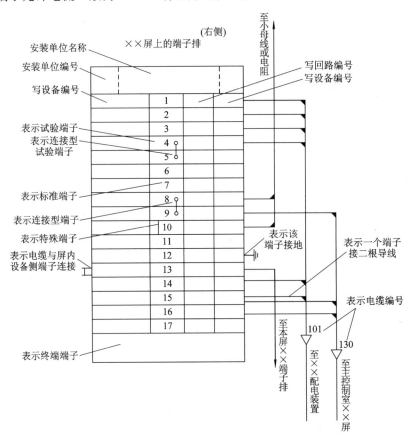

图 9.3　端子排表示方法

4）连接导线的表示方法

安装接线图既要表示各设备的安装位置，又要表示各设备间的连接，如果直接绘出这些连接线，将会使图纸上的线条难以辨认，因而一般在安装图上表示导线的连接关系时，只在各设备的端子处标明导线的去向。标识的方法是在两个设备连接的端子出线处互相标以对方的端子号，这种标注方法称为"相对标号法"。如 P1、P2 两台设备，现 P1 设备的 3 号端子要与 P2 设备的 1 号端子相连，表示方法如图 9.4 所示。

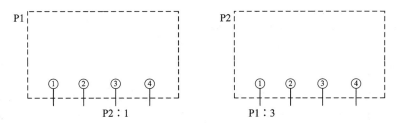

图 9.4　连接导线的表示方法

5. 二次回路图的阅读方法

二次回路图在绘制时遵循着一定的规律，看图时首先应了解电路图的工作原理、功能以及图纸上所标符号代表的设备名称，然后再看图纸。

1）看图的基本要领

（1）先交流，后直流。

（2）交流看电源，直流找线圈。

（3）查找继电器的线圈和相应触点，分析其逻辑关系。

（4）先上后下，先左后右，针对端子排图和屏后安装图看图。

2）阅读展开图的基本要领

（1）直流母线或交流电压母线用粗线条表示，以区别于其他回路的联络线。

（2）继电器和每一个小的逻辑回路的作用都在展开图的右侧注明。

（3）展开图中各元件用国家统一的标准图形符号和文字符号表示，继电器和各种电气元件的文字符号与相应原理图中的方案符号应一致。

（4）继电器的触点和电气元件之间的连接线段都有数字编号（回路编号），以便于了解该回路的用途和性质，根据标号能进行正确的连接，以便进行安装、施工、运行和检修。

（5）同一个继电器的文字符号与其本身触点的文字符号相同。

（6）各种小母线和辅助小母线都有标号，便于了解该回路的性质。

（7）对于展开图中的个别继电器，或该继电器的触点应在另一张图中表示，或在其他安装单位中有表示，都要在图上说明去向，并用虚线将其框起来，对任何引进触点或回路也要说明来处。

（8）直流正极按奇数顺序标号，负极回路按偶数顺序编号。回路经过元件，其标号也随之改变。

（9）常用的回路都是固定编号，如断路器的跳闸回路是 33 等，合闸回路是 3 等。

（10）交流回路的标号除用三位数外，前面应加注文字符号，交流电流回路使用的数字范围是 400～599，电压回路为 600～799。其中，个位数字表示不同的回路，十位数字表示互感器的组数。回路使用的标号组要与互感器文字符号前的"数字序号"相对应。

任务 2 电磁式高压断路器的控制

 任务目标

（1）掌握高压断路器控制回路的基本要求。

（2）掌握电磁操作机构断路器控制回路的工作过程。

 任务提出

高压断路器是发电厂及变电站的重要电气设备，其作用是：正常运行时接通和断开高压电路，改变一次系统的运行方式；故障状态下切除故障设备，保证一次系统安全运行，减少故障损失。

相关知识

9.2.1 高压断路器的操作机构及控制回路等要求

1. 断路器的操作机构

断路器的操作机构是断路器本身附带的合、跳闸传动装置，它用来使断路器合闸，或维持闭合状态，或使断路器跳闸。在操作机构中均设有合闸机构、维持机构和跳闸机构。根据动力来源的不同，操作机构可分为电磁操作机构（CD）、弹簧操作机构（CT）、液压操作机构（CY）和气动操作机构（CQ）等。其中，应用较广泛的是电磁操作机构。不同形式的断路器，根据传动方式和机械荷载的不同，可配用不同形式的操作机构。

（1）电磁操作机构是靠电磁力进行合闸的机构。这种机构结构简单，加工方便，运行可靠，是我国断路器应用较普通的一种操作机构。由于是利用电磁力进行直接合闸的，合闸电流很大，可达几十安至数百安，所以合闸回路不能直接利用控制开关触点接通，必须采用中间接触器（即合闸接触器）。目前，这种操作机构在 10～35 kV 断路器中得到了广泛应用。

（2）弹簧操作机构是靠预先储存在弹簧内的位能来进行合闸的机构。这种机构不需配备附加设备，弹簧储能时耗用功率小（用 1.5 kW 的电动机储存能量），因而合闸电流小，合闸回路可直接用控制开关触点接通。但此种机构结构复杂，对加工工艺及材料性能要求较高，且调试困难。

（3）液压操作机构是靠压缩气体（氮气）作为能源，以液压油作为传递媒介来进行合闸的机构。此种机构所用的高压油预先储存在储油箱内，用功率较小（1.5 kW）的电动机带动油泵运转，将油压入储压筒内，使预压缩的氮气进一步压缩，从而不仅合闸电流小，合闸回路可直接用控制开关触点接通，而且压力高，传动快，动作准确，出力均匀。目前我国 110 kV 及以上的少油式断路器及 SF_6 断路器广泛采用这种机构。

（4）气动操作机构是以压缩空气储能和传递能量的机构。此种机构功率大，速度快，但结构复杂，需配备空气压缩设备，所以只应用于空气断路器上。气动操作机构的合闸电流也较小，合闸回路中亦可直接用控制开关触点接通。

2. 对高压断路器控制回路的基本要求

高压断路器的控制回路应满足下列要求：

（1）操作机构的合闸线圈和跳闸线圈都是按短时通过电流设计的，在手动（或自动）跳、合闸操作完成后，应立即自动解除命令脉冲，断开跳、合闸回路，避免线圈长时间带电而烧毁。

（2）断路器应具有防止多次跳、合闸的闭锁措施。

（3）断路器可以用控制开关进行手动跳闸与合闸，也可以由继电保护装置和自动装置进行自动跳闸与合闸。

（4）断路器的控制回路应有短路保护和过负荷保护装置，同时应具有监视控制回路及操作电源是否完好的措施。

（5）断路器的跳、合闸回路应有灯光监视和音响监视。

（6）对于采用气压、液压和弹簧操作机构的断路器，应有压力是否正常、弹簧是否拉紧到位的监视回路和闭锁回路。

9.2.2　电磁操动机构的断路器控制回路

控制开关是断路器控制回路和信号回路的主要控制元件，由运行人员操作使断路器跳、合闸，在变电所中常用的是 LW2 型系列自动复位控制开关。

1. LW2 型控制开关的结构

LW2－Z 型控制开关的结构如图 9.5 所示。

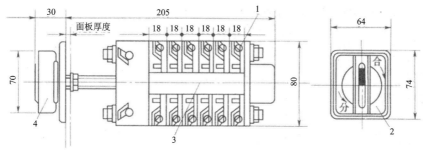

1—接线端子；2—面板；3—触点盒；4—操作手柄。

图 9.5　LW2－Z 型控制开关结构图（单位：mm）

控制开关的操作手柄和安装面板安装在控制屏前面，与手柄固定连接的转轴上有数节（层）触点盒，安装于屏后。触点盒的节数（每节内部触点形式不同）和形式可以根据控制回路的要求进行组合。每个触点盒内有四个定触点和一个旋转式动触点，定触点分布在盒的四角，盒外有供接线用的四个引出线端子，动触点处于盒的中心。动触点的形式有两种基本类型：一种是触点片固定在轴上，随轴一起转动；另一种是触点片与轴有一定角度的自由行程，当手柄转动角度在其自由行程内时，可保持在原来位置上不动，自由行程有 45°、90°、135°三种。

2. LW2 型控制开关触点图表

表 9－1 给出了 LW2－Z－1a、4、6a、40、20、20/F8 型控制开关的触点图表。

表 9 - 1 LW2 - Z - 1a、4、6a、40、20、20/F8 型控制开关的触点图表

在"跳闸后"位置的手柄(正面)的样式和触点盒(背面)接线图		1 2 ○ ○ 4 3	5 6 ○ ○ 8 7	9 10 ○ ○ 12 11	13 14 ○ ○ 16 15	17 18 ○ ○ 20 19	21 22 ○ ○ 24 23

手柄和触点盒形式		F8	1a	4	6a	40	20		20	
触点号		—	1—3 / 2—4	5—8 / 6—7	9—10 / 9—12 / 10—11	13—14 / 14—15 / 13—16	17—19 / 17—18 / 18—20		21—23 / 21—22 / 22—24	

		F8	1—3	2—4	5—8	6—7	9—10	9—12	10—11	13—14	14—15	13—16	17—19	17—18	18—20	21—23	21—22	22—24
位置	跳闸后(TD)	▮◻▮	—	•	—	—	•	—	—	•	—	—	—	•	—	—	•	—
	预备合闸(PC)	▮◻	—	•	—	—	•	—	—	•	—	—	—	•	—	—	•	—
	合闸(C)	◧	—	—	•	—	—	•	—	•	—	•	—	—	•	—	—	•
	合闸后(CD)	◻▮	—	—	•	—	—	•	—	•	—	•	—	—	•	—	—	•
	预备跳闸(PT)	▮◻▮	—	•	—	•	—	—	•	—	•	—	•	—	—	•	—	—
	跳闸(T)	◨	—	—	•	—	•	—	•	—	•	—	•	—	—	•	—	—

注:"•"表示接通,"—"表示断开。

在发电厂及变电站二次回路中,常将控制开关触点的通断情况用实用的工程图形符号表示,如图 9.6 所示。图中,6 条垂直虚线表示控制开关 SA 手柄的 6 个不同的操作位置,水平线表示接线端子引线,数字表示触点号。垂直虚线上的黑点表示该对触点在此操作位置是接通的,否则是断开的。例如,触点 2 - 4 右侧 PT 垂直虚线上对应的黑点表示 SA 手柄打在 PT(预备跳闸)位置触点 2 - 4 是接通的。

图 9.7 所示为电磁操作机构的断路器控制和信号回路,它由基本控制回路(跳合闸回路、防跳回路、位置信号回路等)组成。图中,+WO、-WO 为控制电源小母线,+WOM、-WOM 为合闸电源母线,(+)WFS 为闪光电源小母线,KMC 为合闸接触器,YC 为合闸线圈,YT 为跳闸线圈,K1 和 K2 分别是自动合闸与跳闸的出口继电器触点。

(1)由闪光继电器构成的闪光电源装置。闪光继电器广泛用于具有灯光监视要求的断路器控制回路,它既有指示断路器事故跳闸的作用,又有监视断路器操作过程状态的作用(如"预备合闸"或"预备跳闸"),其目的是提高控制回路的监视效果和可靠性,闪光装置的工作原理如图 9.7 所示。图中 K1 为闪光

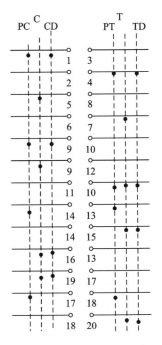

图 9.6 LW2-Z 型控制开关触点通断

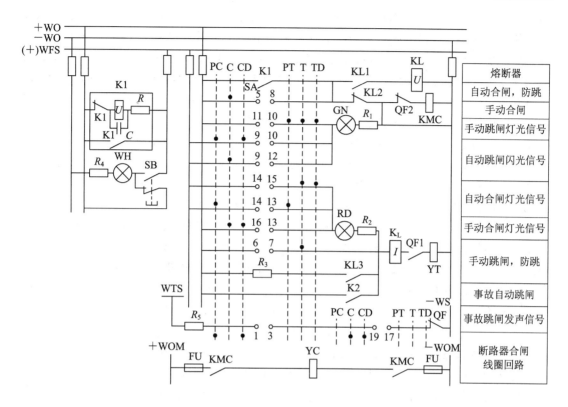

图 9.7　电磁操作断路器的控制回路和信号回路

继电器，它由中间继电器 U 和电阻 R、电容 C 所构成。当装置两端接入直流电压时，刚开始由于电容 C 才开始充电，电压型线圈的两端达不到动作电压，此时继电器的常闭触点闭合，常开触点断开，指示灯 WH 全压发光。按下试验按钮 SB，SB 的常开触点闭合，WH 发暗光，此时电流从正电源通过继电器的常闭触点和电容器 C、电阻 R、试验按钮 SB（按下时常开触点闭合）和白色指示灯 WH 到负极，电容器 C 开始充电，电压逐渐升高。当电容器 C 两端电压达到闪光继电器内部的中间继电器 U 的动作电压时，K_1 常闭触点断开，常开触点闭合。一方面，常闭触点 K_1 断开切断了电容器充电回路；另一方面，常开触点 K_1 闭合，使指示灯 WH 全压发光。由于电容器 C 向中间继电器放电，使中间继电器 U 不能立即失电，WH 能维持一段时间的全压发光状态。当电容器 C 因放电电压逐渐下降至继电器的返回电压时，中间继电器 U 复归，常开触点 K_1 分开，常闭触点闭合电容器 C 又开始充电，WH 发暗光。当电容器 C 充电至一定电压时，中间继电器 U 又动作，白灯 WH 又全压发光。这样周而复始，就会看到指示灯 WH 的灯光闪烁。

　　（2）手动合闸。合闸前，断路器处于"跳闸后"的位置，断路器的辅助触点 QF2 闭合。SA11—10 接通，绿灯 GN 回路接通发亮。但由于限流电阻 R_1 限流，不足以使合闸接触器 KMC 动作。当控制开关 SA 顺时针 90°扳到"预备合闸"位置时，触点 SA9—10 和 SA14—13 接通。由于此时断路器是断开的，其动合辅助触点 QF1 断开、动断辅助触点 QF2 闭合，所以只有 SA9—10 触点流过电流，其路径为（＋）WFS→SA9—10→GN→R_1→QF2→KMC→—WO，绿灯 GN 接通闪光电源发闪光。再将控制开关 SA 手柄顺时针旋转 45°至"合闸"C 位置，触点 SA5—8、SA9—12 和 SA16—13 接通。触点 SA5—8 首先通电，电流路径为＋WO→SA5－8→QF2→KMC→－WO，使合闸接触器 KMC 线圈通电，其触点闭合后使合闸线圈 YC 通电而将断路器合上，断路器合上后其辅助触点 QF1 合上，QF2 断开；接着触点 SA16－13 通电，路径为＋WO→SA16－13→RD→QF1→YT→－WO，使红灯 RD 接通控制电源而发平光。断路器合上后，手松开，SA 手柄在弹簧的作用下自动逆时针旋转 45°至"合闸后"CD 位置，触点 SA9－10 和 SA16－13 接通，但仍只有 SA16－13 通电，电流路径仍为＋WO→SA16－13→R_2→K_L→QF1→YT，红灯 RD 发平光。

（3）手动跳闸。先将控制开关 SA 手柄逆时针旋转 90°至"预备跳闸"PT 位置，触点 SA11－10 和 SA14－13 接通。由于断路器的辅助触点 QF1 闭合（断路器合上），因此只有 SA14－13 通电，其路径为（＋）WFS→SA14－13→RD—R_2→K_L→QF1→YT，使红灯 RD 发闪光。再将 SA 手柄逆时针旋转 45°至"跳闸"T 位置，触点 SA11－10、SA14－15 和 SA6－7 接通，首先 SA6－7 通电，使跳闸线圈 YT 励磁而将断路器断开，断路器的辅助触点 QF1 断开，QF2 合上，接着触点 SA11－10 通电，路径为＋WO→SA11－10→GN→QF2→KMC→－WO，使绿灯 GN 发平光。断路器断开后，手松开 SA 手柄，则 SA 手柄在弹簧作用下自动顺时针旋转 45°至"跳闸后"TD 位置，触点 SA11－10 和 SA14－15 接通，但仍只有 SA11－10 通电，电流路径和现象同"跳闸"T 位置，现象为绿灯 GN 发平光。

（4）自动合闸。若电力系统自动装置动作，使其出口继电器 K1 触点闭合，则使合闸接触器 KMC 线圈通电，其触点闭合后使合闸线圈 YO 通电而将断路器合上（其辅助触点 QF1 也合上，QF2 断开），而此时控制开关 SA 手柄仍在断路器自动合闸之前的位置——"跳闸后"TD 位置，触点 SA11－10 和 SA14－15 接通，但只有 SA14－15 通电，路径为（＋）WFS→SA14－15→RD—R_2→QF1→－WO，红灯 RD 发闪光。

（5）自动跳闸。若一次系统发生故障启动继电保护装置而将保护出口继电器 K2 的触点闭合，则使跳闸线圈 YT 励磁而将断路器断开（其辅助触点 QF1 断开，QF2 闭合），此时，控制开关 SA 手柄仍然在断路器自动跳闸之前的位置——"合闸后"CD 位置，触点 SA9－10 和 SA16－13 接通，但只有 SA9－10 通电，其路径为（＋）WFS→SA14－15→RD—R_2→K_L→QF1→－WO，绿灯 GN 发闪光。

（6）防跳装置。所谓断路器的"跳跃"，是指运行人员在故障时手动合闸断路器，断路器又被继电保护动作跳闸，由于控制开光位于"合闸位置"而会引起断路器重新合闸。为了防止这一现象，断路器控制回路设有防止跳跃的电气连锁装置。

图 9.7 中 KL 为防跳闭锁继电器，它具有电流和电压两个线圈，电流线圈接在跳闸线圈 YT 之前，电压线圈则经过其本身的常开触点 KL1 与合闸接触器线圈 KMC 并联。当继电保护装置动作，即触点 K2 闭合使断路器跳闸线圈 YT 接通时，同时也接通了 KL 的电流线圈并使之启动，于是防跳继电器的常闭触点 KL2 断开，将 KMC 回路断开，避免了断路器再次合闸；同时常开触点 KL1 闭合，通过 SA5－8 或自动装置触点 K₁ 使 KL 的电压线圈接通并自锁，从而防止了断路器的"跳跃"。触点 KL3 与继电器触点 K2 并联，用来保护后者，使其不致因断开超过其触点容量的跳闸线圈电流而烧坏。

（7）事故跳闸音响信号启动回路。断路器在自动跳闸时，不仅位置信号灯 GN 要发出闪光，而且还要求能发出事故音响信号（蜂鸣器和电喇叭）引起值班人员的注意，以便能及时对事故进行处理。事故跳闸音响信号一般采用"不对应"原则启动，即控制开关 SA 在"合闸后"CD 位置，而断路器在跳闸位置时启动事故跳闸音响信号。图 9.7 中 WTS 是事故音响小母线，—WS是信号小母线的负极。假设一次系统发生故障使断路器自动跳闸，则图9.7中的断路器动断辅助触点QF3随着断路器的断开而闭合，而控制开关SA的手柄仍在"合闸后"CD位置，其触点SA1—3和SA19—17是接通的，则事故音响小母线WTS与信号小母线—WS接通，即会启动事故音响信号。

（8）熔断器监视。只要红灯RD和绿灯GN有一个亮，即表示回路熔断器完好。

任务3　中央信号回路

📀 任务目标

（1）了解中央信号回路的基本要求。

（2）掌握中央复归不重复动作的信号回路。

（3）掌握中央复归能重复动作的信号回路。

🧳 任务提出

在供配电系统中，每一路供电线路或母线、变压器等都配置继电保护装置或监测装置，在保护装置或监测装置动作后都要发出相应的信号提醒或提示运行人员，这些信号（主要是中央信号）都是通过同一个信号系统发出的，该信号系统称为中央信号系统，装设在控制室内。

📖 相关知识

9.3.1　对中央信号回路的要求

1. 信号的类型

（1）事故信号：当断路器发生事故跳闸时，会启动蜂鸣器（或电笛）并发出较强的声响，以引起运行人员注意，同时断路器的位置指示灯发出闪光及事故类型光字牌点亮，指示故障的位置和类型。

（2）预告信号：当电气设备发生故障（不引起断路器跳闸）或出现不正常运行状态时，会启动警铃并发出声响信号，同时标有故障性质的光字牌点亮，如变压器过负荷、控制回路断线等。

（3）位置信号：包括断路器位置（如灯光指示或操作机构分合闸位置指示器）和隔离开关位置信号等。

（4）指挥信号和联系信号是指用于主控制室向其他控制室发出操作命令和控制室之间的联系。

2. 对中央信号回路的要求

（1）中央事故信号装置应保证在任一断路器事故跳闸时，能立即（不延时）发出音响信号、灯光信号或其他指示信号。

（2）中央事故音响信号与预告音响信号应有区别。一般事故音响信号为电笛或蜂鸣器，预告音响信号用电铃。

（3）中央预告信号装置应保证在任一电路发生故障时，能按要求（瞬时或延时）准确发出信号，并能显示故障性质和地点的指示信号。

（4）中央信号装置在发出音响信号后，应能手动或自动复归（解除）音响，而灯光信号及其他指示信号应保持到消除故障为止。

（5）接线应简单、可靠，对信号回路的完好性应能监视。

（6）对事故信号、预告信号及其光字牌应能进行是否完好的试验。

（7）企业变电所的中央信号一般采用能重复动作的信号装置，变电所主接线比较简单或对供电可靠性要求不高的一般企业，可采用不能重复动作的中央信号装置。

9.3.2　中央事故信号回路

中央事故信号按操作电源分为交流和直流操作电源两类，按事故音响信号的动作特征分为不能重复动作和能重复动作两种。

1. 中央复归不重复动作的事故信号回路

中央复归不重复动作的中央音响信号系统是指音响信号系统启动后，声响的复归（即停止音响）是在发电厂或变电所的中央控制室（也称为主控制室）内的中央信号控制屏上进行。当某一次电气设备或系统发生事故或异常时，音响信号系统一旦启动，在原启动回路没有复位（断开）的情况下，若再次发生事故或异常，虽然第二条启动回路接通，也不能再次启动音响。

中央复归不重复动作的事故信号回路如图9.8所示，由控制开关SA1控制的断路器QF1事故跳闸后，控制开关SA1还在"合闸后"位置，触点1—3、19—17是接通的，而中间继电器KM处于释放状态，其常闭触点KM(1—2)是闭合的，因此蜂鸣器HA报警。听到

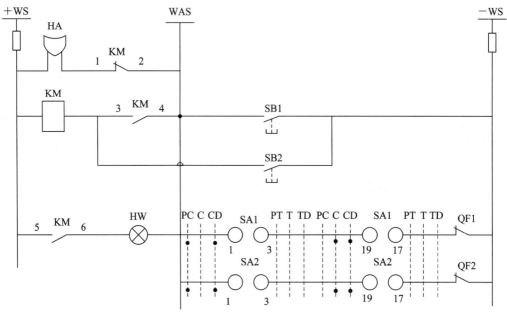

图 9.8　中央复归不重复动作的中央信号回路

音响信号后，为了消除音响，只需按一下解除按钮 SB2 即可。这时中间继电器 KM 吸合并自锁，其常闭触点断开，音响即被消除。KM 常开触点 KM(3－4)闭合，在未操作控制开关 SA1 时，事故信号灯 HW 亮，信号仍保留。如果再有第二台断路器发生事故跳闸，则跳闸音响信号不能再次启动，可见这种接线是不能重复动作的，这样可能会使值班人员注意不到第二台断路器的跳闸，故它一般适用于断路器数量较少的场合。

2. 中央复归重复动作的事故信号回路

中央复归不重复动作的中央音响信号系统，若在原已启动的启动回路没有复归前再次发生事故，中央音响信号系统不会再次启动，这样就可能导致延误事故的发现和处理。因此，在中央音响信号系统监视的设备或系统较多的情况下，应该采用中央复归能重复动作的中央音响信号系统。图 9.9 所示是重复动作的中央复归式事故音响信号回路，该信号装置采用信号冲击继电器(又叫作脉冲继电器)KI，常采用的型号是 ZC-23。当 QF1、QF2 断路器合上时，其辅助常闭触点 QF1、QF2(在图 9.9 中)均打开，各对应回路的 1－3、19－17 均接通。当断路器 QF1 事故跳闸后，其辅助常闭触点闭合，冲击继电器 8－16 间的脉冲变流器一次绕组电流突增，在其二次绕组中产生感应电动势使干簧继电器 KR 动作。KR 的常开触点 1－9 闭合，使中间继电器 KC1 动作，其常开触点 KC1(7－15)闭合自锁，

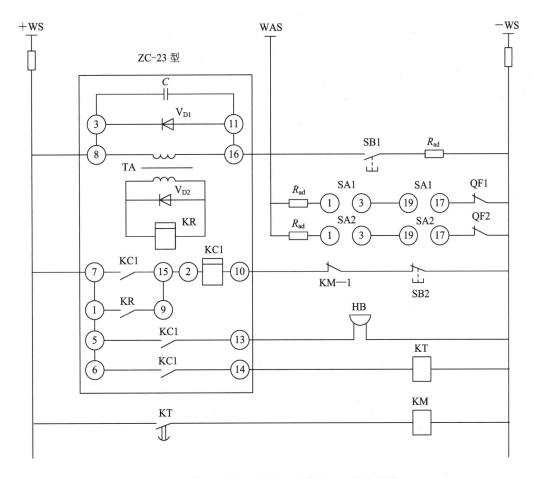

图 9.9 重复动作的中央复归式事故音响信号回路

另一对常开触点 KC1(5-13)闭合，使蜂鸣器 HB 通电发出声响，同时时间继电器 KT 动作，其延时触点延时闭合，使中间接触器 KM 线圈带电，触点 KM-1 断开，KC1 线圈失电，音响解除。此时，若另一台断路器又因事故跳闸，同样会使 HB 发出声响，这就叫作能"重复动作"的音响信号装置。冲击继电器中 C 和 V_{D1} 用于抗干扰。TA 二次侧的 V_{D2} 起旁路作用，当一次电流减少时，二次绕组中感应电流经 V_{D1} 旁路而不经过 KR 线圈。图中按钮 SB1 为试验按钮，SB2 为音响信号手动解除按钮。

9.3.3 中央预告信号回路

中央预告信号是指在供电系统中，发生故障和不正常工作状态而不需跳闸的情况下发出预告音响信号。常采用电铃发出声响，并利用灯光和光字牌来显示故障的性质和地点。中央预告信号装置有直流和交流操作两种，也有不能重复动作和能重复动作两种结构。

1. 不能重复动作的中央复归式预告音响信号回路

在图 9.10 中，KS 为反映系统不正常状态的继电器常开触点，当系统发生不正常工作状态时，如变压器过负荷，经一定延时后，KS 触点闭合，回路为：+WS→KS→HL→WFS→KM(1-2)→HA→-WS 接通，电铃 HA 发出音响信号，同时 HL 光字牌亮，表明变压器过负荷。SB1 为试验按钮，SB2 为音响解除按钮。SB2 被按下时，KM 得电动作，KM(1-2)打开，电铃 HA 断电，音响被解除，KM(3-4)闭合自锁，在系统不正常工作状态未消除之前 K_s、HL、KM(3-4)、KM 线圈一直是接通的，当另一个设备发生不正常工作状态时，不会发出音响信号，只有相应的光字牌亮。这是"不能重复"动作的中央复归式预告音响信号回路。

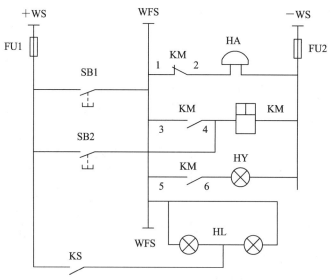

WFS—预告音响信号小母线；SB1—试验按钮；SB2—音响解除按钮；
HA—电铃；KM—中间继电器；HY—黄色信号灯；HL—光字牌指示灯；
KS—(跳闸保护回路)信号继电器触点。

图 9.10 不能重复动作的中央复归式预告音响信号回路图

2. 能重复动作的中央复归式预告音响信号回路

图 9.11 所示为能重复动作的中央复归式预告音响信号回路图，其电路结构与图 9.9 中央复归式能重复动作的事故音响信号回路基本相似。声响信号用电铃发出。图中预告信号小母线分为 WFS1 和 WFS2，转换开关 SA 有三个位置，中间为工作位置（左右±45°）为试验位置。当 SA 在工作位置 O 时（中间竖直位置），13—14、15—16 接通，其他断开；试验位置 T（左或右旋转±45°）则相反，13—14、15—16 不通，其他接通。当系统发生不正常工作状态时，如过负荷动作 K1 闭合，+WS→K1→HL1（两灯并联）→SA 的 13—14→KI 的脉冲变流器一次绕组 WS，使冲击继电器 KI 的脉冲变流器一次绕组通电，发出音响信号，同时光字牌 HL1 亮。

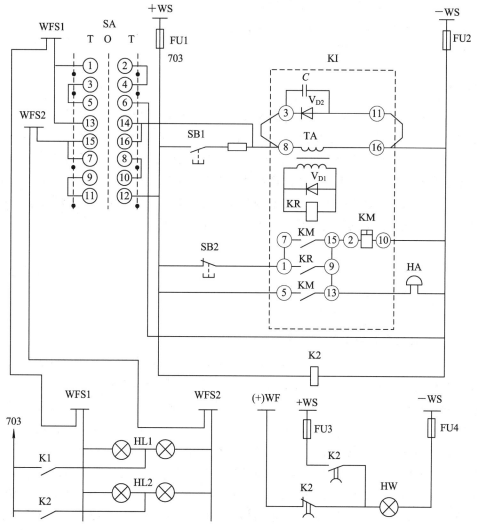

SA—转换开关；WS1、WS2—预告信号小母线；SB1—试验按钮；SB2—解除按钮；K1—某信号继电器触点；
K2—监察继电器(中间)；KI—冲击继电器；HL1、HL2—光字牌灯光信号；HW—白色信号灯。

图 9.11　能重复动作中央复归式预告音响信号回路

为了检查光字牌中灯泡是否亮，而又不引起音响信号动作，将预告音响信号小母线分为 WFS1 和 WFS2，SA 在试验位置时，试验回路为：＋WS→12－11→9－10→8－7→WFS2→HL 光字牌(两灯串联)→WFS1→1－2→4－3→5－6→－WS，所有光字牌亮，如有不亮则更换灯泡。

任务 4　电度计量和绝缘监察装置

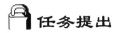任务目标

（1）了解供配电系统中测量仪表的配置。

（2）掌握直流绝缘监视回路的工作原理。

（3）掌握电度计量的方法。

任务提出

在供配电系统中，进行电气测量的目的有三个：一是计费测量，主要是计量用电单位的用电量，如有功电度表、无功电度表以及向供电部门的应交电费的计算；二是对供电系统中的运行状态、技术经济分析进行测量，如对电压、电流、有功功率、无功功率及有功电能、无功电能进行测量，这些参数通常都需要定时记录；三是对交、直流系统的安全状况如绝缘电阻、三相电压是否平衡等进行监测。由于目的不同，对测量仪表的要求也不一样。计量仪表要求准确度高，其他测量仪表的准确度要求低一些。

相关知识

9.4.1　测量仪表

1. 变配电装置中测量仪表的配置

（1）在工厂供配电系统的每一条电源进线上，必须装设计费用的有功电度表和无功电度表及反映电流大小的电流表。通常采用标准计量柜，计量柜内有专用电流、电压互感器。

（2）在变配电所的每一段母线上（3～10 kV）必须装设 4 只电压表，其中 1 只测量线电压，其他 3 只测量相电压。在中性点非直接接地系统中，各段母线上还应装设绝缘监察装置，绝缘监察装置所用的电压互感器与避雷器放在一个柜内(简称 PT 柜)。

（3）35/6～10 kV 变压器应在高压侧或低压侧装设电流表、有功功率表、无功功率表、有功电度表和无功电度表各一只，6～10 kV/0.4 kV 的配电变压器应在高压侧或低压侧装设一只电流表和一只有功电度表，如为单独经济核算的单位，变压器还应装设一只有功功率表。

（4）3～10 kV 配电线路应装设电流表、有功电度表和无功电度表各一只，如不是单独经济核算单位，可不装设无功电度表。当线路负荷大于 5000 kVA 及以上时，还应装设一只有功功率表。

（5）低压动力线路上应装一只电流表。如需电能计量，一般应装设一只三相四线有功电度表。

（6）并联电容器总回路上，每相均应装设一只电流表，并应装设一只无功电度表。

2. 三相电路功率的测量

1）三相有功功率的测量

测量三相有功功率时，如果负载为三相四线制不对称负载，则可用三个单相功率表分别测量每相有功功率，如图 9.12 所示。三相功率为三个功率表的读数之和，即

$$P = P_1 + P_2 + P_3 \tag{9-1}$$

如果测量的是三相三线制对称或不对称负载，则可用两个单相功率表测量三相功率，两个功率表的读数之和为三相有功功率的总和，如图 9.13 所示。但要注意，当系统的功率因数小于 0.5 时，会出现一个功率表指针反偏而无法读数的情况，这时要立即切断电源，将该表电流线圈的两个接线端反接，使它正转。因为该表读数为负，这时电路的总功率为两表读数之差。注意：不能将电压线圈的接线端接反，否则会引起仪表绝缘被击穿而损坏。

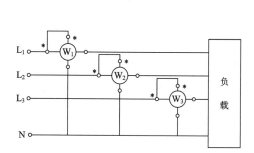

图 9.12 用三功率表法测量三相四线制
不对称负荷功率接线图

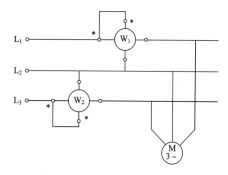

图 9.13 用两功率表法测量三相三线制
负荷功率接线图

当三相负载对称时，无论是接成三相四线制还是三相三线制，都可用一功率法进行测量，再将结果乘以 3，便得到三相功率，如图 9.14 所示。由图 9.14 可看出，采用这种方法，星形连接负载要能引出中性点，三角形连接负载要能断开其中的一相，以便接入功率表的电流线圈。若不满足该条件，则应采用两功率表法。

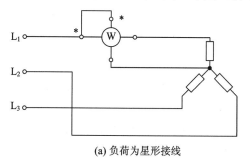

(a) 负荷为星形接线

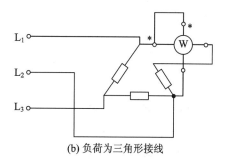

(b) 负荷为三角形接线

图 9.14 用一功率表法测量三相对称负荷功率接线图

三相功率表测量有功功率的原理是基于两表法的原理制造的，用来测量三相三线制对称或不对称负载的有功功率，其接线图如图 9.15 所示。

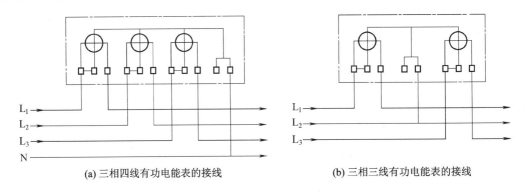

(a) 三相四线有功电能表的接线   (b) 三相三线有功电能表的接线

图 9.15 三相有功电能表的接线法

2）三相无功功率的测量

测量三相无功功率一般采用 kvar 表，测量接线与三相有功功率表相同。也可采用间接法，先求得三相有功功率和视在功率，然后计算出无功功率。还可以通过测量电压、电流和相位计算求得。

3）功率表使用注意事项

（1）测量交、直流电路的电功率，一般采用电动系仪表。仪表的固定绕组（又叫作串联绕组或电流绕组）串联接入被测电路，活动绕组（又叫作并联绕组或电压绕组）并联接入电路，不要接错。

（2）使用功率表时，不但要注意功率表的功率量程，还要注意功率表的电流和电压量程，以免过载烧坏电流和电压绕组。

（3）注意功率表的极性。仪表两个绕组正极都标有"＊"标志。测量时，可将标有"＊"的电压端钮接在电流端钮的任一侧，另一端则跨接到负载的另一侧。

3. 三相电路电能的测量

三相四线制有功电能表的接线方法如图 9.15（a）所示。在对称三相四线制电路中，可以用一个单相电能表测量任何一相电路所消耗的电能，然后乘以 3 即得三相电路所消耗的有功电能。当三相负载不对称时，就需用三个单相电能表分别测量出各相所消耗的有功电能，然后把它们加起来。这样很不方便，为此，一般采用三相四线制有功电度表，它的结构与单相电能表基本相同。

三相三线制电路所消耗的有功电能可以用两个单相电能表来测量，三相消耗的有功电能等于两个单相电能表读数之和，其原理和三相三线制电路功率测量的两表法相同。为了方便测量，一般采用三相三线有功电能表，它的接线方法如图 9.15（b）所示。

三相四线有功电能表和三相三线有功电能表的端子接线如图 9.16 和图 9.17 所示。

4. 三相电路无功电能的测量

三相无功电能表有两种结构，无论负载是否对称，只要电源电压对称均可采用三相四线有功电能表接法。

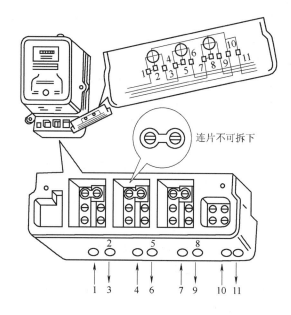

图 9.16　三相四线有功电能表端子接线法

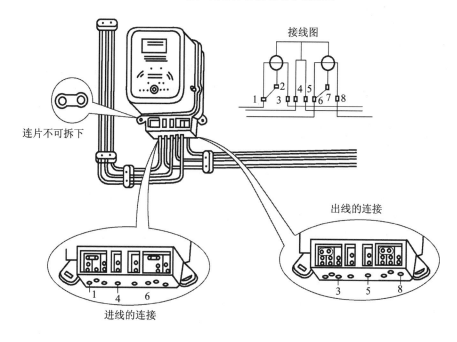

图 9.17　三相三线有功电能表端子接线法

5.电度计量

在电费的计算过程中,供配电价分为单一制电价和两部制电价。

(1)单一制电价是以电能表计量数为收费依据的电价形式,其优点是简单易行,适用于用电量不大的用户。但由于其没有考虑电力成本是由固定费用和变动费用构成的,所以把所有用户捆在一起,按用电量平均分摊所有供电费用,并不能满足用户间公平负担的原则,对大工业用户很不利。

（2）两部制电价是将电价分为基本电价和电度电价两个部分计算的电价制度。基本电价是以用户变压器容量或最大需求量（一般取一月中每 15 min 平均负荷的最大值）作为依据计算的电价，这一部分代表供电成本中的固定费用，与每月用电量无关。电度电价是以用户耗电度数作为依据来计算的电价，主要回收售电成本中的可变费用和一部分固定成本。两部制电价基本反映了供电成本的构成，较为科学地体现了电价成本补偿原则。按目前电价规定，实行两部制电价的用户还可根据功率因数调整电费。电费构成包括以下三部分：基本电费、电量电费、功率因数调整电费。其计算方法如下：

$$结算电量 = （本次示数 - 上次示数） \times 综合倍率$$

其中，综合倍率＝TA 变比×TV 变比。

$$电量电费 = 结算电量 \times 电度电价$$

$$基本电费 = 基本电价 \times 变压器的容量$$

$$功率因数调整电费 = （基本电费 + 电量电费） \times 功率因数增减百分数$$

或按照供电部门关于功率因数相关规定收费。

$$总电费 = 基本电费 + 电量电费 + 功率因数调整电费$$

或按照供电部门关于功率因数相关规定费用。

9.4.2 绝缘监察装置

1. 直流系统的绝缘监察装置

二次回路的操作电源都采用直流电。供配电系统中直流系统的供电网络比较复杂，分布范围也较广，很容易使绝缘电阻降低。直流系统的绝缘电阻降低相当于该回路的某一点经一定的电阻接地。

直流系统的绝缘电阻降低直接影响直流回路的可靠性。直流系统发生一点接地时，由于没有短路电流流过，熔断器不会熔断，仍能继续运行。但如果另一点再接地，就有可能引起信号回路、控制回路、继电保护回路和自动装置回路的误动作。例如图 9.18 所示的断路器控制回路中，当 A 点存在一点接地故障，而后又在 B 点发生一点接地时，断路器跳闸线圈 YT 中就有电流流过，引起断路器的误跳闸。因此必须在直流系统中装设连续工作且足够灵敏的绝缘监察装置。当 220 V（或 110 V）直流系

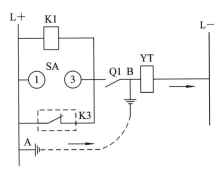

图 9.18　直流系统两点接地示意图

统中任何一极的绝缘下降到 15～20 kΩ（或 2～5 kΩ）时，应发出灯光和音响信号，以便及时处理，避免事故扩大而造成损失。

图 9.19 为绝缘监察装置的原理图。图中，$R_1 = R_2 = R_3 = 1000\ \Omega$，SA2 和 SA1 为两个转换开关。直流绝缘监察装置分为两个部分，即信号部分和测量部分。母线电压表转换开关 SA2 有三个位置，不操作时，其手柄在竖直的"母线"位置，接点 9-11、2-1 和 5-8 接通，电压表 PV2 可测量正、负母线电压，指示 220 V；若将 SA2 手柄逆时针方向旋转 45°到"负对地"位置，SA2 接点 5-8 和 1-4 接通，则 PV2 接到负极与地之间；若将 SA2 手柄顺时针方向旋转 45°到"正对地"位置，SA2 接点 1-2 和 5-6 接通，PV2 接到正极与

地之间。若两极对地绝缘良好，则正对地和负对地都指示 0 V，因为此时电压表 PV2 的线圈并没有形成回路。假如正极发生接地，则正对地电压等于 0 V，而负对地指示220 V；反之，当负极发生接地时，情况与之相似。

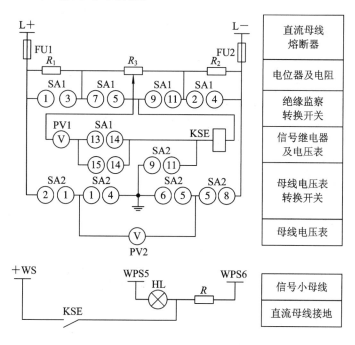

图 9.19　绝缘监察装置原理图

　　绝缘监察转换开关 SA1 也有三个位置，即"信号""测量Ⅰ"和"测量Ⅱ"。平时，其手柄置于"信号"位置，SA1 的触点 5—7 和 9—11 接通，使电阻 R_3 被短接，SA2 的接点 9—11 也是接通的。这样，信号接地继电器 KSE 组成发信号电路，其中 $R_1 \sim R_2$ 都是 1 kΩ。实际上，正、负极对地并非绝对开路，而是有较大的对地绝缘电阻 R_+ 和 R_- 的。若两极对地绝缘良好，绝缘电阻 R_+ 和 R_- 相等，则组成平衡桥，如图 9.20 所示。此时信号接地继电器 KSE 接在电桥的对角线上，相当于直流电桥中检流计的位置，KSE 线圈中无电流，所以继电器不动作。当一极对地绝缘电阻降低时，R_+ 和 R_- 不相等，电桥失去平衡，KSE 线圈就有电

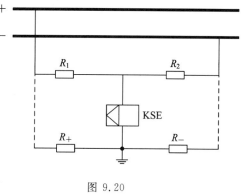

图 9.20

流流过。如果绝缘电阻降低到 15～20 kΩ 时，继电器 KSE 启动，其常开接点闭合，接通光字牌 HL，发出光字信号及音响信号。由于这种绝缘监察装置中有一个人为的接地点，这样当直流网络中其他任何地方再发生一点接地时，将形成相当于两点接地的情况，为了防止这种两点接地而引起继电器误动作，则要求 KSE 的线圈具有足够大的电阻值。对于 220 V 直流系统，KSE 线圈的电阻值为 30 kΩ，其启动电流为 1.4 mA。为了安全，其他继电器的启动电流应大于 1.4 mA。

2. 交流绝缘监察装置

交流绝缘监察装置主要用来监视小接地电流系(中性点不接地的电力系统)的相对地的绝缘情况。中性点不接地的绝缘监视装置在项目七任务 3 中已讲述,这里不再介绍。

探索与实践

某工业用户在供电部门变压器设一条 6 kV 专用线路用电线路,其用电设备为两台 600 kVA 的变压器,在专线出口处装设计量设施,其电压互感器变比为 6000/100,电流互感器变比为 150/5,电度表上月底数为有功功率为 3824 kW·h,无功功率为 1968 kW·h;本月抄表数为有功功率为 4763 kW·h,无功功率为 2431 kW·h,电价按 0.365 元/(kW·h),问该月用户的功率因数是多少?应向供电部门交电费多少?(基本电费 11 元,若功率因数低于 0.9,将被供电部门罚款 3 万元)

解:(1)电压互感器变比:6000/100＝60

电流互感器变比:150/5＝30

(2)电度表差数:$P = 4763 - 3824 = 939$ kW·h

$Q = 2431 - 1968 = 463$ kvar·h

(3)功率因数 $\cos\varphi = \dfrac{P}{S} = \dfrac{P}{\sqrt{(P^2 + Q^2)}} = \dfrac{939}{\sqrt{(939^2 + 463^2)}} = 0.90$

(4)用电电量:$E = P \times 60 \times 30 = 939 \times 60 \times 30 = 1\,690\,200$ kW·h

(5)应交电度电费:$0.365 \times 1\,690\,200 = 616\,923.00$ 元

(6)应交基本电费:$11 \times 600 \times 2 = 13\,200$ 元

(7)应交总电费:$616\,923 + 13\,200 = 630\,123$ 元

任务 5　供配电系统自动装置

任务目标

(1)掌握自动重合闸装置的工作过程。

(2)了解备用电源自动投入装置的要求。

(3)掌握备用电源自动投入装置的工作过程。

任务提出

在供电的二次系统中,继电保护装置在缩小故障范围、有效切除故障、保证供电系统安全可靠运行方面发挥了极其有效的作用。为了进一步提高供电的可靠性,缩短故障停电时间,减少经济损失,在二次系统中还常设置自动重合闸装置和备用电源自动投入装置。

相关知识

9.5.1　自动重合闸装置

在电力系统中,架空输电线路的故障大多数是瞬时性故障,如果把跳开的线路再重新

合闸,就能恢复正常供电,从而提高供电可靠性,避免因停电给国民经济带来的巨大损失。断路器因保护动作跳闸后能自动重新合闸的装置称为自动重合闸装置(ARD)。

在单侧电源的线路上,重合闸与继电保护的配合方式有重合闸前加速保护和重合闸后加速保护两种。前加速是指当线路发生故障时,首先由靠近电源侧的保护无选择性地快速动作于跳闸,而后再自动重合闸;后加速是指当线路发生故障时,由靠近电源侧的保护有选择性地动作于跳闸,而后再自动重合闸,若故障未消除则再由保护快速动作于跳闸。本节以重合闸后加速保护为例介绍重合闸的工作过程。

1. 重合闸继电器 APR 各部分的作用

单侧电源供电的自动重合闸(后加速)装置展开图如图9.21所示。其中重合闸继电器 APR 由时间继电器 KT、带电流保持线圈的中间继电器 KC、信号灯 HW、电容器 C 和电

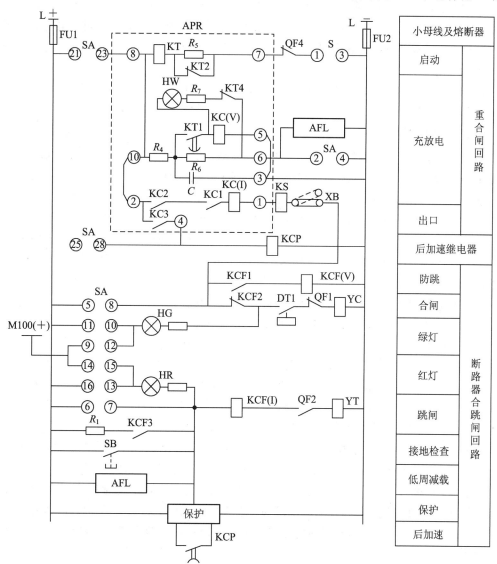

图 9.21　单侧电源供电的自动重合闸(后加速)装置展开图

阻 R_4、R_5、R_6、R_7 等组成，它们的作用分别如下：

(1) 充电电容 C：用于保证重合闸装置只动作一次(取 5 mF～2 μF)。

(2) 充电电阻 R_4：限制电容器的充电速度，防止一次重合闸不成功时发生多次重合闸(取 4 ～68 MΩ)。

(3) 放电电阻 R_6：在不需要重合闸(如断路器采用手动跳闸)时，电容器 C 通过 R_6 放电(取 500 Ω)。

(4) 时间继电器 KT：整定重合闸装置的动作时间，是重合闸装置的启动元件。

(5) 附加电阻 R_5：用于保证时间元件 KT 的热稳定度(取 1～4 kΩ)。

(6) 信号灯 HW：用于监视直流控制电源 L－及中间继电器是否良好，正常工作时，信号灯亮。如果损坏这些元件之一(或直流电源中断)，信号灯熄灭。

(7) 电阻 R_7：用来限制信号灯电流(取 1～2 kΩ)。

(8) 中间继电器 KC：是重合闸的执行元件。它有两个线圈，电压线圈靠电容放电时启动，电流线圈与 QF 的合闸线圈 KM 串联，起自保持作用，直至 QF 合闸完毕，继电器 KC 才失磁复归。

如果重合于永久性故障，电容器 C 来不及充电到 KC 的动作电压，故 KC 不动作，从而保证只进行一次重合闸。

2. 电路工作原理

(1) 正常运行。正常运行时，QF 处于合闸位置，其辅助 QF1、QF4 断开，QF2 闭合；APR 投切开关 S 在"投入"位置，S(1－3)接通；SA 在"合闸后"位置，触点 SA(9－10)、SA(13－16)、SA(21－23)接通，APR 投入运行。

① 电容 C 经 R_4 充电，经 15～20 s，充电到所需电压。

② 回路"+→FU1→SA(21－23)→R_4→R_6→KT_4→R_7→HW→KC(V)→FU2→－"接通，HW 亮指示 APR 已处于准备工作状态。由于 R_4、R_6 和 R_7 的分压作用，KC(V)虽然带电，但不足以启动。

(2) APR 动作过程。当 QF 因线路故障跳闸时，其辅助触点 QF1、QF4 闭合，QF2 断开，QF 与 SA 位置不对应，于是 APR 动作(即非对应启动)。

① 回路"+→FU1→SA (21－23)→KT→KT2→QF4→S(1－3)→FU2→L－"接通，KT 启动。KT2 断开，KT 经 R_5 保持在动作状态。

② KT 的延时闭合的动合触点 KT1 经整定时限(0.5～1.5 s)闭合，使电容 C 对 KC(V)放电，KC 启动，其触点 KC1、KC2、KC3 闭合。此时：HW 暂时熄灭；回路"L+→FU1→SA(21－23)→KC2、KC1→KC(I)→KS→XB→KCF2→DT1→QF1→YC→FU2→L－"接通，使断路器重新合闸。KC 自保持，使 QF 可靠合闸。如果线路为瞬时性故障，则恢复正常运行。QF 合闸后，QF4、QF1 分别断开 APR 启动回路和合闸回路，KT、KC、KS 复归，HW 重新点亮，C 重新充电；KC 动作时，触点 KC3 同时启动后加速继电器 KCP，其延时复归的动合触点闭合，解除过流保护的时限(短接过流保护延时接通的出口回路)。如果线路为永久性故障，则重合闸后过流保护将瞬时动作于断路器跳闸，从而实现后加速保护。

(3) 保证只动作一次。若 QF 重合到永久故障上，则 QF 在继电保护作用下再次跳闸。这时虽然 APR 的启动回路再次接通，但由于 QF 从重合到再次跳闸的时间很短，加上

KT1 的延时也远远小于 15～20 s，不足以使 C 充电到所需电压，故 KC 不会再次动作，从而保证了 APR 只动作一次。

（4）正常用 SA 进行手动跳闸时 APR 不动作。当手动跳闸时，从"预备跳闸"到"跳闸后"SA(21−23)均断开，切断 APR 启动回路；另一方面在"预备跳闸"和"跳闸后"SA(2−4)闭合，使 C 对 R_6 放电。所以，KC 不会动作，从而保证了手动跳闸时 APR 不会动作。

（5）用 SA 手动合闸于故障线路时加速跳闸且 APR 不动作。在用 SA 手动合闸前，SA 在"跳闸后"位置，SA(2−4)接通，使 C 向 R_6 放电。当手动合闸操作时，SA(21−23)接通、SA(2−4)断开，C 才开始充电。由于线路有故障，当 SA 手柄转到"合闸"位置时，SA(25−28)接通 KCP，使 QF 加速跳闸，C 实际充电时间很短（即便不加速），其电压也不足以使 KC 动作。

（6）闭锁 APR。当某些保护或自动装置动作跳闸，又不允许 APR 动作时（例如母差保护、内桥接线中的主变保护、按频率减负载装置等线路上的 QF），可以利用其出口触点短接触点 SA(2−4)，使 C 在 QF 跳闸瞬时开始放电，尽管这时接通了 APR 的启动回路，但在 KT1 延时闭合之前，C 已放电完毕或电压很低，KC 无法启动，APR 不会动作于 QF 合闸。

（7）接地检查。如前所述，小接地电流系统中发生单相接地故障时，允许运行一段时间，但必须尽快查明故障回路。图 9.21 中，SB 为接地检查按钮，与 APR 配合可快速查出单相接地故障线路。具体操作是：观察绝缘监察电压表，按下 SB 使 QF 跳闸，若绝缘监察电压表恢复正常，则接地故障就在跳开的线路上。QF 跳闸后，APR 会随即使其重合，供电只是瞬时中断。接地检查时，APR 也属于不对应启动。

9.5.2　备用电源自动投入装置

在供配电系统中，为了保证不间断供电，常采用备用电源的自动投入装置（APD）。当工作电源不论由于何种原因而失去电压时，备用电源自动投入装置能够将失去电压的电源切断，随即将另一备用电源自动投入以恢复供电，因而能保证一级负荷或重要的二级负荷不间断供电，提高供电的可靠性。

备用电源自动投入装置根据工作备用方式可分为明备用和暗备用。明备用是指正常工作时，备用电源不投入工作，只有在工作电源发生故障时才投入工作。暗备用是指在正常工作时，两电源都投入工作，互为备用。

1. 对备用电源自动投入装置的基本要求

（1）当常用电源失压或电压降得很低时，APD 应把此路断路器分断。

（2）常用断路器因继电保护动作（负载侧故障）跳闸或备用电源无电时，APD 均不应动作。

（3）APD 只应动作一次，以免将备用电源合闸到永久性故障上。

（4）APD 的动作时间应尽量缩短。

（5）电压互感器的熔丝熔断或其刀开关拉开时，APD 不应误动作。

（6）常用电源正常的停电操作时 APD 不能动作，以防止备用电源投入。

2. 备用电源自动投入装置

（1）明备用的 APD 接线。明备用的 APD 接线如图 9.22 所示，当工作电源进线因故障断电时，失压保护动作使 QF1 跳闸，时间继电器 KT 失电，其触点延时打开，故在其打开前，合闸接触器 KM 得电，QF2 的合闸线圈 YC₂ 通电，备用电源被投入。

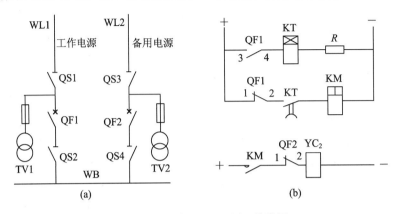

图 9.22　明备用 APD 原理接线图

（2）暗备用的备用电源自动投入装置。图 9.23 为暗备用的备用电源自动投入装置原理接线图。正常时，QF1 和 QF2 合闸，QF3 处于断开位置，两路电源 G1 和 G2 分别向母线段 Ⅰ 和 Ⅱ 供电。QF1 和 QF2 常开触点闭合，闭锁继电器 KL 处于动作状态，其延时断开常开触点 KL_{1-2}、KL_{3-4} 闭合。电压继电器 KV1～KV4 均处于动作状态，APD 处于准备动作

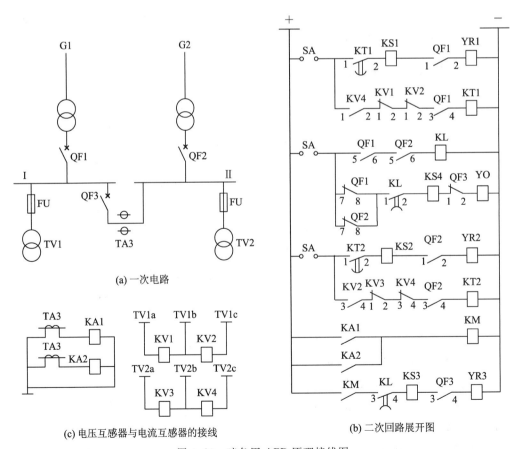

(a) 一次电路

(c) 电压互感器与电流互感器的接线

(b) 二次回路展开图

图 9.23　暗备用 APD 原理接线图

状态。

当某一电源(如 G1)失电时母线工作电压降低,接于 TV1 上的 KV1、KV2 失电释放,其常闭触点 $KV1_{1-2}$、$KV2_{1-2}$ 闭合。此时若 G2 电源正常,常开触点 $KV4_{1-2}$ 是闭合的,时间继电器 KT1 启动,经预订延时后延时闭合触点 $KT1_{1-2}$ 闭合,接通跳闸线圈 YT_1 使 QF1 跳闸,QF1 跳闸后,其常闭辅助触点 $QF1_{7-8}$ 闭合,使 QF3 的合闸线圈 YC_3 经闭锁继电器的 KL_{1-2} 触点(延时断开)接通,QF3 合闸,APD 动作完成。原来由 G1 电源供电的负载,现在全部切换至 G2 电源继续供电,待 G1 电源恢复正常后,再切换回来。

如果 QF3 合闸到永久性故障上,则在过电流保护作用下 QF3 立即跳闸,QF3 跳闸后其合闸回路中的常闭触点 $QF3_{1-2}$ 又重新闭合,但因闭锁继电器的 KL_{1-2} 触点此时已经断开,保证了 QF3 不会再次重新合闸。

如果是 G2 电源发生事故而失电,则通过 APD 操作将原来由 G2 电源供电的负载,切换至 G1 电源继续供电,操作过程同上。

项 目 小 结

变电所二次设备是指对一次设备起控制、保护、调节、测量等作用的设备。二次接线又称二次回路,常见的电气二次回路图有三种形式,即原理接线图、展开接线图和安装接线图。不同形式的断路器可配用不同形式的操作机构,常见的有电磁操作机构、弹簧操作机构、液压操作机构和气动操作机构。中央信号回路包括中央事故信号回路和中央预告信号回路。电气测量的目的有:① 计费测量;② 对供电系统的运行状态进行技术经济分析;③ 监测交、直流系统的安全状况。工厂供配电系统为了提高供电的可靠性,常用的自动装置有自动重合闸装置和备用电源自动投入装置。

项 目 练 习

一、填空题

1. 二次回路(即二次电路)是指用来控制、指示、监测和保护_____运行的电路,亦称二次系统。

2. 二次回路由控制系统、信号系统、监测系统、继电保护和_____系统等组成。

3. 二次回路按用途可分为断路器控制(操作)回路,信号、测量和监视回路,_____,自动装置回路等。

4. 高压断路器控制回路是指控制(操作)_____分、合闸的回路。

5. 电磁操作机构只能采用_____操作电源;弹簧操作机构和手动操作机构可交直流两用,但一般采用_____操作电源。

二、判断题

1. 信号回路是指示一次电路设备运行状态的二次回路。 ( )

2. 断路器位置信号是指示一次电路设备运行状态的二次回路。 ( )

3. 信号回路用来指示断路器正常工作位置状态的信号。一般红灯(符号 RD)亮表示断路器在合闸位置，绿灯(符号 GN)亮表示断路器在分闸位置。　　　　　　　　　( )

4. 预告信号表示在工厂电力供电系统的运行中，若发生了某种故障而使其继电保护动作的信号。　　　　　　　　　( )

5. 事故信号表示供电系统在运行中若发生了某种异常情况，不要求系统中断运行，只要求给出示警信号。　　　　　　　　　( )

6. 事故信号显示断路器在事故情况下的工作状态。一般红灯闪烁表示断路器自动合闸，绿灯闪烁表示断路器自动跳闸。此外还有事故音响信号和光字牌等。　　　　　　　　　( )

7. 预告信号是在一次设备出现不正常状态时或在故障初期发出的报警信号。值班员可根据预告信号及时处理。　　　　　　　　　( )

三、综合题

1. 对断路器控制和信号回路有哪些要求？

2. 如何整定电流速断保护动作电流？

项目十　智能供配电实训平台安全规范操作

任务 1　操作票和工作票的办理

任务目标

（1）掌握低压停送电工作票的办理方法。
（2）掌握低压停送电操作票的办理方法。

任务提出

两票三制是确保电力安全生产、保证工作人员安全的制度、组织和技术措施。其中，两票即工作票和操作票，它是进行电力检修和电气操作的书面文件。进行电力检修、电气操作时应当按照要求填写工作票和操作票，两票需经过审查核准，并落实安全措施，才能开始工作，以免造成事故。三制是指交接班制、巡回检查制、设备定期试验轮换制。

相关知识

10.1.1　停送电操作基本规章制度

停送电操作须由熟悉现场设备、运行方式和有关规章制度，并经考试合格的人员担任。有权担任停送电操作和监护的人员，须经电气负责人批准。操作人和监护人应根据接线图核对所填写的操作项目，并分别签名，最后须经负责人审核并签名，这一流程即"三审"制。

停送电操作必须由两人执行，其中一人担任操作，有监护权的人员则担任监护。负责停送电操作的人员在进行操作的全过程中不准做与操作无关的事。应填入操作票的项目有：应拉合的设备，验电，装拆接地线，安装或拆除控制回路或电压互感器回路的熔断器，切换保护回路和自动化装置，检验是否无电压；应在拉合设备后检查设备的实际位置；在进行停送电后和拉合刀闸前，检查开关以确保其在分闸位置；在进行倒负荷或解、并列前后，检查相关电源运行及负荷分配情况；在设备检修后、合闸送电前，检查送电范围内接地刀闸已拉开，接地线已拆除。

停送电操作时必须填写停送电操作票，操作票必须票面整洁，任务明确，书写工整，并使用统一的调度术语。

10.1.2　停送电操作票和工作票使用注意事项

使用停送电操作票和工作票时,应注意以下几点:

(1) 时间应填写实时时间,不能还没开始停送电操作先写上时间。

(2) 扮演各角色的姓名不能张冠李戴。

(3) 操作之前须先填写操作开始时间。

(4) 监护人唱读操作票时不能进行跳行,必须严格按顺序进行。

(5) 操作人完成该项操作后监护人才可在操作票上打"√"。

(6) 所有操作完成后须签名和填写终了时间。

10.1.3　停送电操作票和工作票填写示例

假设:甲扮演的角色为操作人,乙扮演的角色为监护人,丙扮演的角色为签发人。

停送电工作票示例如表 10 - 1 所示,停电操作票示例如表 10 - 2 所示,送电操作票示例如表 10 - 3 所示。

表 10 - 1　停送电工作票

停电设备名称	低压配电装置	工作票签发人	丙
申请停电事由	低压进线开关故障		
申请停电设备(线路):高压配电装置、变压器箱、低压配电装置			
上述设备(线路)已于 20　年　月　日　时　分停电,已采取必要的安全措施,可以开始进行检修作业。　　　工作负责人:乙			
全部停电设备(线路)上的检修作业已于 20　年　月　日　时　分结束,设备具备运转条件和送电条件。　　　工作负责人:乙			
上述设备(线路)已于 20　年　月　日　时　分送电,已采取必要的安全措施,可以试车运转。　　　工作负责人:乙			

停送电工作票(存根)

停电设备名称	低压配电装置	工作票签发人	丙
申请停电事由	低压进线开关故障		
申请停电设备(线路):高压配电装置、变压器箱、低压配电装置			
上述设备(线路)已于 20　年　月　日　时　分停电,已采取必要的安全措施,可以开始进行检修作业。　　　工作负责人:乙			
全部停电设备(线路)上的检修作业已于 20　年　月　日　时　分结束,设备具备运转条件和送电条件。　　　工作负责人:乙			
上述设备(线路)已于 20　年　月　日　时　分送电,已采取必要的安全措施,可以试车运转。　　　工作负责人:乙			

表 10 - 2　停电操作票　　　　　　　　　NO：01

操作任务：高压配电装置停电		
操作开始时间：20　年　月　日	操作终了时间：20　年　月　日	
顺序	操作平台	操作后打"√"
1	检查绝缘手套的绝缘性，确认其良好后戴上绝缘手套	√
2	分开高压配电装置 IS 负荷开关	√
3	检查高压配电装置 IS 负荷开关，确保其在分闸位置	√
4	合上高压配电装置 ES 接地开关	√
5	检查高压配电装置 ES 接地开关，确保其在合闸位置	√
6	在高压配电装置 IS 负荷开关上悬挂"禁止合闸 有人工作"标识牌	√
7	摘下绝缘手套	√
备注：		

操作人：甲　　　　　　　　　　　　　　　　监护人：乙

表 10 - 3　送电操作票　　　　　　　　　NO：02

操作任务：高压配电装置送电		
操作开始时间：20　年　月　日	操作终了时间：20　年　月　日	
顺序	操作平台	操作后打"√"
1	检查绝缘手套的绝缘性，确认其良好后戴上绝缘手套	√
2	拉开高压配电装置 ES 接地开关	√
3	检查高压配电装置 ES 接地开关，确保其在分闸位置	√
4	合上高压配电装置 IS 负荷开关	√
5	检查高压配电装置 IS 负荷开关，确保其在合闸位置	√
6	取下高压配电装置 IS 负荷开关上悬挂的"禁止合闸 有人工作"标识牌	√
7	摘下绝缘手套	√
备注：		

任务 2　高压负荷开关的倒闸操作

任务目标

（1）了解高压负荷开关操作闭锁条件。

（2）掌握高压负荷开关的倒闸操作方法。

 任务提出

电气设备分为运行、冷备用、热备用及检修四种状态。将电气设备由一种状态转变为另一种状态的过程叫作倒闸。将电气设备的状态进行转换。变更一次系统运行方式，调整继电保护定值，装置的启停用等都需要进行倒闸操作。下面以亚成 YC－IPSS01 智能供配电实训平台——高压配电装置为例，结合任务 1 的操作票进行倒闸操作。

相关知识

10.2.1　停电操作

停电操作步骤如下：

（1）检查绝缘手套的绝缘性，确认其良好后戴上绝缘手套，如图 10.1 所示。

(a) 检查绝缘手套的外观　　(b) 做绝缘手套漏气试验　　(c) 判断绝缘手套是否漏气

图 10.1　绝缘手套检查方法

（2）拉开高压配电装置 IS 负荷开关。

（3）检查高压配电装置 IS 负荷开关，确保其在分闸位置，如图 10.2 所示。

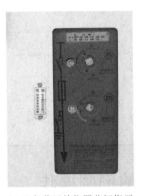

(a) IS负荷开关位置分闸指示　　(b) 负荷开关分闸灯光指示

图 10.2　确保高压配电装置 IS 负荷开关在分闸位置

（4）合上高压配电装置 ES 接地开关，如图 10.3 所示。

（5）检查高压配电装置 ES 接地开关，确保其在合闸位置，如图 10.4 所示。

（6）在高压配电装置 IS 负荷开关上悬挂一块标有"禁止合闸　有人工作"的标识牌，如图 10.5 所示。

（7）摘下绝缘手套。

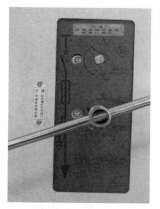 

(a) 将操作杆插入操作孔　　　(b) 逆时针旋转操作杆

图 10.3　合上高压配电装置 ES 接地开关

图 10.4　确保高压配电装置 ES 接地开关在合闸位置

图 10.5　悬挂标识牌

10.2.2　送电操作

送电操作步骤如下：

（1）检查绝缘手套的绝缘性，确认其良好后戴上绝缘手套，如图 10.1 所示。

（2）拉开高压配电装置 ES 接地开关，如图 10.6 所示。

(a) 将操作杆插入操作孔　　　　　　(b) 顺时针旋转操作杆

图 10.6　拉开高压配电装置 ES 接地开关

（3）检查高压配电装置 ES 接地开关，确保其在分闸位置，如图 10.7 所示。

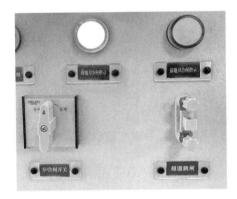

图 10.7　确保高压配电装置 ES 接地开关在分闸位置

（4）合上高压配电装置 IS 负荷开关。

（5）检查高压配电装置 IS 负荷开关，确保其在合闸位置，如图 10.8 所示。

图 10.8　确保高压配电装置 IS 负荷开关在合闸位置

（6）取下高压配电装置 IS 负荷开关上悬挂的"禁止合闸 有人工作"标识牌。

（7）摘下绝缘手套。

任务 3　微机保护装置的设定

 任务目标

（1）熟悉微机保护装置。

（2）掌握微机保护装置三段式电流保护的设定。

（3）掌握微机保护转压板的投退设置。

任务提出

在电力系统中，高压开关柜、变压器等都需要安装微机保护装置，掌握微机保护装置的使用是电力工作者必备技能之一。下面以亚成 YC－IPSS01 智能供配电实训平台——高压配电装置中 KY8112JH 微机变压器保护装置为例，介绍微机综合保护装置三段式电流保护、高温报警和超温跳闸及其设定。

相关知识

微机变压器保护装置配置有三段式电流保护、高温报警及超温跳闸等，其综合保护装置的设定操作步骤如下。

（1）点击微机变压器保护装置中间的"确定"按钮，打开主菜单，如图 10.9 所示。

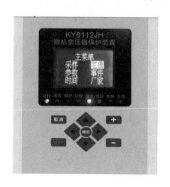

图 10.9　微机变压器保护装置的"主菜单"界面

（2）在"主菜单"界面中选择"定值"，点击"确定"按钮，进入"定值"界面，如图 10.10 所示。

（3）在"定值"界面中选择"查看"选项，点击"确定"按钮，进入"整定定值"界面，如图 10.11 所示。

（4）在"整定定值"界面中选择"数值定值"选项，点击"确定"按钮，设置三段式电流整定值和时限（整定值≤1 A 时故障模拟生效），如图 10.12 所示。

（5）返回"整定定值"界面，选择"软件压板"选项，点击"确定"按钮，进入软件压板设置界面，如图 10.13 所示。

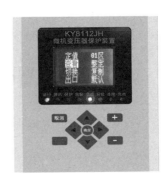

图 10.10　微机变压器保护装置的"定值"界面

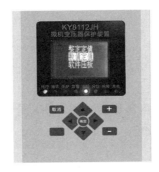

图 10.11　微机变压器保护装置"整定定值"界面

(a) 电流Ⅰ段参数设定　　　　　(b) 电流Ⅱ段参数设定　　　　　(c) 电流Ⅲ段参数设定

图 10.12　微机变压器保护装置三段式电流整定值和时限设置操作示意图

图 10.13　微机变压器保护装置"软件压板"界面

（6）将电流Ⅰ段投入切换至投，电流Ⅱ段投入切换至投，电流Ⅲ段切换至投，高温告警投入切换至投，超温跳闸投入切换至投，如图 10.14 所示。

  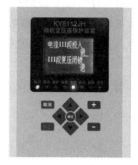

(a) 电流Ⅰ段软压板投入　　　(b) 电流Ⅱ段软压板投入　　　(c) 电流Ⅲ段软压板投入

(d) 高温告警压板投入　　　(e) 超高温跳闸压板投入

图 10.14　微机变压器保护装置软件压板切换操作示意图

（7）输入完成后点击"确定"按钮，再输入密码"8888"点击"确定"按钮，即可完成微机综合保护装置的设定。

项 目 小 结

1. 两票三制是确保电力安全生产、保证人员安全的制度、组织和技术措施。

2. 电气设备分为运行、冷备用、热备用及检修四种状态。将电气设备由一种状态转变为另一种状态的过程叫作倒闸。

3. 掌握微机保护装置的设定方法是电力工作者的必备技能之一，最基本的设定包括三段式电流保护、高温报警、超温跳闸的设定。

项 目 练 习

微机保护装置三段式保护参数及变压器保护参数设定。

（1）在 YC－IPSS01 智能供配电实训平台——高压配电装置中 KY8112JH 微机变压器保护装置上完成三段式保护参数的设置。

① 电流互感器变比为 500：5。

② 三段式电流保护值 $I_1=1000$ A，$I_2=600$ A，$I_3=400$ A，过渡 I 段延时设置为 0 s，过流 II 段延时设置为 0.5 s，过流 III 段延时设置为 2 s。

（2）在 YC−IPSS01 智能供配电实训平台——高压配电装置中 KY8112JH 微机变压器保护装置上完成变压器保护参数设置。

① 变压器高温报警保护设置，当变压器处于高温状态时，微机保护装置自动发出报警信号。

② 变压器超温跳闸保护设置。当变压器处于超温状态时，微机保护装置自动发出跳闸信号。

项目十一 电力监控系统组态设计

任务目标

（1）了解电力调度自动化系统的"四遥"功能。

（2）掌握添加设计电力监控系统状态量、模拟量的方法。

（3）掌握历史曲线、实时曲线以及报表的创建方法。

任务提出

随着计算机技术和通信技术的发展，供配电系统越来越智能化，人们对电力监控系统的要求越来越高。因此只有掌握专门的电力系统组态设计技术，才能满足智能供配电时代对电力系统岗位人才的需求。本项目以智能供配电实训平台为例来讲解电力监控系统组态设计的操作步骤。

相关知识

11.1.1 "四遥"的含义

"四遥"功能即遥测、遥信、遥控、遥调。

遥测：远程测量，采集并传送运行参数，包括各种电气量（线路上的电压、电流、功率等量值）和负荷潮流等，被测量为模拟量。

遥信：远程信号，采集并传送各种保护和开关量的信息给调度。

遥控：远程控制，接收并执行遥控命令，主要是指分合闸对一些开关控制设备进行远程控制。

遥调：远程调节，接受并执行遥调命令，对控制量设备进行远程调试，如调节发电机输出功率为模拟量输出。

11.1.2 智能供配电实训平台的"四遥"功能

1. 遥测

远程测量低压配电装置可显示三相电压、三相电流、频率、有功功率、无功功率、功率因数等，如图 11.1 所示。

2. 遥信

遥信界面可显示远程传输高压负荷开关的分合闸状态，高

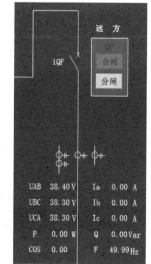

图 11.1 遥测界面

压接地开关的分合闸状态,低压断路器的分合闸状态,双电源切换装置状态,出线 1、出线 2、出线 3 的分合闸状态,模拟用户负载分合闸状态,如图 11.2 所示。

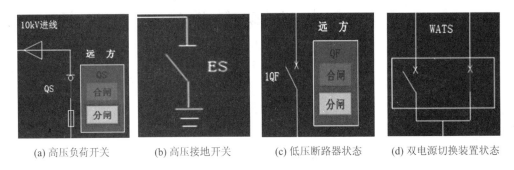

(a) 高压负荷开关　　　(b) 高压接地开关　　　(c) 低压断路器状态　　　(d) 双电源切换装置状态

图 11.2　遥信界面

3. 遥控

遥控界面可显示远程控制高压负荷开关的分合闸,低压断路器的分合闸,出线 1、出线 2、出线 3 的分合闸,模拟用户负载分合闸,感性负载的投入与切除,如图 11.3 所示。

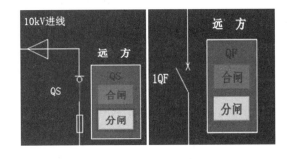

图 11.3　遥控界面

4. 遥调

遥调界面可显示远程综保电流调节,如图 11.4 所示。

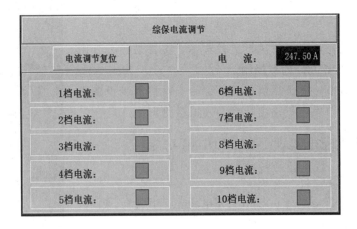

图 11.4　遥调界面

11.1.3 "遥控""遥信"的组态实训

1. 添加状态量

1）添加状态量说明

（1）该操作在亚成智控软件工程管理界面进行；

（2）默认在电脑上已经存在一个名称为". MWSMART. SMART SR60"的 OPC 服务，里面包含 Qidong、TingZhi、ZhuangTai 三个数字量；

（3）已创建三个画面，名称分别为：主界面、曲线界面、报表界面；

（4）OPC 设备已经链接。

2）添加状态量的步骤

状态量就是 bool 量，它只有"1"和"0"或者"真"和"假"两种状态，可以表示指示灯的亮和灭，可以控制开关的启停，等等。

添加状态量的操作分为以下几个步骤。

第一步，双击实时数据库下拉菜单中的"状态量管理"按钮，单击"添加"按钮对变量进行添加。状态量管理界面如图 11.5 所示。

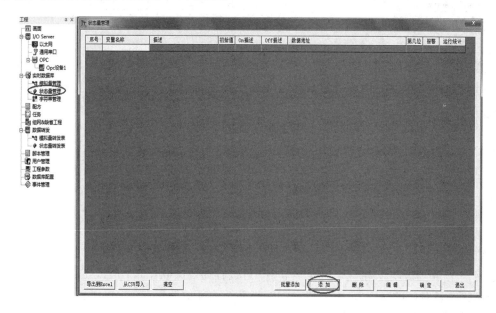

图 11.5 状态量管理界面

第二步，变量添加，如图 11.6 所示。

（1）在"变量定义"选项里，将"变量名称"设置为"QiDong"；将"变量描述"设置为"启动按钮"。

（2）在"数据源"选项里，将数据选为"I/O"型。在"数据区"中选择"S7200SMART. OPCServer"选项；在"地址"中选择"S7200SMART. OPCServer. MWSMART. SMART SR60. Qidong"选项。

（3）填写完成后单击"确定"按钮，变量管理界面如图 11.6 所示。

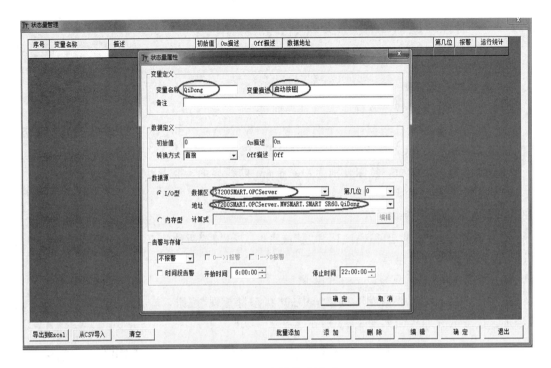

图 11.6 变量管理界面

第三步,添加状态量。

(1)变量的定义(必须):变量名称是需要添加变量的名称(不能是中文和特殊字符);变量描述是对添加的变量进行说明(可以选择中文字符对变量进行描述,以便识别);备注是对变量进行特殊用途的说明(可以为中文字符)。

(2)数据定义:数据的转换方式有两种(即直接转换、取反转换);

(3)数据源:数据源分为I/O型与内存型。I/O型需要选择相应的数据区、地址与第几位。内存型需要编译相应的计算式。

(4)告警与存储:分为选择是否报警(不报警/报警)、报警方式(0→1报警/1→0报警)、报警时间段选择(开始时间、结束时间)。

数据区和地址共同确定了与该状态量对应的数据区的内存地址(字节)。状态量的单位一般用一个bit来表示,在一个内存字节中,可以存储8个状态量,所以还需要用"位"来指定与该状态量对应的存储bit位。内存型是指系统内部的使用点,它可以通过计算式计算、手动设置、脚本设置等方式进行读写。

双击状态量管理对话框中的任意一条测点记录,即可进行测点参数的编辑。状态量管理界面与添加测点的界面一致。

智控软件提供了批量添加测点的功能,只要指定数据区、起始地址和变量个数,即一次添加多个测点。填写的变量名会作为所有添加变量的变量名前缀,如变量名填写的是DI,则生成的变量名字为DI_0,DI_1。

3)状态量的控制与反馈

(1)控制与反馈状态量的操作在亚成智控软件工程管理界面进行;

(2)默认在电脑上已经存在一个名称为"MWSMART.SMART SR60"的OPC服务,

里面包含 Qidong、TingZhi、ZhuangTai 三个数字量；

（3）已创建三个画面，名称分别为主界面、曲线界面、报表界面；

（4）OPC 设备已经连接。

2. 绘制图元

（1）双击画面菜单选项中的"主画面"按钮，打开工作区域。在工作区域中添加相应的组件。主画面操作示意图如图 11.7 所示。

（2）单击工具栏中的"按钮"选项，在工作区域就可绘制按钮组件，如图 11.8 所示。

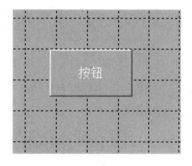

图 11.7　主画面操作示意图　　　　　　　图 11.8　绘制按钮示意图

（3）双击主画面中的"按钮"组件，弹出按钮的图元属性对话框，选中基本属性选项，如图 11.9 所示；

基本设置如下：

① 前景：可改变按钮组件中名字的颜色。现将前景色改为黑色；

② 背景：可改变组件的颜色。现将背景色改为绿色；

③ 文本：可组件内部显示的文本。现将文本改为"合闸"；

④ 选择字体：可设置组件中文本的字体，设置完成后点击"确定"按钮，进行保存。

（4）设置完成后，保存此按钮组件，如图 11.10 所示。

（5）使用相同的方法制作分闸按钮，文本为"分闸"，背景设置为红色，如图 11.11 所示。

（6）单击工具栏中的"椭圆"选项，在工作区域就可绘制椭圆（充当指示灯），如图 11.12 所示。

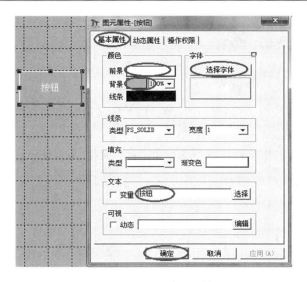

图 11.9 图元属性对话框

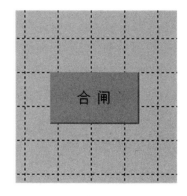

图 11.10 合闸按钮效果图

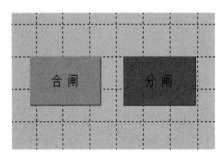

图 11.11 合闸、分闸按钮效果图

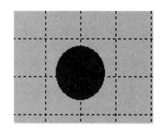

图 11.12 椭圆按钮效果图

（7）双击主画面中的椭圆组件，弹出"图元属性"对话框，选中"基本属性"选项，如图 11.13 所示。基本设置如下：

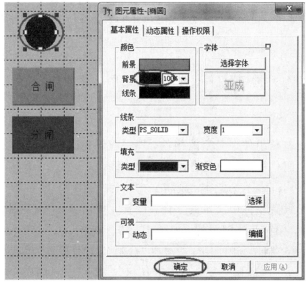

图 11.13 按钮更改示意图

① 背景：可改变椭圆组件内部颜色。现将背景设置为绿色。

② 将"线条"设置为红色。

③ 设置完成后点击"确定"按钮，进行保存。

(8) 绘制完成的两个按钮与一个指示灯如图 11.14 所示。

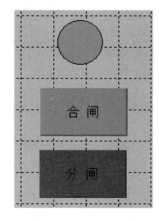

图 11.14　按钮设计效果图

3. 将图元与状态量进行关联

(1) 双击主画面中的椭圆组件，在弹出的"图元属性"对话框中选择"动态属性"选项，如图 11.15 所示。

① 在"背景"选项前的复选框中打"√"，点击"背景"选项后的设置按钮。

② 在弹出的"动态颜色"对话框中，点击"颜色"选项并选择"红色"，然后点击对话框中的"编辑"按钮。

③ 在弹出的公式编辑对话框中，点击"状态量"按钮并选择相应的数字量。完成选择后，点击"确认"按钮。

④ 设置完成后，点击动态编辑框中的"确定"按钮，再点击"图元属性"选项框中的"确定"按钮进行保存。

设置此动态颜色的逻辑：当选中的编辑的条件为真时，背景颜色为红色；当条件为假时，背景颜色为默认颜色（默认颜色为绿色）。

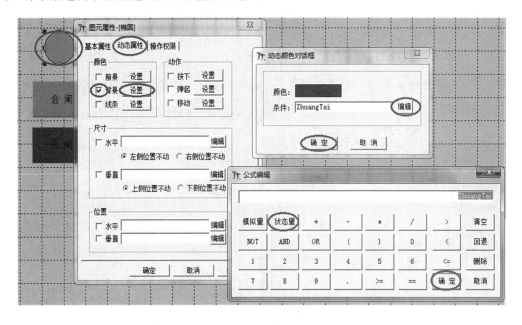

图 11.15　动态属性对话框

(2) 双击主画面中的合闸按钮组件，在弹出的"图元属性"对话框中选择"动态属性"选项，如图 11.16 所示。

① 在"动作""按下"选项前打"√"，单击"设置"按钮。

② 单击"动作定义"对话框中的"确认"按钮。

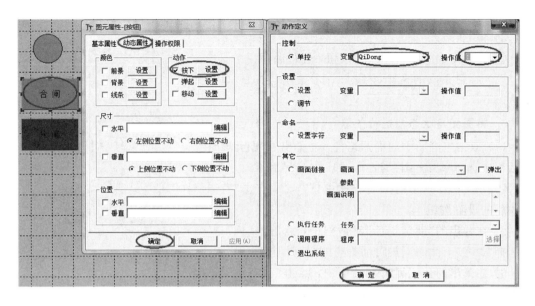

图 11.16　动态属性动作定义(步骤 2)

（3）双击主画面中的合闸按钮组件，在弹出的"图元属性"对话框中，选择"动态属性"选项，如图 11.17 所示。

① 在"动作"选项栏中的"弹起"选项前打"√"，并点击"设置"按钮。

② 在弹出的"动作定义"对话框中选择变量"QiDong"，将操作值改为"1"。

③ 点击"动作定义"对话框中的"确认"按钮。

④ 点击图元属性内的"确定"按钮，进行保存。

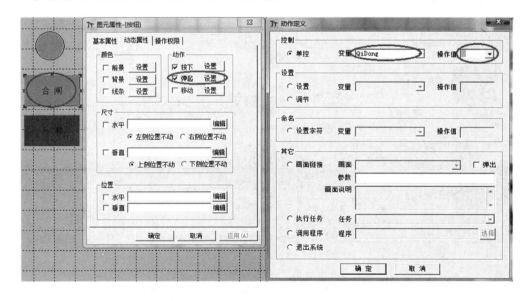

图 11.17 动态属性动作定义(步骤 3)

设置按钮的逻辑：当鼠标在此按钮上时，鼠标左键按下，将数字量"QiDong"设置为 1；鼠标左键弹起，将数字量"QiDong"设置为 0。分闸按钮使用相同的方法关联数字量"LingZhi"。

4. 添加模拟量

1）添加模拟量说明

（1）添加模拟量的操作在亚成智控软件工程管理界面进行；

（2）默认在电脑上已经存在一个名称为"MWSMART. SMART SR60"的 OPC 服务，包含三个模拟量 U_a、U_b、U_c；

（3）已创建三个画面，名称分别为主界面、曲线界面、报表界面；

（4）OPC 设备已经连接。

2）添加模拟量步的步骤

（1）双击实时数据库下拉菜单中的"模拟量管理"按钮，单击"添加"按钮进行变量添加，如图 11.18 所示。

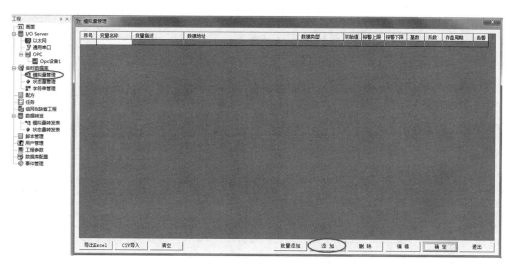

图 11.18 模拟量管理对话框

（2）填写模拟量的相关说明，如图 11.19 所示。

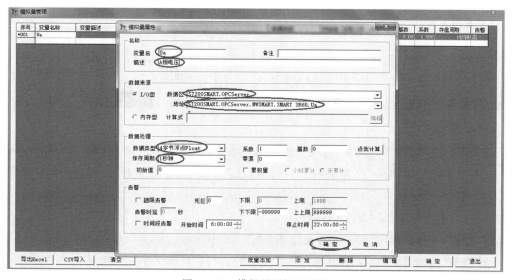

图 11.19 模拟量属性对话框

① 在"名称"选项里将变量名称设置为"Ua"；描述设置为"A 相电压"。

② 在"数据来源"选项框里，将数据选为"I/O 型"，数据区设置为"S7SMART. OPCServer"，地址设置为"S7200SMART. OPCServer. MWSMART. SMART SR60. Ua"。

③ 在"数据处理"选项中，将"数据类型"设置为"4 字节浮点 Float 类型"，"保存周期"为"1 秒钟"（历史曲线与报表需要使用）。

④ 填写完成后单击"确认"按钮。

⑤ 余下的 Ub 与 Uc 模拟量使用相同的方法进行添加。至此工程所需要的数字量与模拟量全部添加完成。

对模拟量的添加还需按照以下方法完成模拟量的属性设置：

（1）变量定义（必须）：变量名是指需要添加变量的名称（不能是中文和特殊字符）；变量描述是指对添加的变量进行说明（可以选择中文字符对变量进行描述，方便识别）；备注是对变量进行特殊用途的说明（可以为中文字符）。

（2）数据来源（必须）：I/O 型与内存型。I/O 型需要选择相应的数据区、地址与相应位数。内存型需要编译相应的计算式。

（3）数据处理（必须）：根据添加变量的类型选择相应的数据类型（1 字节无符号 Byte、1 字节整数、4 字节 float 浮点型等），如果选择的数据类型与数据本身的数据类型不相符，那么相应的数据就会出错；对数据进行存储时需要选择保存周期（1 s、5 s、15 s、1 min 等），最小的保存周期为 1 s；在进行历史数据显示、报表制作等环节也需要选择保存周期；在对原始数据进行转换时需配置系数、零漂与基数（基数配置旁边的"点我计算"按钮可以辅助完成相应的数据计算）。

（4）告警：选择是否超越报警（配置需要的参数：死区、告警时延、下限、上限）；选择是否告警的时间段（配置的相应时间：开始时间、结束时间）。

注意：如果无法显示历史曲线、报表曲线的数据等，应检查是否选择了"保存周期"（数据需要保存在数据库中）。

5. 模拟量显示

1）模拟量显示说明

数字框是用来显示数据实时值的控件，在工具条上用 ▦ 表示。文本框是用来显示文本的控件，在工具条上用上用 **A** 表示。在画面上绘制的效果为 ▮ 0.00 ▮ 。

2）创建文本框

（1）单击工具栏中的"文字"选项，在工作区域中就可绘制文字组件。

（2）双击主画面中的"文字"组件，在弹出的"图元属性"对话框中，选中基本属性选项卡：

① 在文本选项中填写显示信息（Ua）。

② 点击"选择字体"按钮，选择文字的格式与大小。

③ 点击"图元属性"选项框中的"确定"按钮进行保存，如图 11.20 所示。

使用相同方法添加"Ub""Uc"，如图 11.21 所示。

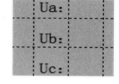

图 11.20　字体设置操作示意图　　　　　图 11.21　设置文字效果图

3）创建数字框

单击工具栏中的数字框，在工作区域内绘制数字框组件。双击主画面中的"数字框"组件，在弹出的"图元属性"对话框中选择"基本属性"选项，将"变量"设置为"Ua"；选中"数字属性"选项卡，选择变量"＃＃.＃＃＃＃"（表示显示四位整数，两位小数，其他数字以此类推）；完成后点击"确定"按钮，如图 11.22、图 11.23 所示。

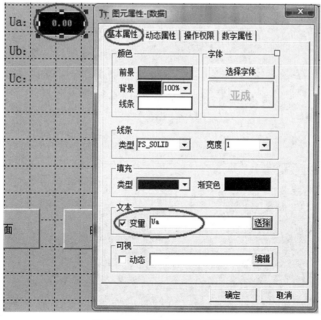

图 11.22　图元属性对话框

使用同样的方法添加"Ub"与"Uc"显示。

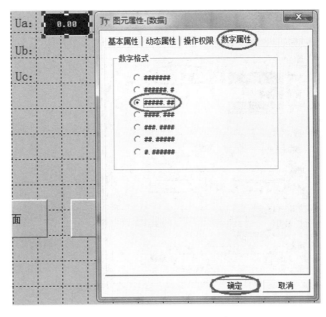

图 11.23　数字属性对话框

6. 创建实时曲线

实时曲线控件是用来显示数据实时值曲线的，它在工具条上用 ☒ 表示。

1）创建实时曲线控件

（1）单击工具栏中的实时曲线控件选项 ☒，在工作区域就可绘制实时曲线控件。

（2）双击主画面中的"实时曲线"组件，如图 11.24 所示。在弹出的"实时曲线"组件属性对话框中选择"图表属性"选项，如图 11.25 所示。

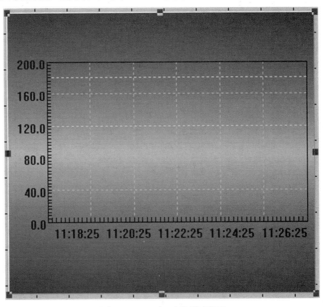

图 11.24　实时曲线界面

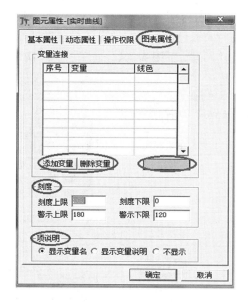

图 11.25　图元属性对话框

①"变量连接"选项中设有"添加变量""删除变量"的功能。

② 刻度选项。"刻度上限"是指实时曲线控件纵坐标的最大值；"刻度下限"是指实时曲线控件纵坐标的最小值；"警示上限"是指该变量的上限报警值；"警示下限"是指该变量的下限报警值。

③ 项说明。项说明即显示变量标识符，分为"显示变量名""显示变量说明""不显示"。变量名与变量说明在添加模拟量变量时完成。

2）添加变量 Ua

（1）单击"图表属性"中的"添加变量"按钮，在弹出的"变量选择"对话框中选择变量"Ua"，点击"确定"按钮，如图 11.26 所示。

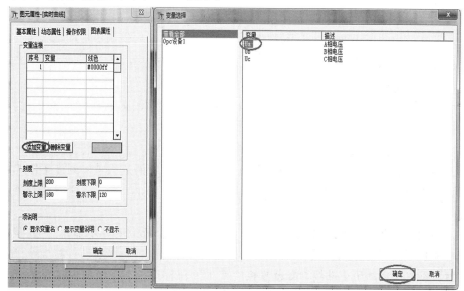

图 11.26　变量选项对话框

（2）更改 Ua 变量曲线的颜色与实时曲线控件的上下限，具体操作方法为：选中"Ua"变量，点击"图表属性"区域内的绿色区域，在弹出的颜色对话框中选择"黄色"，并点击"确定"按钮；更改"刻度上限"为"100"，下限为"0"，如图 11.27 所示。

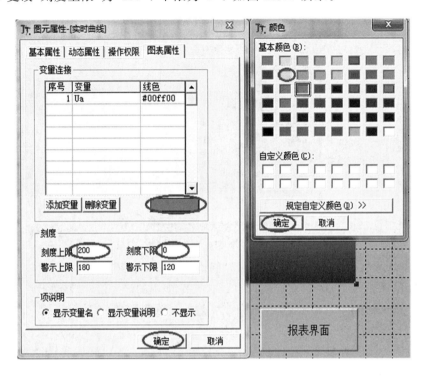

图 11.27　颜色选项对话框

7. 创建历史曲线控件

历史曲线控件是用来显示数据历史曲线的，在工具条上用![]表示。

1）创建历史曲线控件步骤

单击工具栏中的历史曲线控件![]按钮后，即可在工作区域绘制历史曲线控件了。

工程运行后，点击![]按钮，选择需要显示的时间段（变量开始时间与结束时间），即可显示在这个时间范围内变量的曲线，如图 11.28 所示。

双击主画面中的"历史曲线"组件，在弹出的"历史曲线"组件属性对话框中选择"图表属性"选项，如图 11.29 所示。

（1）"变量连接"选项中有"添加变量""删除变量"的功能。

（2）"刻度"选项中的刻度上限是指历史曲线控件纵坐标的最大值；刻度下限是指历史曲线控件纵坐标的最小值；警示上限是指该变量的上限报警值；警示下限是指该变量的下限报警值。

（3）"项说明"设置变量标识符，分为"显示变量名""变量说明""不显示"，变量名与变量说明在添加模拟量变量时完成。

注意：添加变量的历史曲线，需设置相应变量的保存周期。在添加模拟量界面需选择相应的保存周期（保存周期可设置为"不保存""1 s""5 s"等）。

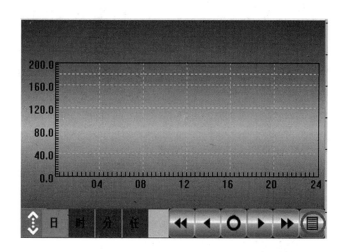

图 11.28　时间变量界面

图 11.29　图表属性对话框

2）添加变量 Ua

单击图表属性中的"添加变量"按钮，在弹出的"变量选择"对话框中选择变量 Ua，点击确定按钮，如图 11.30 所示。

更改 Ua 变量的曲线颜色与实时曲线控件的上下限。选中 Ua 变量，点击"图表属性"区域内的绿色区域，在弹出的"颜色"对话框中选择"黄色"，点击颜色对话框中的"确定"按钮；更改"刻度上限"为"200"，"刻度下限"为"0"，如图 11.31 所示。

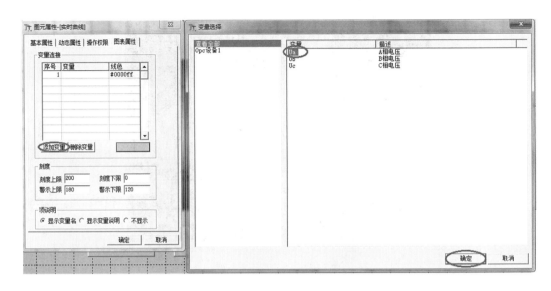

图 11.30　变量选择对话框

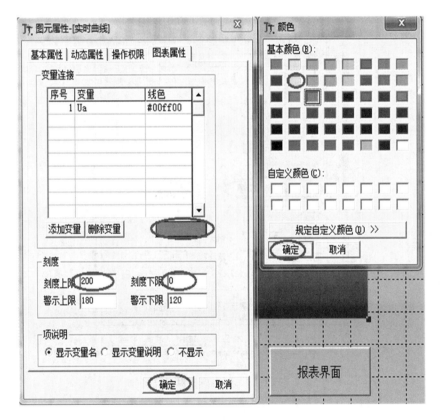

图 11.31　颜色管理对话框

8. 创建报表控件

报表控件可显示数据报表,在工具条上用 ▣ 表示。

1) 创建报表控件可步骤

（1）单击工具栏中的报表控件选项▣，在工作区域就可绘制报表控件。

（2）工程运行后点击 ◄◄ ◄ ◯ ► ►► ▤ ，选择需要显示的时间段（变量开始时间与结束时间），就能显示在这个时间范围内变量的曲线。点击"导出 Excel"按钮，即可将查询的数据导出到系统 D 盘，如图 11.32 所示。

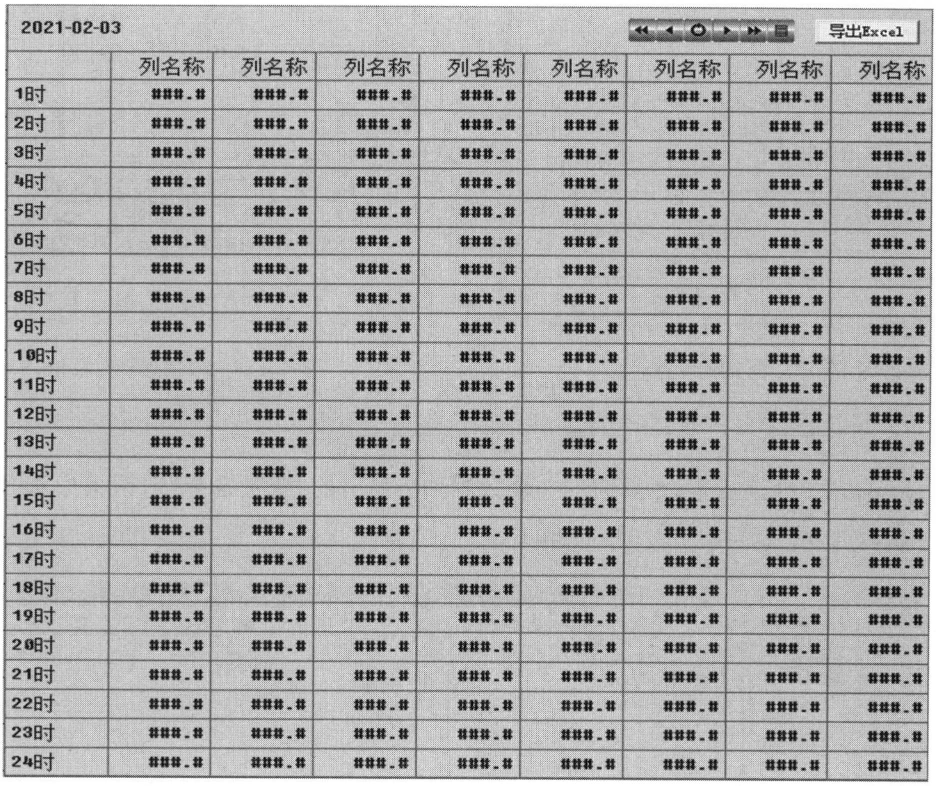

2021-02-03								◄◄ ◄ ◯ ► ►► ▤　导出Excel
	列名称	列名称	列名称	列名称	列名称	列名称	列名称	列名称
1时	###.#	###.#	###.#	###.#	###.#	###.#	###.#	###.#
2时	###.#	###.#	###.#	###.#	###.#	###.#	###.#	###.#
3时	###.#	###.#	###.#	###.#	###.#	###.#	###.#	###.#
4时	###.#	###.#	###.#	###.#	###.#	###.#	###.#	###.#
5时	###.#	###.#	###.#	###.#	###.#	###.#	###.#	###.#
6时	###.#	###.#	###.#	###.#	###.#	###.#	###.#	###.#
7时	###.#	###.#	###.#	###.#	###.#	###.#	###.#	###.#
8时	###.#	###.#	###.#	###.#	###.#	###.#	###.#	###.#
9时	###.#	###.#	###.#	###.#	###.#	###.#	###.#	###.#
10时	###.#	###.#	###.#	###.#	###.#	###.#	###.#	###.#
11时	###.#	###.#	###.#	###.#	###.#	###.#	###.#	###.#
12时	###.#	###.#	###.#	###.#	###.#	###.#	###.#	###.#
13时	###.#	###.#	###.#	###.#	###.#	###.#	###.#	###.#
14时	###.#	###.#	###.#	###.#	###.#	###.#	###.#	###.#
15时	###.#	###.#	###.#	###.#	###.#	###.#	###.#	###.#
16时	###.#	###.#	###.#	###.#	###.#	###.#	###.#	###.#
17时	###.#	###.#	###.#	###.#	###.#	###.#	###.#	###.#
18时	###.#	###.#	###.#	###.#	###.#	###.#	###.#	###.#
19时	###.#	###.#	###.#	###.#	###.#	###.#	###.#	###.#
20时	###.#	###.#	###.#	###.#	###.#	###.#	###.#	###.#
21时	###.#	###.#	###.#	###.#	###.#	###.#	###.#	###.#
22时	###.#	###.#	###.#	###.#	###.#	###.#	###.#	###.#
23时	###.#	###.#	###.#	###.#	###.#	###.#	###.#	###.#
24时	###.#	###.#	###.#	###.#	###.#	###.#	###.#	###.#

图 11.32　报表控件界面

（3）双击主画面中的"报表"组件，在弹出的"报表"组件属性对话框中选择"基本设置"选项，如图 11.33 所示。

基本设置如下：

① 类型：选择报表类型（如"日报表""月报表""任意报表"等）。

②"选择项"：选择"显示累计值"或者"显示默认行头"。

③ 导出文件：选择"导出文件"的地址与名称。

（4）双击主画面中的"报表"组件，如图 11.33 所示，在弹出的"报表"组件属性对话框中选择"数据连接"选项，如图 11.34 所示。

① 选择相应的变量。

② 在"题头"与"格式"处更改每列数据的说明与数据显示格式。

注意：在添加变量的报表数据时，需设置相应变量的保存周期。

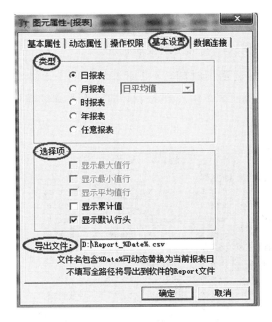

图 11.33　图元属性对话框　　　　图 11.34　数据连接对话框

2）添加变量 Ua

（1）单击"数据连接"属性，选中一个数据，在弹出的"变量选择"对话框中选择变量"Ua"，点击"确定"按钮，如图 11.35 所示。

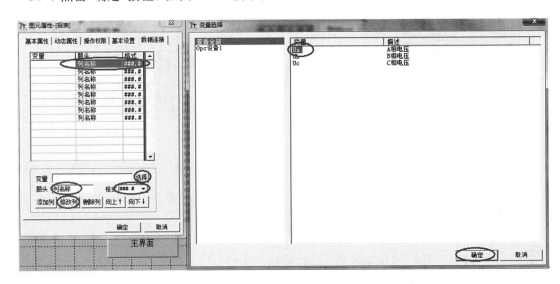

图 11.35　变量选择对话框

（2）将 Ua 变量的题头名称设置为"A 相电压"，将"格式"设置为"＃＃＃.＃"，如图 11.36 所示。

（3）填写完成后点击"修改列"按钮，Ua 变量报表添加完成，如图 11.37 所示。

图 11.36　变量修改示意图

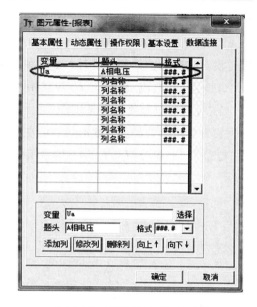

图 11.37　变量报表添加示意图

项 目 小 结

四遥指的是遥测、遥信、遥控、遥调。

遥信、遥控组态实训内容包括添加状态量、绘制图元、将图元与状态量进行关联、添加模拟量、模拟量显示、创建实时曲线、创建历史曲线控件以及创建报表控制。

项 目 练 习

电力监控系统用于监视和控制电力生产和供应过程的、基于计算机及网络技术的业务系统及智能设备，以及作为基础支撑的通信及数据网络等，它在变电监控中发挥了核心作用。

任务要求

1. 设计供配电一次系统监控界面

设计一次系统监控界面（编程项目运行后，默认启动），在一次系统监控界面中，根据智能供配电一次系统图组态一次系统监控界面。要求在一次系统监控界面内完成高压负荷开关、高压接地开关、低压进线断路器（1QF）、4QF、5QF、6QF 开关的分合闸状态检测与远程控制（高压接地开关只检测不控制），并显示高压负荷开关、低压进线断路器（1QF、4QF、5QF、6QF）开关的就地控制与远方控制反馈信号；显示低压进线（1QF）三相电压（U_{ab}、U_{bc}、U_{ca}）、三相电流（I_a、I_b、I_c）、频率 F、功率因数 $\cos\varPhi$、有功功率 P、无功功率 Q。

2. 设计低压配电装置参数报表界面

设计报表界面时，要求报表统计低压进线三相电压（U_{ab}、U_{bc}、U_{ca}）、三相电流（I_a、I_b、

I_c)、频率 F、功率因数 $\cos\Phi$、有功功率 P、无功功率 Q。报表应具有查询和导出功能。

3．设计实时参数趋势曲线

设计实时参数趋势曲线时，要求在低压实时曲线显示界面设计实时曲线（显示低压进线 1QF）、三相电流（I_a、I_b、I_c）与三相电压（U_{ab}、U_{bc}、U_{ca}）。

4．设计历史参数趋势曲线

设计历史参数趋势曲线时，要求在低压历史曲线显示界面设计历史曲线（显示低压进线 1QF）、三相电流（I_a、I_b、I_c）与三相电压（U_{ab}、U_{bc}、U_{ca}）。

附录　供配电技术实训指导

任务 1　高、低压电气设备的认识

1．实训目的

（1）了解 SN－10 型少油断路器、ZN28A－10 型真空断路器、高压隔离开关、高压负荷开关、低压断路器、熔断器、互感器、变压器、高低压开关柜、电力线路等设备的外形、结构和工作原理。

（2）熟悉断路器分闸、合闸过程，断路器操作机构的工作原理，以及电压、电流互感器的使用方法和型号识别。

2．实训前期准备

（1）学生准备：复习本书中变电所及一次回路中相关高、低压设备的理论内容；掌握设备型号的表示和含义。

（2）实验室准备：高、低压电气设备实验室所有设备陈列到位。

3．实训原理说明

详见本书相关理论部分。

4．实训内容

高低压电气设备的认识。

5．实训步骤

（1）参观高低压电气设备实验室，熟悉 SN－10 型少油断路器、ZN28A－10 型真空断路器、高压隔离开关、高压负荷开关、低压断路器、熔断器、互感器、变压器、高低压开关柜、电力线路等设备的外形，了解设备的结构（此项内容均以现场实物进行讲解）。

（2）熟悉断路器的分闸、合闸过程。

断路器接线图如图 F.1 所示。

断路器合闸：旋转断路器控制开关 SA 至合闸位置，控制开关 SA ⑤、⑧接通，合闸线圈 YO 通电，启动断路器合闸。合闸后，断路器辅助常开触点闭合，辅助常闭接点断开，红色指示灯得电发红光，绿色指示灯失电。

断路器分闸：旋转断路器控制开关 SA 至分闸位置，控制开关 SA ⑥、⑦接通，跳闸线圈 YR 通电，启动断路器跳闸。跳闸后，断路器辅助常开触点断开，辅助常闭接点闭合，绿色指示灯得电发绿光，红色指示灯失电。

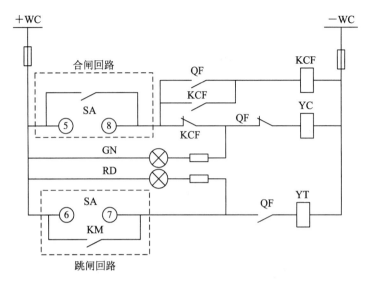

SA—断路器控制开关；QF—断路器辅助接点；
GN—断路器分闸指示灯(绿)；RD—断路器合闸线圈；
YC—断路器合闸线圈；YT—断路器跳闸线圈；
KM—中间继电器接点；KCF—断路器防跳跃继电器。

图 F.1　断路器接线图

6. 注意事项

10 kV 手车式高压开关柜的操作电源为直流 220 V，操作时应注意安全。

任务 2　电磁型电流继电器特性实训

1. 实训目的

电流继电器一般作为过电流保护电路的启动元件，当电路电流超过继电器整定数值时，继电器应尽快动作。通过电流继电器特性实验，进一步理解电磁型电流继电器的动作过程和动作特性。

电流继电器的特性包括：

(1) 动作电流值：使电流继电器动作的最小电流值。

(2) 返回电流值：使电流继电器返回原始位置的最大电流值。

(3) 动作变差：连续动作三次，与整定值比较最大的误差值。

(4) 返回系数：返回电流值/动作电流值。

2. 实训设备

本任务的实训设备如表 F-1 所示。

表 F - 1 任务 2 实训设备

序号	名 称	型号	数量	基本数据	所在位置
1	数字交流电流表 PA		1	0~5 A	RTDB—1
2	电流继电器 KA	DL—24	1	6 A	RTDB07
3	指示灯 HL		1	220 V	RTDB—1
4	升流器 B		1		RTDB—1
5	调压器 TY		1	0.5 kVA	RTDB—1
6	数字电秒表		1		RTDB03
7	钮子开关		1		RTDB03

3. 实训电路

实训电路如图 F.2 所示。

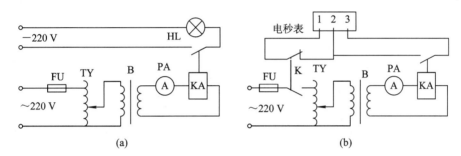

图 F.2 任务 2 实训电路

4. 实训步骤与内容

这里实验的电流继电器是 DL—24 型,注意它的铭牌数据和接线方式。按图 F.2(a)接好电路。将电流继电器动作值调整为 6 A(继电器线圈连接成并联型),将调压器旋钮逆时针旋转到底部(即零值)。

(1)接通电源,缓慢顺时针转动调压器,注意观察电流表的数值。当电流上升到 6 A 左右时,电流继电器动作,指示灯亮,此时应记录继电器的动作数值,即动作电流值。

(2)缓慢逆时针转动调压器,观察电流表数值。当电流下降到某一数值时,继电器返回原始状态,指示灯灭,此时应记录电流表的数值,即继电器的返回电流值。

(3)动作变差,以上过程应重复三次,每次动作误差值不应超过整定值的±3%。

(4)分别取三次的动作电流值与三次返回电流值的平均值计算继电器的返回系数:

$$返回系数 = \frac{返回电流值}{动作电流值} < 1$$

电流继电器返回系数一般为 0.80~0.85,通常 DL—10 系列约为 0.80,DL—20、DL—30 系列不小于 0.85。

5. 实训思考题与实验报告

(1)简述电流继电器的动作原理。

(2)了解如何计算电磁型电流继电器的返回系数。

任务3 定时限过电流保护实训

定时限过电流保护就是保护装置的动作时间,是按保护电路整定的动作时间动作,时间是固定不变的,与故障电流的大小无关。

1. 实训目的

通过定时限过电流保护实验了解定时限过电流保护的真实含义。了解启动元件、延时元件、出口动作元件、信号元件是哪只继电器。

2. 实训设备

本任务的实训设备如表F-2所示。

表 F-2 任务3实训设备

序号	名 称	型号	数量	基本数据	所在位置
1	交流回路保险 FU1	2 A	1		RTDB—1
2	直流回路熔断器 FU2,3		1		RTDB02
3	万转开关 SA		1		RTDB—1
4	单项调压器 T	0.5 kva	1		RTDB—1
5	升流器 B		1		RTDB—1
6	交流电流表 A		1		RTDB—1
7	电流继电器 KA	DL—24	1		RTDB06
8	时间继电器 KT	DS—22	1		RTDB06
9	信号继电器 KS	DXM—2A	1		RTDB06
10	模拟断电器 QF		1		RTDB02
11	中间继电器 KM	DZ—11B	1		RTDB07

3. 实训电路

实训电路如图F.3所示。其中,图(a)是定时限过电流保护的接线图,图(c)是它的展开图,因在实际工作中继电保护的图纸一般都以展开图形式出现,故以后的工作也以展开图为主;图(b)是实际工作中的电流回路的电流互感器和电流继电器;图(d)是做实验时的电流产生回路,由保险、调压器、升流变压器、电流表和电流继电器组成,为了调节方便有时还要串接可调电阻(图中未画出)。

4. 实训步骤内容

(1) 将挂箱 RTDB02 悬挂好并将其电源插头接通实验台为其准备的插座,打开电源开关,此时挂箱面板的分闸指示灯亮表示模拟断路器在分闸状态,其常开触点均在分闸状态。按动绿色合闸按钮,分闸指示灯灭、合闸指示灯亮,表示模拟断路器已经合闸,其常开触点均在合闸状态,本实验要求模拟断路器在合闸状态。

按图 F.3(c)展开图正确接线,在这里用调节调器压带动升流器产生电流,流过电流表和电流继电器 KA,来模拟在实际电路电流互感器产生电流带动电流继电器的过程。接线

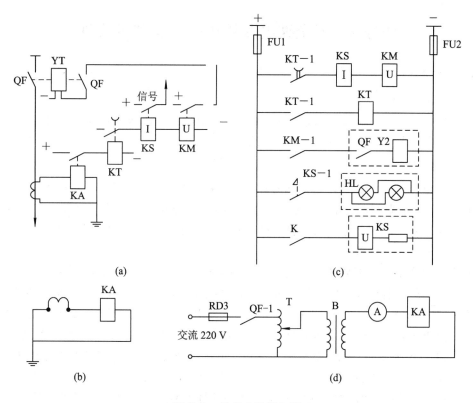

图 F.3　任务 3 实训电路

时可以将 QF—1 触点接在调压器的次级。

（2）接通直流电源，直流电源在实验台电源控制屏的下中部，红色为直流电源正极，黑为负极。指针式直流电压表指示直流电源电压，其下边是直流电源开关，上关下开，启动实验台电源，向下搬动钮子开关手柄，直流电压表指示 220 V 左右，便接通了直流电源。

（3）将调压器 T 逆时针旋转到底，即零电压输出，接通交流电源。

（4）缓慢顺时针转动调压器旋钮，注意观察数字电流表 A 的指示读数。

（5）当电流增加到某一值时电流继电器动作，接通时间继电 KT，KT 通电延时 2 s 后，延时触点 KT—1 闭合，接通信号继电器 KS 的电流动作线圈和出口继电器 KM 的动作线圈，出口继电器 KM 动作，触点 KM—1 闭合，使断路器 QF 的分闸线圈 YT 得电动作，断路器分闸。另一方面信号继电器流过分闸电流，使自己的常开触头闭合，信号继电器内部指示灯亮，发出信号灯光指示。模拟断路器分闸后，常开触点 QF—1 断开，电流继电器回路失电，整个保护电路回到初始状态。以上实验是在电流逐渐增加的情况下，模拟断路器跳闸。

（6）使信号继电器复位，将调压器逆时针旋转到最小位置断开交流电源，总结回忆实验的过程和注意事项。

（7）实验完毕，将实验线和实验挂箱放置整齐。

5. 实训思考题与实训报告

（1）回忆实验全过程，了解定时过流保护电路的工作过程。

（2）根据上述实验过程写出实验报告。

任务4 闪光继电器构成的闪光装置实训

1. 实训目的

(1) 掌握闪光继电器的内部结构和工作原理。

(2) 结合断路器控制回路,理解闪光装置在控制回路中的作用和接入方法。

(3) 学会闪光继电器的调整方法和接线。

2. 原理说明

闪光继电器广泛用于具有灯光监视要求的断路器控制回路,闪光既有指示断路器事故跳闸的作用,又有监视断路器操作过程状态的作用(如"预备合闸"或"预备跳闸"),其目的是提高控制回路的监视效果和可靠性,将闪光装置与下一个实验项目结合运用,可得到更全面的认识和更深入的理解。

闪光装置的工作原理如图 F.4 所示。图中 DX－9 为闪光继电器,它由中间继电器 U 和电阻 R、电容 C 所构成。当装置两端接入直流电压时,中间继电器 U 不能立即动作,指示灯 HW 全压发光。按下试验按钮 SB1,SB1 的常开触点闭合,HW 发暗光,此时电流从正电源通过继电器的常闭触点和电容器 C、电阻 R、试验按钮 SB(按下时常开触点闭合)和白色指示灯 HW 到负极,电容器 C 开始充电,电压逐渐升高。当电容器两端电压达到闪光继电器内部的中间继电器 U 的动作电压时,U 立即动作。一方面,U 的常闭触点切断了电容器充电回路;另一方面,常开触点闭合,使指示灯 HW 全压发光。由于电容器 C 向中间继电器放电,使中间继电器 U 不能立即失电,HW 能维持一段时间的全压发光状态。当电容器 C 因放电电压逐渐下降至继电器的返回电压时,中间继电器 U 复归,常开触点分开,常闭触点闭合,电容器 C 又开始充电,HW 发暗光。当电容器 C 充电至一定电压时,中间继电器 U 又动作,白灯 HW 又全压发光。这样周而复始,就会看到指示灯 HW 的灯光一闪一闪的现象。

3. 实训设备

本任务的实训设备如表 F－3 所示。

表 F－3　任务 4 实训设备

序号	设备名称	数量	技术要求	所在位置
1	DX－9 闪光继电器	1 只		RTDB14
2	按钮 SB	1 只		RTDB14
3	信号灯 HW	1 只		RTDB14
4	直流操作电源	1 路		

4. 实训电路

实训电路如图 F.4 所示。

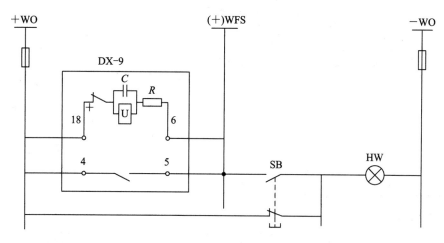

图 F.4　实训电路图

5. 实训步骤和要求

（1）根据闪光继电器选择操作电源电压，我们选用的 DX－9 型闪光继电器的工作电压为直流 220 V。

（2）按图 F.4 闪光继电器构成的闪光装置原理图进行安装接线。

（3）检查上述接线的正确性，确定无误后，接通电源，白色指示灯 HW 亮，按下试验按钮 SB1，闪光继电器开始工作。通过操作与观察，深入理解闪光继电器的工作原理和使用方法。图中（＋）WFS 表示为"闪光母线"，只要在闪光母线和负电源接入指示灯，指示灯即可闪光。

（4）注意事项。注意事项见操作规程，确保实验操作过程中的每一个环节的正确性和安全性。

（5）预习与思考。

① 闪光继电器中如改变电阻 R 的阻值，是否能改变闪光频率，为什么？

② 图中（＋）WFS 代表什么？

③ 图中试验按钮 SB1 常闭触点的作用是什么？

（6）实训报告。在接线和操作试验结束后，结合闪光电路原理和上述思考题写出实训报告。

任务5　具有灯光监视的断路器控制实训

按要求断路器的控制回路应有表示断路器处于"合闸"和"分闸"状态的位置信号，并且，由继电保护和自动装置自动分合闸后的位置信号与手动操作分合闸后的位置信号应有所区别。一般用指示灯的亮与灭、平光与闪光来表示断路器的位置与状态信号。

1. 实训目的

了解各种灯光与断路器的位置状态的关系。

了解万转开关与断路器之间的对应与不对应的位置关系，才产生了具有灯光监视的断路器控制电路的各种灯光显示功能。

2. 实训设备

本任务的实训设备如表 F-4 所示。

表 F-4　任务 5 实训设备

序号	名　称	型　号	数量	基本数据	所在位置
1	万转开关	LW2－Z－1a・4・6a・40・20	1		RTDB－1
2	模拟断路器		1		RTDB14
3	闪光继电器		1		RTDB14
4	白色灯		1	－220 V	RTDB14
5	按钮		1		RTDB14
6	指示灯	红灯和绿灯各一个	2	220 V	RTDB14

3. 实训电路

实训电路如图 F.5 所示。首先把挂箱 RTDB14 中的闪光继电器按实验 3.02 接出闪光母线（＋）WFS，闪光母线与直流电流的负极组成闪光电源，白灯 HW 为实验灯，电路接通时为平光，可以做闪光信号的电源监视，按下按钮 SB1 闪光继电器开始工作，白灯开始闪动。

图 F.5 所示是带灯光监视的断路器分合闸电路。

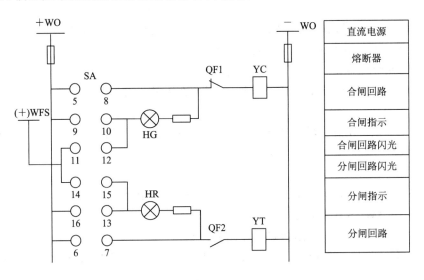

图 F.5

4. 实训步骤内容

（1）图 F.5 是典型的灯光监视断路器分合闸电路。首先将万转开关 SA 转动到分闸位置，SA 自动停留在分闸后位置，万转开关 SA 的触点 11－10 接通，断路器辅助常闭触点 QF1 闭合，＋WO—SA(11－10)—HG—限流电阻—QF1—YC——WO 绿色指示灯亮，表示断路器处于分闸状态，同时也说明合闸回路完好。（注意：虽然有电流流过合闸线圈 YO，但由于绿色指示灯回路串有限流电阻使流过合闸线圈 YC 的电流很小，不能使断路器合闸。）

（2）将万转开关 SA 的手柄顺时转动 90°，万转开关 SA 处于预合闸位置，触点 10—11 断开，10—9 接通。绿色指示灯 HG 被接入闪光电源并开始闪光（闪光母线（＋）WFS SA9－10 指示灯 HG—限流电阻—断路器 QF1—合闸线圈 YC——WO），提醒操作人员注意：此时的开关位置为"预备合闸"位置。

（3）将万转开关 SA 顺时针转动 45°到"合闸"位置，触头 9—10 断开，5—8 接通，正电源＋WO 经过断路器的常闭触点 QF1 直接加在合闸线圈 YC 上，使合闸线圈动作，并使常闭触点 QF1 断开（因为断路的分闸、合闸线圈都为瞬时工作制，长时间通电会烧毁线圈）。QF2 接通，手松开时，万转开关自动逆时针转动 45°到"合闸后"位置。

（4）此时断路处于合闸状态，常开辅助触点 QF2 闭合，万转开关 SA 在"合闸后"位置，触点 16—13 接通，红灯 HR 得电亮，平光（＋WO—SA（16—13）—红灯 HR—限流电阻 R—常开触点 QF2—分闸线圈 YT——WO），一方面表示断路器处于合闸状态，另一方面说明分闸回路完好。（注意：虽然有电流流过分闸线圈 YT，但由于红色指示灯回路串有限流电阻使流过分闸线圈 YT 的电流很小，不能使断路器分闸。）

（5）将万转开关 SA 逆时针转动 90°到"预备分闸"位置，触点 14—15 接通，由于断路器仍在合闸位置，触头 QF2 处于闭合状态，红灯 HR 被接入闪光电源而开始闪光（闪光电源正电源（＋）WFS—SA（14—15）—红灯 HR—限流电阻 R—断路器触头 QF2—分闸线圈 YT——WO），提醒值班人员注意：此时的开关位置为"预备分闸"位置。

（6）将万转开关 SA 逆时针转动 45°到"分闸"位置，触头 6—7 接通，分闸线圈 YR 得电动作（＋WO—SA6—7—断路器触点 QF2—分闸线圈 YT——WO），断路器分闸，触头 QF2 断开，分闸线圈失电，而断路器的常闭触点 QF1 复位接通。

（7）放开万转开关 SA，其自动顺时针回到"分闸后"位置，触点 11—10 接通，绿灯 HG 得电亮平光（＋WO—SA11—10—绿灯 HG—限流电阻 R_1—断路器常闭触点 QF1—合闸线圈 YC——WO）。同样，合闸线圈不会动作而指示灯 HG 亮。

（8）总结上述几步实验步骤：只要万转开关的位置与断路器的状态相同，不论红灯或绿灯亮都是平光，而只要万转开关的位置与断路器的状态不对称，不论是红灯还是绿灯都会闪光。

（9）自动合闸：当第（7）步实验完成时断路器处于分闸状态，万转开关 SA 在"分闸后"位置，如果由于自动装置（如备用电源投入等）的触点使合闸线圈得电动作（＋WO—自动装置—断路器常闭触点（QF1）—合闸线圈 YC——WO），实际实验时只要按动模拟断路器上的合闸按钮，断路器就变为合闸状态。此时，又产生了断路器与万转开关不对称的现象，于是红灯被接在闪光电源上并开始闪光（（＋）WFS—SA14—15—红灯 HG—限流电源—分闸线圈 YT——WO），提醒值班人员注意。

（10）当出现上述不对称现象时，值班人员及时将万转开关 SA 转动到合闸后位置，16—13 接通红灯 HR 亮平光，使万转开关和断路器处于相同状态。

（11）自动分闸：当因故障继电保护动作使断路器分闸时，断路器分闸线圈 YT 得电（正电源 L＋—继电保护装置—断路器常触点 QF2—分闸线圈——WO）（此时为闭合状态）动作，使断路器分闸，实验时只需按动模拟断路器的分闸按钮，断路器就转变成分闸状态。此时又出现了断路器与万转开关不对称的现象，绿色指示灯 HG 开始闪光（请读者自行分析绿灯 HG 的得电回路），提醒值班人员断路器已经分闸。

5. 实训思考题与实验报告

（1）断路器在分闸位置时绿灯 HG 为什么会闪动？

（2）断路器在合闸位置时红灯 HR 为什么会闪动？

（3）在实际工作中指示灯闪光和平光各表示什么意义？

附 表

附表1 各用电设备组的需要系数 K_d、二项式系数及功率因数

用电设备组名称	需要系数 K_d	二项式系数		最大容量设备台数	功率因数 $\cos\varphi$	$\tan\varphi$
		b	c			
小批量生产金属冷加工机床	0.16～0.2	0.14	0.4	5	0.5	1.73
大批量生产金属冷加工机床	0.18～0.25	0.14	0.5	5	0.5	1.73
小批量生产金属热加工机床	0.25～0.3	0.24	0.4	5	0.6	1.33
大批量生产金属热加工机床	0.3～0.35	0.26	0.5	5	0.65	1.17
通风机、水泵、空压机	0.7～0.8	0.65	0.25	5	0.8	0.75
非连锁的连续运输机械	0.5～0.6	0.4	0.2	5	0.75	0.88
连锁的连续运输机械	0.65～0.7	0.6	0.2	5	0.75	0.88
锅炉房和机加、机修、装配车间的吊车	0.1～0.15	0.06	0.2	3	0.5	1.73
铸造车间的吊车	0.15～0.25	0.09	0.3	3	0.5	1.73
自动装料电阻炉	0.75～0.8	0.7	0.3	2	0.95	0.33
非自动装料电阻炉	0.65～0.75	0.7	0.3	2	0.95	0.33
小型电阻炉、干燥箱	0.7	0.7	—	—	1.0	0
高频感应电炉（不带补偿）	0.8	—	—		0.6	1.33
工频感应电炉（不带补偿）	0.8	—	—		0.35	2.68
电弧熔炉	0.9	—	—		0.87	0.57
点焊机、缝焊机	0.35	—	—		0.6	1.33
对焊机、铆钉加热机	0.35	—	—		0.7	1.02
自动弧焊变压器	0.5	—	—		0.4	2.29
单头手动弧焊变压器	0.35	—	—		0.35	2.68
多头弧焊变压器	0.4	—	—		0.35	2.68
生产厂房、办公室、实验室照明变配电室、	0.8～1	—	—	—	1.0	0
仓库照明	0.5～0.7	—	—	—	1.0	0
生活照明	0.6～0.8	—	—	—	1.0	0
室外照明	1	—	—	—	1.0	0

注：表中照明以白炽灯为例。

附表 2　S9 系列 6～10 kV 级铜绕组低损耗电力变压器的技术数据

额定容量 （kVA）	额定电压（kV）		连接组 标号	空载损耗 （W）	负载损耗 （W）	阻抗电压 （%）	空载电流 （%）
	一次	二次					
30	10.5，6.3	0.4	Yyn0	130	600	4	2.1
50	10.5，6.3	0.4	Yyn0	170	870	4	2.0
63	10.5，6.3	0.4	Yyn0	200	1040	4	1.9
80	10.5，6.3	0.4	Yyn0	240	1250	4	1.8
100	10.5，6.3	0.4	Yyn0	290	1500	4	1.6
		0.4	Dyn11	300	1470	4	4
125	10.5，6.3	0.4	Yyn0	340	1800	4	1.5
		0.4	Dyn11	360	1720	4	4
160	10.5，6.3	0.4	Yyn0	400	2200	4	1.4
		0.4	Dyn11	430	2100	4	3.5
200	10.5，6.3	0.4	Yyn0	480	2600	4	1.3
		0.4	Dyn11	500	2500	4	3.5
250	10.5，6.3	0.4	Yyn0	560	3050	4	1.2
		0.4	Dyn11	600	2900	4	3
315	10.5，6.3	0.4	Yyn0	670	2650	4	1.1
		0.4	Dyn11	720	3450	4	1.0
400	10.5，6.3	0.4	Yyn0	800	4300	4	3
		0.4	Dyn11	870	4200	4	1.0
500	10.5，6.3	0.4	Yyn0	960	5100	4	3
		0.4	Dyn11	1030	4950	4	1.0
630	10.5，6.3	0.4	Yyn0	1200	6200	4.5	0.9
		0.4	Dyn11	1300	5800	5	1.0
800	10.5，6.3	0.4	Yyn0	1400	7500	4.5	0.8
		0.4	Dyn11	1400	7500	5	2.5
1000	10.5，6.3	0.4	Yyn0	1700	10 300	4.5	0.7
		0.4	Dyn11	1700	9200	5	1.7
1250	10.5，6.3	0.4	Yyn0	1950	12 000	4.5	0.6
		0.4	Dyn11	2000	11 000	5	2.5
1600	10.5，6.3	0.4	Yyn0	2400	14 500	4.5	0.6
		0.4	Dyn11	2400	14 000	6	2.5

附表 3 常用高压断路器的技术数据

类别	型号	额定电压(kV)	额定电流(A)	开断电流(kA)	断流容量(MVA)	动稳定电流峰值(kA)	热稳定电流(kA)	固有分闸时间(s)	合闸时间(s)	配用操动机构型号
少油户外	SW2－35/1000	35	1000	16.5	1000	45	16.5(4s)	0.06	0.4	CT2－XG
	SW2－35/1000		1500	24.8	1500	63.5	24.8(4s)			
少油户内	SN10－35 I	10	1000	16	1000	45	16(4s)	0.06	0.2	CT10
	SN10－35 II		1250	20	1000	50	20(4s)		0.25	CT101 V
	SN10－10 I		630	16	300	40	16(4s)	0.06	0.15	CT8
			1000	16	300	40	16(4s)		0.2	CD10 IV
	SN10－10 I		1000	31.5	500	80	31.5(2s)	0.06	0.2	CT10
	SN10－10 II		1250	40	750	125	40(2s)	0.07	0.2	CT10 III
			2000	40	750	125	40(4s)	—	—	—
			3000	40	750	125	40(4s)			
真空户内	ZN23－35	35		25	—	63	25(4s)	0.06	0.075	CT12
	ZN3－10 I	10	630	8	—	20	8(4s)	0.07	0.15	CD10 等
	ZN3－10 II		1000	20	—	50	20(20s)	0.05	0.10	
	ZN4－10/1000		1000	17.3	—	44	17.3(4s)	0.05	0.2	CD10 等
	ZN410/1250		1250	20		50	20(4s)			
	ZN5－10/630		630	20		50	20(2s)	0.05	0.1	专用 CD 型
	ZN5－10/1000		1000	20		50	20(2s)			
	ZN5－10/1250		1250	25		63	23(2s)			
	ZN12－10/1250		1250	25		63	25(4s)			
	ZN12－10/2000		2000							
	ZN12－10/1250		1250	315		80	31.5(4s)	0.06	0.1	CD8 等
	ZN12－10/2000		2000							
	ZN12－10/2500		2500	40		100	40(4s)			
	ZN12－10/3150		3150							
	ZN24－10/1250－20		1250	20		50	20(4s)			
	ZN24－10/1250		1250	31.5		80	31.5(4s)	0.06	0.1	CD8 等
	ZN24－10/2000		2000							
六氟化硫(SF$_6$)户内	LN－35 I	35	1250	16		40	16(4s)	0.06	0.15	ct12 II
	LN35 II		1250	25		63	25(4s)			
	LN35 III		1600	25		63	25(4s)			
	LN2－10	10	1250	25	80	63	25(4s)	0.06	0.15	CT12 I CT8 I

附表 4 油浸纸绝缘电力电缆的允许载流量

电缆型号	ZLQ、ZLL			ZLQ20、ZLQ30、ZLQ12、ZLL30			ZL_{Q2}、ZL_{Q3}、ZL_{Q5}、ZL_{L12}、ZL_{L13}		
电缆额定电压(kV)	1~3	6	10	1~3	6	10	1~3	6	10
最高允许温度(℃)	80	65	60	60	65	60	80	65	60
芯数×截面(mm²) 允许载流量(A) 敷设方式	敷设于25℃空气中			敷设于15℃土壤中					
3×2.5	22	—	—	24	—	—	30	—	—
3×4	28	—	—	32	—	—	39	—	—
3×6	35	—	—	40	—	—	50	—	—
3×10	48	43	—	55	48	—	67	61	—
3×16	65	55	55	70	65	60	88	78	73
3×25	85	75	70	95	85	80	114	104	100
3×35	105	90	85	115	100	95	141	123	118
3×50	130	115	105	145	125	120	174	151	147
3×70	160	135	130	180	155	145	212	186	170
3×95	195	170	160	220	190	180	256	230	209
3×120	225	195	185	255	220	206	289	257	243
3×150	265	225	210	300	255	235	332	291	277
3×180	305	260	245	345	295	270	376	330	310
3×240	365	310	290	410	345	325	440	386	367

附表 5 聚氯乙烯及护套电力电缆允许载流量

电缆额定电压(kV)	1				6			
最高允许温度(℃)	+65							
芯数×截面(mm²) 允许在流量(A) 敷设方式	15℃地中直埋		25℃空气中敷设		15℃地中直埋		25℃空气中敷设	
	铝	铜	铝	铜	铝	铜	铝	铜
3×25	25	32	16	20	—	—	—	—
3×4	33	42	22	28	—	—	—	—
3×6	42	54	29	37	—	—	—	—
3×10	57	73	40	51	54	69	42	54
3×16	75	97	53	68	71	91	56	72
3×25	99	127	72	92	92	119	74	95
3×35	120	155	87	112	116	149	90	116
3×50	147	189	108	139	143	184	112	144
3×70	181	233	135	174	171	220	136	175
3×95	215	277	165	212	208	268	167	215
3×120	244	314	191	246	238	307	194	250
3×150	280	261	225	290	272	350	224	288
3×180	316	407	257	331	308	397	257	331
3×240	261	465	306	394	353	455	301	388

附表 6 交联聚氯乙烯及绝缘氯乙烯护套电力电缆允许载流量

电缆额定电压(kV)	1(3～4 芯)				10(3 芯)			
最高允许温度(℃)	90							
芯数×截面(mm²) 允许在流量(A) 敷设方式	15℃地中直埋		25℃空气中敷设		15℃地中直埋		25℃空气中敷设	
	铝	铜	铝	铜	铝	铜	铝	铜
3×16	99	128	77	105	102	131	94	121
3×25	128	167	105	140	130	168	123	158
3×35	150	200	125	170	155	200	147	190
3×50	183	239	155	205	188	241	180	231
3×70	222	299	195	260	224	289	218	280
3×95	266	350	235	320	266	341	261	335
3×120	305	400	280	370	302	386	303	388
3×150	344	450	320	430	342	437	347	445
3×180	389	511	370	490	382	490	394	504
3×240	455	588	440	580	440	559	461	587

附表 7　LJ 型铝绞线的电阻、电抗和允许载流量

额定截面(mm²)	16	25	35	50	70	95	120	150	185	240
50℃时电阻	2.07	1.33	0.96	0.66	0.48	0.36	0.28	0.23	0.18	0.14
线间几何距离(mm)	线路电抗 $X_0/(\Omega/km)$									
600	0.36	0.35	0.34	0.33	0.32	0.31	0.30	0.29	0.28	0.28
800	0.38	0.37	0.36	0.35	0.34	0.33	0.32	0.31	0.30	0.30
1000	0.40	0.38	0.37	0.36	0.35	0.34	0.33	0.32	0.31	0.31
1250	0.41	0.40	0.39	0.37	0.36	0.35	0.34	0.34	0.33	0.33
1500	0.42	0.41	0.40	0.38	0.37	0.36	0.35	0.35	0.34	0.33
2000	0.44	0.43	0.41	0.40	0.40	0.39	0.37	0.37	0.36	0.36
室外气温 25℃导线最高允许 温度 70℃时的允许载流量(A)	105	135	170	215	265	325	375	440	500	610

注：(1) TJ 型铜绞线的允许载流量约为同截面的 LJ 型铝绞线允许载流量的 1.3 倍。

(2) 表中允许载流量所对应的环境温度为 25℃，如环境温度不是 25℃，则允许载流量应乘下表的修正系数。

实际环境温度(℃)	5	10	15	20	25	30	35	40	45	
允许载流量修正系数	1.20	1.15	1.11	1.06	1.00	0.94	0.89	0.82	0.75	

附表 8　BLX 型和 BLV 型铝芯绝缘导线穿钢管时的允许载流量(A)

导线型号	线芯截面 (mm²)	2 根单芯线 环境温度(℃)				2 根穿管 管径(mm)		3 根单芯导线 环境温度(℃)				3 根穿管 管径(mm)		4～5 根单芯线 环境温度(℃)				4 根穿管 管径(mm)		5 根穿管 管径(mm)	
		25	30	35	40	G	DG	25	30	35	40	G	DG	25	30	35	40	G	DG	G	DG
BLX	2.5	21	19	18	16	15		19	17	16	15	15		16	14	13	12	20		20	
	4	28	26	24	22	20		25	23	21	19	20		23	21	19	18	20		20	
	6	37	34	32	29	20		34	31	29	26	20		30	28	25	23	20		25	
	10	52	48	44	41	25	20	46	43	39	36	25	20	40	37	34	31	25	25	32	
	16	66	61	57	52	25	25	59	55	51	46	32	25	52	48	44	41	32	25	40	
	25	86	80	74	68	32		76	71	65	60	32		68	63	58	53	40		40	25
	35	106	99	91	89	32	25	94	87	81	74	32	32	83	77	71	65	40		50	
	50	133	124	115	105	40	32	118	110	102	93	50	32	105	98	90	83	50	25	50	25
	70	164	154	142	130	50	32	150	140	129	118	50	40	133	124	115	105	70	32	70	32
	95	200	187	173	158	70	40	180	168	155	142	70	50	160	149	138	126	70	40	80	40
	120	230	215	198	181	70	40	210	196	181	166	70	50	190	177	164	150	70	50	80	50
	150	260	243	224	205	70	50	240	224	207	189	70		220	205	190	174	80	50	100	
	185	295	275	255	233	80		270	252	233	213	80		250	233	216	197	80		100	
BLV	2.5	20	18	17	15	15		18	16	15	14	15		15	14	12	11	15		15	
	4	27	25	23	21	15	15	24	22	20	18	15		22	20	19	17	15		20	
	6	35	32	30	27	15	15	32	29	27	25	15		28	26	24	22	20		25	
	10	49	45	42	38	20	20	44	41	38	34	20	15	38	35	32	30	25	15	25	20
	16	63	58	54	49	25	25	56	52	48	44	25	20	50	46	43	39	25	20	32	20
	25	80	74	69	63	25	25	70	65	60	55	32	25	65	60	56	51	32	25	32	25
	35	100	93	86	79	32	32	90	84	77	71	32	32	80	74	69	63	40	25	40	32
	50	125	116	108	98	40	40	110	102	95	87	40	32	100	93	86	79	50	32	50	40
	70	155	144	134	122	50	50	143	133	123	113	40		127	118	109	100	50	40	70	50
	95	190	177	164	150	50		170	158	147	134	50		152	142	131	120	70		70	
	120	220	205	190	174	50	50	195	182	168	154	50		172	160	148	136	70	50	80	
	150	250	233	216	197	70	50	225	210	194	177	70		200	187	173	158	70		80	
	185	285	266	246	225	70		255	238	220	201	70		230	215	198	181	80		100	

注：表中的穿线管 G 为焊接钢管，管径按内径计；DG 为电线管，管径按外径计。

附表 8 和附表 9 中 45 根单芯线穿管的载流量，是指 TN－C 系统、TN－S 系统及 TN－C－S 系统中的相线载流量，而其 N 线或 PEN 线中可有不平衡电流通过。如果是供电给三相平衡负荷，而另一导线为单纯的 PE 线，则此线路虽有 4 根线穿管，但其载流量应该只按 3 根线穿管的载流量考虑，而管径则仍按 4 根线穿管来选择。

附表9　BLX型和BLV型铝芯绝缘导线穿硬塑料管时的允许载流量(A)

导线型号	线芯截面(mm²)	2根单芯线 环境温度(℃)				2根穿管管径(mm)	3根单芯线 环境温度(℃)				3根穿管管径(mm)	4~5根单芯线 环境温度(℃)				4根穿管管径(mm)	5根穿管管径(mm)
		25	30	35	40		25	30	35	40		25	30	35	40		
BLX	2.5	19	17	16	15	15	17	15	14	13	15	15	14	12	11	20	25
	4	25	23	21	19	20	23	21	19	18	20	20	18	17	15	20	25
	6	33	30	28	26	20	29	27	25	22	20	26	24	22	20	25	32
	10	44	41	38	34	25	40	37	34	31	25	35	32	30	27	32	32
	16	58	54	50	45	32	52	48	44	41	32	46	43	39	36	32	40
	25	77	71	66	60	32	68	63	58	53	32	60	56	51	47	40	40
	35	95	88	82	75	40	84	78	72	66	40	74	69	64	58	40	50
	50	120	112	103	94	40	108	100	93	85	50	95	88	82	75	50	50
	70	153	143	132	121	50	135	126	116	106	50	120	112	103	94	50	65
	95	184	172	159	145	50	165	154	142	130	65	150	140	129	118	65	80
	120	210	196	181	166	65	190	177	164	150	65	17 -	158	147	134	80	80
	150	250	233	216	197	65	227	212	196	179	75	205	191	177	162	80	90
	185	185	263	243	223	80	255	238	220	201	80	232	216	200	183	100	100
BLV	2.5	18	16	15	14	15	16	14	13	12	15	14	13	12	11	20	25
	4	24	22	20	18	20	22	20	19	17	20	19	17	16	15	20	25
	6	31	28	26	24	20	27	25	23	21	20	25	23	21	19	25	32
	10	42	39	36	33	25	38	35	32	30	25	33	30	28	26	32	32
	16	55	51	47	43	32	49	45	42	38	32	44	41	38	34	32	40
	25	73	68	63	57	32	65	60	56	51	40	57	53	49	45	40	50
	35	90	84	77	71	40	80	74	69	63	40	70	65	60	55	50	65
	50	114	106	98	90	50	102	95	88	80	50	90	84	77	71	65	65
	70	145	135	125	114	50	130	121	112	102	50	115	107	99	90	65	75
	95	175	163	151	138	65	158	147	136	124	65	140	130	121	110	75	75
	120	206	187	173	158	65	180	168	155	142	65	160	149	138	126	75	80
	150	230	215	198	181	75	207	193	179	163	75	185	172	160	146	80	90
	185	265	247	229	209	75	235	219	203	185	75	212	198	183	167	90	100

附表 10　BLX 型和 BLV 型铝芯绝缘导线明敷时的允许载流量

线芯截面(mm²) \ 导线类型 \ 环境温度(℃)	BLX 型铝芯橡皮线				BLV 型铝芯塑料线			
	25	30	35	40	25	30	35	40
2.5	27	25	23	21	25	23	21	19
4	35	32	30	27	32	29	27	25
6	45	42	38	35	42	39	36	33
10	65	60	56	51	59	55	51	46
16	85	79	73	67	80	74	69	63
25	110	102	95	87	105	98	90	83
35	138	129	119	109	130	121	112	102
50	175	163	151	138	165	154	142	130
70	220	206	190	174	205	191	177	162
95	265	247	229	209	250	233	216	197
120	310	280	268	245	283	266	246	225
150	360	336	311	284	325	303	281	257
185	420	392	363	332	380	355	328	300
240	510	476	441	403	—	—	—	—

注：BX 型和 BV 型铜芯绝缘导线的允许载流量约为同截面的 BLX 型和 BLV 型铝芯绝缘导线允许载流量的 1.3 倍。

附表 11　矩形母线允许载流量(竖放)(环境温度为＋25℃，最高温度为＋70℃)

母线尺寸(mm)(宽×厚)	铜母线(TMY)载流量(A)			铝母线(LMY)载流量(A)		
	每相的铜排数			每相的铝排数		
	1	2	3	1	2	3
15×3	210	—	—	165	—	—
20×3	275	—	—	215	—	—
25×3	34	—	—	265	—	—
30×4	475	—	—	365	—	—
40×4	625	—	—	480	—	—
50×4	700	—	—	540	—	—
50×5	860	—	—	665	—	—
50×6	955	—	—	740	—	—
60×6	1125	1740	2240	870	1355	1720
80×6	1480	2110	2720	1150	1630	2100
100×6	1810	2470	3170	1425	1935	2500
60×8	1320	2160	2790	1245	1680	2180
80×8	1690	2620	3370	1320	2040	2620
100×8	2080	3060	3930	1625	2390	3050
120×8	2400	3400	4340	1900	2650	3380
60×10	1475	2560	3300	1155	2010	2650
80×10	1900	3100	3990	1480	2410	3100
100×10	2310	3610	4650	1820	2860	3650
120×10	1650	4100	5200	2070	3200	4100

注：母线平放且宽为 60 mm 以下时，载流量减少 5%；当宽为 60 mm 以上时，应减少 8%。

附表 12　室内明敷及穿管的铝芯、铜芯绝缘导线的单位长度每相电阻和电抗值

芯线截面(mm²)	单位长度每相铝(Ω/km)			单位长度每相铜(Ω/km)		
	电阻 R₀ (65℃)	电抗 X₀		电阻 R₀ (65℃)	电抗 X₀	
		明线间距 100 mm	穿管		明线间距 100 mm	穿管
1.5	24.39	0.342	0.14	14.48	0.342	0.14
2.5	14.63	0.327	0.13	8.69	0.327	0.13
4	9.15	0.312	0.12	5.43	0.312	0.12
6	6.10	0.300	0.11	3.62	0.300	0.11
10	3.66	0.280	0.11	2.19	0.280	0.11
16	2.29	0.256	0.10	1.37	0.256	0.10
25	1.48	0.251	0.10	0.88	0.251	0.10
35	1.06	0.241	0.10	0.63	0.241	0.10
50	0.75	0.229	0.09	0.44	0.229	0.09
70	0.53	0.219	0.09	0.32	0.219	0.09
95	0.39	0.206	0.09	0.23	0.206	0.09
120	0.31	0.199	0.08	0.19	0.199	0.08
150	0.25	0.191	0.08	0.15	0.191	0.08
185	0.20	0.184	0.07	0.13	0.184	0.07

附表 13　常用低压熔断器的技术数据

型　号	额度电压(V)	额度电流(A)		最大分断电流(kA)	
		熔断器	熔体	电流	cos φ
RT0—100	交流 380 直流 440	100	30, 40, 50, 60, 80, 100	50	0.1～0.2
RT0—200		200	(80, 100)120, 150, 200		
RT0—400		400	(150, 200)250, 300, 350, 400		
RT0—600		600	(350, 400), 450, 500, 550, 600	—	—
RT0—1000		1000	700, 800, 900, 1000		
RM10—15	交流 220, 380, 500 直流 220, 440	15	6, 10, 15	1.2	0.8
RM10—60		60	15, 20, 25, 35, 45, 60	3.5	0.7
RM10—100		100	60, 80, 100	10	0.35
RM10—200		200	100, 125, 160, 200	10	0.35
RM10—350		350	200, 225, 260, 300, 350	10	0.35
RM10—600		600	350, 430, 500, 600	10	0.35
RL1—15	交流 380 直流 440	15	2, 4, 5, 6, 10, 15	25	—
RL1—60		60	20, 25, 30, 35, 40, 50, 60	25	—
RL1—100		100	60, 80, 100	50	—
RL1—200		200	100, 125, 150, 200	50	—

附表 14　DW15 系列低压断路器(200～600 A)的技术数据

断路器额定电流(A)	瞬时通断能力有效值(kA)						一次极限分断能力有效值(kA)	短延时通断能力有效值(kA), 380 V, cosφ=0.5	机械寿命	电寿命(次)		
	额定电压(V)			cosφ						配电用		
	380	660	1140	380 V	660 V	1140 V				380 V	660 V	1140 V
200	20	10	—	0.35	0.30	—	50	4.4	20000	5000	2500	—
400	25	15	10	0.35	0.30	0.30	50	8.8	10000	2500	1500	1000
600	30	20	12	0.30	0.30	0.30	50	13.2	10000	2500	1500	1000

附表 15　DW15 系列低压断路器(200～600 A)过流脱扣器技术数据

断路器额定电流(A)	过流脱扣器额定电流(A)		过流脱扣器整定电流(A)			
			长延时动作电流		半导体式	
	热式	半导体式	热式	半导体式	短延时	瞬时
200	100	100	64～80～100	40～100	300～1000	300～1000,800～2000
	150	—	96～120～150	—	—	—
	200	200	128～160～200	80～120	600～2000	600～2000,1600～4000
400	200	200	128～160～200	80～120	600～2000	600～2000,1600～4000
	300	—	192～240～300	—	—	—
	400	400	256～320～400	160～400	1200～4000	1200～4000,3200～8000
600	300	300	192～240～300	120～300	900～3000	900～3000,2400～6000
	400	400	256～320～400	160～400	1200～4000	1200～4000,3200～8000
	600	600	384～480～600	240～600	1800～6000	1800～6000,4800～12000

附表 16　架空裸导线的最小截面面积

线　路　类　别		导线最小截面面积(mm²)		
		铝及铝合金绞线	钢芯铝绞线	铜绞线
35 kV 及以上线路		35	35	35
3～10 kV 线路	居民区	35	25	25
	非居民区	25	16	16
低压线路	一般	16	16	16
	与铁路交叉跨越挡	35	16	16

参 考 文 献

[1] 张莹. 工厂供配电技术. 北京：电子工业出版社，2003

[2] 刘介才. 供配电技术. 北京：机械工业出版社，2000

[3] 许建安. 电气设备检修技术. 北京：中国水利水电出版社，2000

[4] 刘介才. 实用供配电技术手册. 北京：中国水利水电出版社，2001

[5] 陈家斌. 电气设备故障检测诊断方法及实例. 北京：中国水利水电出版社，2003

[6] 段大鹏. 变配电原理、运行与检修. 北京：化学工业出版社，2004

[7] 江文，许慧中. 供配电技术. 北京：机械工业出版社，2005

[8] 柳春生. 实用供配电技术问答. 北京：机械工业出版社，2005

[9] 张希泰，陈康龙. 二次回路识图及故障查找与处理指南. 北京：中国水利水电出版
     社，2005

[10]   芮静康. 供配电系统图集. 北京：中国电力出版社，2005

[11]   汪永华. 建筑电气. 北京：机械工业出版社，2005

[12]   芮静康，焦留成. 实用电气手册. 北京：机械工业出版社，2004